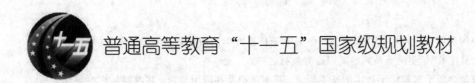

普通高等教育"十一五"国家级规划教材

# 模拟电子技术

## （第四版）

主　编　李雅轩　刘南平

U0378032

西安电子科技大学出版社

# 内 容 简 介

本书是中国高等职业技术教育研究会与西安电子科技大学出版社联合策划、出版的"计算机与应用"、"电子技术"专业两个系列的高职高专教材之一。

本书系统地介绍了模拟电子技术的基本概念、基本理论及其应用知识。其内容包括半导体元件及其特性、基本放大电路、放大电路中的负反馈、差动放大电路与集成运算放大器、功率放大器及其应用、振荡器、直流稳压电源、综合实训等八章。

本书以充实的实际应用知识为基础,通过贯穿全书的实训,强化了实际应用能力的培养。

本书不仅可作为高等职业技术院校通信技术、应用电子技术、自动化、汽车电子技术等电类专业"模拟电子技术"课程的教材,也可供相关专业教师及工程技术人员参考。

★本书配有电子教案,需要者可登录出版社网站,免费下载。

**图书在版编目(CIP)数据**

模拟电子技术/李雅轩,刘南平主编. —4 版. —西安:西安电子科技大学出版社,2018.2
(2024.1重印)
ISBN 978 - 7 - 5606 - 4154 - 6

Ⅰ. ① 模… Ⅱ. ① 李… ② 刘… Ⅲ. ① 模拟电路—电子技术 Ⅳ. ① TN710.4

**中国版本图书馆 CIP 数据核字(2018)第 020643 号**

策　　划　马乐惠
责任编辑　雷鸿俊　马乐惠
出版发行　西安电子科技大学出版社(西安市太白南路2号)
电　　话　(029)88202421　88201467　　邮　编　710071
网　　址　www.xduph.com　　电子邮箱　xdupfxb@pub.xaonline.com
经　　销　新华书店
印刷单位　陕西天意印务有限责任公司
版　　次　2018 年 2 月第 4 版　2024 年 1 月第 17 次印刷
开　　本　787 毫米×1092 毫米　1/16　印张 18.25
字　　数　423 千字
定　　价　36.00 元
ISBN 978 - 7 - 5606 - 4154 - 6/TN

XDUP 4446004 - 17

＊ ＊ ＊如有印装问题可调换＊ ＊ ＊

# 前　言

作为全国普通高等教育"十一五"国家级规划教材、中国高等职业技术教育研究会推荐高职高专系列规划教材，本书至今已出版 3 次，印刷 14 次。各地院校在多年使用中积累了丰富的教学经验，基本认同本书的结构、内容、风格及主题思路。然而，我们也认识到，任何教材都不应一成不变，其内容应当与时俱进、适时调整。这样既能反映本学科的最新发展，又能适应我国蓬勃发展的高职教育对本课程教学的最新要求。

基于上述考虑，本次再版主要对原版作了以下两方面的修订。

首先，再次对全书进行审查，查找并改正了一些不当、含糊、疏漏及错误之处，特别是查改了插图中存在的错误。另外，改写了第 5、7 章中少量内容，使其表述更加准确。

其次，为了适应全国高职院校对本课程教学改革的新要求，特别是针对高职学生参与大学生职业技能竞赛的实践环节，在第 8 章综合实训一章中，增加了职业技能训练的内容。其中精选了 5 个训练题目，分别从设计要求、设计思路、电路设计、原理分析及调试要点等方面对题目进行解析。这些内容既体现了理论教学与实践教学的深入结合，又有助于提高学生在职业技能竞赛中的成绩。所选题目覆盖本课程全部内容，所有电路均可调通。

本次修订由李雅轩、刘南平完成。

衷心感谢各界读者对本书提出的宝贵建议。望大家继续关注本书，发现问题请随时指正。

编　者
2016 年 5 月

# 第 一 版 前 言

为满足各地高职院校计算机及应用电子技术专业教学的要求，加快我国高素质应用型人才培养的步伐，中国高等职业技术教育研究会与西安电子科技大学出版社联合策划、出版了"计算机与应用"、"电子技术"专业两个系列的高职教材。本教材是上述系列教材之一。教材是按照教材专家委员会西安会议评审、主任委员会南京会议复议所确定的编写大纲编写的。编写中突出了以下几个特点：

1. 在理论知识够用为度的前提下，充实实际应用知识的内容，加强应用技术能力的培养。在注重讲清基本概念、基本原理和基本分析方法的同时，尽可能避免烦琐的数学公式推导和大篇幅的理论分析。贯穿全书的实训强化了学生实际应用能力的培养。

2. 各章均从最基本的电路入手进行技能训练，并由此引入相关知识，提出问题；再进入理论授课，使这些问题得到解决，并进一步提出和解决新的问题；最后，经过综合实训归纳所学知识，进行全面训练。这样，由感性认识引出理论，再由理论到实际应用，可使学生打下牢固的理论与应用基础，提高分析问题和解决问题的能力。

3. 注意内容的实用性、先进性。对电子器件，主要介绍它们的外部性能，学会合理选择、正确使用。对于单元电路，注重讲清其基本原理。适当压缩了分立元件电路的内容，重点讲述集成器件及由集成器件组成的电路，特别是集成运放的有关内容占有相当大的比例。思考题、练习题的选择既注重所学理论的消化理解，又注重学生自学能力的培养。

总之，本教材的编写原则是"保证基础，讲清原理；注重实际，提高技能；深入浅出，方便自学"。

书中带"＊"号的内容是在教学基本要求的基础上加深（或加宽）的内容，可根据专业需要和学时数多少选择使用。

参加本书编写工作的人员有：邢朝明（第 1 章，综合实训 4）、刘南平（第 2 章，综合实训 3）、王文生（第 3 章，第 8 章 8.1 节，综合实训 1、2）、李雅轩（第 4、5 章）、付植桐（第 6、7 章）。李雅轩负责全书的统稿工作。

全书由金陵职业大学鲁宇红副教授主审，她对初稿提出了宝贵的意见和建议；编审过程中得到了天津职业大学俞克新研究员、西安电子科技大学出版社夏大平、马乐惠编辑的大力支持。在此一并表示衷心的感谢。

由于编者水平有限，加之时间紧迫，书中难免存在不少问题或错误，敬请各位读者提出宝贵意见。

编　者

2000 年 5 月于

天津职业大学

# 常用符号说明

## 一、基本符号

| | | | |
|---|---|---|---|
| $I$, $i$ | 电流 | $C$ | 电容 |
| $U$, $u$ | 电压 | $M$ | 互感 |
| $P$ | 功率 | $Z$ | 阻抗 |
| $W$ | 能量 | $X$ | 电抗 |
| $R$, $r$ | 电阻 | $Y$ | 导纳 |
| $g$ | 电导 | $A$ | 放大倍数 |
| $L$ | 电感 | | |

## 二、电压、电流

英文小写字母符号 $u(i)$，其下标若为英文小写字母，则表示交流电压(电流)瞬时值(例如，$u_o$ 表示输出交流电压瞬时值)。

英文小写字母符号 $u(i)$，其下标若为英文大写字母，则表示含有直流的电压(电流)瞬时值(例如，$u_O$ 表示含有直流的输出电压瞬时值)。

英文大写字母符号 $U(I)$，其下标若为英文小写字母，则表示正弦电压(电流)有效值或幅值(例如，$U_o$ 表示输出正弦电压有效值)。

英文大写字母符号 $U(I)$，其下标若为英文大写字母，则表示直流电压(电流)(例如，$U_O$ 表示输出直流电压)。

| | |
|---|---|
| $\dot{U}$、$\dot{I}$ | 正弦电压、电流相量(复数量) |
| $U_m$、$I_m$ | 正弦电压、电流幅值 |
| $U_Q$、$I_Q$ | 电压、电流的静态值 |
| $U_f$、$I_f$ | 反馈电压、电流有效值 |
| $U_{BB}$、$U_{CC}$、$U_{EE}$ | 基极、集电极、发射极直流电源电压 |
| $U_{DD}$、$U_{SS}$ | 漏极、源极直流电源电压 |
| $U_s$、$I_s$ | 正弦电压源、电流源电压、电流有效值 |
| $u_s$、$i_s$ | 正弦电压源、电流源电压、电流瞬时值 |
| $U_i$ | 输入电压有效值 |
| $u_I$ | 含有直流成分的输入电压瞬时值 |
| $u_i$ | 输入交流电压瞬时值 |
| $U_o$、$I_o$ | 输出交流电压、电流有效值 |
| $u_O$ | 含有直流成分输出电压的瞬时值 |

| $U_R$ | 基准电压，参考电压 |
|---|---|
| $I_R$ | 参考电流，二极管反向电流 |
| $U_+$、$I_+$ | 运放同相端输入电压、电流 |
| $U_-$、$I_-$ | 运放反相端输入电压、电流 |
| $U_{id}$ | 差模输入电压信号 |
| $U_{ic}$ | 共模电压信号 |
| $U_{CEQ}$ | 集电极、发射极间静态压降 |
| $I_{BQ}$ | 基极静态电流 |
| $I_{CQ}$ | 集电极静态电流 |
| $\Delta U_{CE}$ | 直流电压变化量 |
| $\Delta i_B$ | 基极含有直流成分的电流瞬时值的变化量 |

## 三、电阻

| $r_s$ | 信号源内阻 |
|---|---|
| $r_i$ | 输入电阻 |
| $r_o$ | 输出电阻 |
| $r_{if}$ | 具有反馈时的输入电阻 |
| $r_{of}$ | 具有反馈时的输出电阻 |
| $r_{id}$ | 差模输入电阻 |
| $R_c$ | 集电极外接电阻 |
| $R_b$ | 基极偏置电阻 |
| $R_e$ | 发射极外接电阻 |
| $R_L$ | 负载电阻 |
| $R_F$、$R_f$ | 反馈电阻 |

## 四、放大倍数、增益

| $A_u$ | 电压放大倍数，$A_u = U_o/U_i$ |
|---|---|
| $A_{us}$ | 考虑信号源内阻时电压放大倍数，$A_{us} = U_o/U_s$，即源电压放大倍数 |
| $A_{ud}$ | 差模电压放大倍数 |
| $A_{uc}$ | 共模电压放大倍数 |
| $A_{od}$ | 开环差模电压放大倍数 |
| $A_{usm}$ | 中频电压放大倍数 |
| $A_{usl}$ | 低频电压放大倍数 |
| $A_{ush}$ | 高频电压放大倍数 |
| $A_f$ | 闭环放大倍数 |
| $A_{uf}$ | 具有负反馈的电压放大倍数，即闭环电压放大倍数 |
| $A_i$ | 开环电流放大倍数 |
| $A_{if}$ | 闭环电流放大倍数 |

| $A_r$ | 开环电阻传输系数 |
|---|---|
| $A_{rf}$ | 闭环电阻传输系数 |
| $A_g$ | 开环电导传输系数 |
| $A_{gf}$ | 闭环电导传输系数 |
| $F$ | 反馈系数 |

## 五、功率

| $P$ | 平均功率(有功功率) |
|---|---|
| $P_o$ | 输出信号功率 |
| $P_c$ | 集电极损耗功率 |
| $P_U$ | 直流电源供给功率 |

## 六、频率

| $f$ | 频率通用符号 |
|---|---|
| $\omega$ | 角频率通用符号 |
| $f_H$ | 放大电路的上限截止频率。此时,放大电路的放大倍数为 $A_{ush}=0.707A_{usm}$ |
| $f_L$ | 放大电路的下限截止频率。此时,$A_{usl}=0.707A_{usm}$ |
| $f_{BW}$ | 通频带(带宽),$f_{BW}=f_H-f_L$ |
| $f_{Hf}$ | 具有负反馈时放大电路的上限截止频率 |
| $f_{Lf}$ | 具有负反馈时放大电路的下限截止频率 |
| $f_{BWf}$ | 具有负反馈时的通频带 |
| $\omega_0$ | 谐振角频率,振荡角频率 |
| $f_0$ | 振荡频率 |

## 七、器件参数

| $V_D$ | 二极管 |
|---|---|
| $U_{V_D}$ | 二极管工作电压 |
| $U_F$ | 二极管正向导通压降 |
| $U_T$ | 温度电压当量,$U_T=kT/q$ |
| $I_{V_D}$ | 二极管工作电流 |
| $I_D$ | 漏极电流 |
| $I_S$ | 源极电流,二极管反向饱和电流 |
| $I_{FM}$ | 最大整流电流 |
| $U_B$ | 基极直流电压 |
| $V_{DZ}$ | 稳压二极管 |
| $U_{V_{DZ}}$ | 稳压管稳定电压值 |
| $I_{V_{DZ}}$ | 稳压管工作电流 |

| | |
|---|---|
| $I_{V_{DZ}max}$ | 稳压管最大稳定电流 |
| $r_{V_{DZ}}$ | 稳压管的动态电阻 |
| b | 基极 |
| c | 集电极 |
| e | 发射极 |
| $I_{CBO}$ | 发射极开路时的集－基间反向饱和电流 |
| $I_{CEO}$ | 基极开路时的集－射间穿透电流 |
| P | 空穴型半导体 |
| N | 电子型半导体 |
| $r_{bb'}$ | 基区体电阻 |
| $r_{b'e}$ | 发射区体电阻与发射结的结电阻之和 |
| $r_{b'c}$ | 集电区体电阻与集电结的结电阻之和 |
| $r_{b'c'}$ | 集电结的微变等效电阻 |
| $r_{be}$ | 共射接法下，基射极间的微变电阻 |
| $r_{ce}$ | 共射接法下，集射极之间的微变电阻 |
| $\alpha$ | 共基接法下，集电极电流的变化量与发射极电流的变化量之比，即 $\alpha = \Delta I_C / \Delta I_E$ |
| $\bar{\alpha}$ | 从发射极到达集电极的载流子的百分数，或 $\bar{\alpha} = I_C / I_E$ |
| $\beta$ | 共射接法下，集电极电流的变化量与基极电流的变化量之比，即 $\beta = \Delta I_C / \Delta I_B$ |
| $\bar{\beta}$ | 共射接法时，不考虑穿透电流时，$I_C$ 与 $I_B$ 的比值 |
| $g_m$ | 跨导 |
| $I_{om}$ | 集电极最大允许电流 |
| $P_{om}$ | 集电极最大耗散功率 |
| $U_{(BR)EBO}$ | 集电极开路时，e－b 间的击穿电压 |
| $U_{(BR)CEO}$ | 基极开路时，c－e 间的击穿电压 |
| $U_{OS}$、$I_{OS}$ | 集成运放输入失调电压、失调电流 |
| $I_B$ | 集成运放输入偏置电流 |
| V | 三极管，晶闸管 |
| D | 场效应管漏极 |
| G | 场效应管栅极，晶闸管控制极 |
| S | 场效应管源极，开关 |
| A | 晶闸管阳极 |
| K | 晶闸管阴极 |
| $U_{GS(th)}$ | 场效应管开启电压 |
| $U_{GS(off)}$ | 场效应管栅源截止电压（夹断电压） |
| $I_{DSS}$ | 结型、耗尽型场效应管 $U_{GS}=0$ 时的 $I_D$ 值 |
| $K_{CMRR}$ | 共模抑制比 |
| $Q$ | 静态工作点，$LC$ 回路的品质因数 |

| | | |
|---|---|---|
| $\tau$ | | 时间常数 |
| $\eta$ | | 效率 |
| $\phi, \varphi$ | | 相角 |
| $\varphi_F$ | | 反馈网络的相移 |
| L | | 电感器 |
| T | | 变压器 |
| RP，$R_P$ | | RP 为电位器（可变电阻器），$R_P$ 为其阻值 |

# 目　　录

# 第 1 章　半导体元件及其特性

3半导体元件是电子线路的核心元件。只有掌握半导体元件的结构、性能、工作原理和特点，才能正确分析电子电路工作原理，正确选择和合理使用半导体元件。本章主要介绍常用半导体元件的识别与性能测试，然后介绍二极管、三极管、场效应管、晶闸管的结构、工作原理、主要参数以及应用电路等。

## 实训 1　常用半导体元件的识别与性能测试

### 方法 1　用万用表简易判别二极管、三极管

#### （一）实训目的

（1）认识常用晶体二极管和三极管的外形特征。

（2）学会使用万用表判别晶体二极管的极性和三极管的管脚。

（3）熟悉用万用表判别二极管和三极管的质量。

#### （二）预习要求

（1）预习 PN 结外加正、反向电压的工作原理和三极管电流放大原理。

（2）预习万用表电阻挡的使用方法。

#### （三）实训原理

**1. 二极管的外形特征**

（1）二极管共有两根引脚，两根引脚有正、负之分，在使用中两根引脚不能接反，否则会损坏二极管或损坏电路中的其它元件。

（2）二极管的两根引脚由轴向伸出。

（3）有一部分二极管外壳上标出了二极管的电路符号，以便识别二极管的正负极引脚。

**2. 万用表测试二极管的原理**

晶体二极管内部实质上是一个 PN 结。当外加正向电压，也即 P 端电位高于 N 端电位时，二极管导通呈低电阻；当外加反向电压，也即 N 端电位高于 P 端电位时，二极管截止呈高电阻。因此可应用万用表的电阻挡鉴别二极管的极性和判别其质量的好坏。实图 1.1 所示为万用表（这里是指针式万用表）电阻挡的等效电路。由图可知，表外电路的电流方向

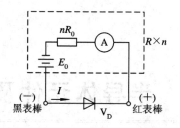

实图 1.1 万用表电阻挡等效测试电路

从万用表负端（一）流向正端（＋），即万用表处于电阻挡时，其（一）端为内电源的正极，（＋）端为内电源的负极。$R_0$ 是电阻挡表面刻度中心阻值，$n$ 是电阻挡旋钮所指倍数。由等效电路图可算出电阻挡在 $n$ 倍率下输出的短路电流值。测试时，可由指针偏转角占全量程刻度的百分比 $\theta$（可通过指针所处直流电压刻度位置估算之）估算流经被测元器件的直流电流。可用下式计算：

$$I = \theta \frac{E_0}{nR_0} \tag{1.1}$$

在测试小功率二极管时一般使用 $R \times 100(\Omega)$ 或 $R \times 1\ k(\Omega)$ 挡，不致损坏管子。

**3. 万用表测试三极管的原理**

1）基极和管型的判断

三极管内部有两个 PN 结，即集电结和发射结，实图 1.2(a) 所示为 NPN 型三极管。与二极管相似，三极管内的 PN 结同样具有单向导电性。因此可用万用表电阻挡判别出基极 b 和管型。例如，NPN 型三极管，当用黑表棒接基极 b，用红表棒分别搭试集电极 c 和发射极 e，测得阻值均较小；反之，表棒位置交换后，测得阻值均较大。但在测试时未知电极和管型，因此对三个电极脚要调换测试，直到符合上述测量结果为止。然后，再根据在公共端电极上表棒所代表的电源极性，可判别出基极 b 和管型，如实图 1.2(b) 所示。

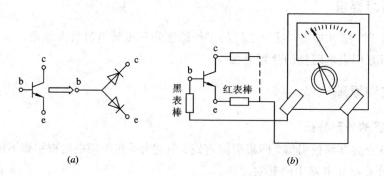

(a)                    (b)

实图 1.2 三极管及其电极辨别

(a) NPN 型三极管内部 PN 结；(b) 辨别三极管电极

2）集电极和发射极的判别

这可根据三极管的电流放大作用进行判别。实图 1.3 所示的电路，当未接上 $R_b$ 时，无 $I_B$，则 $I_C = I_{CEO}$ 很小，测得 c、e 间电阻大；当接上 $R_b$ 时，则有 $I_B$，而 $I_C = \beta I_B + I_{CEO}$，因此，$I_C$ 显然要增大，测得 c、e 间电阻比未接上 $R_b$ 时为小。如果 c、e 调头，三极管被加反向电压，则无论 $R_b$ 接与不接，c、e 间电阻均较大，因此可判断出 c 和 e 极。例如，测量的管型是 NPN 型，若符合 $\beta$ 大的情况，则与黑表棒相接的是集电极 c。

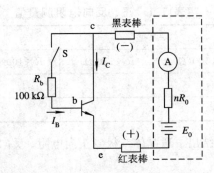

实图 1.3　用万用表判别三极管 c、e 极

3）反向穿透电流 $I_{CEO}$ 的检查

$I_{CEO}$ 的大小是衡量三极管质量的一个重要指标，要求越小越好。按产品指标要求应在 $U_{CE}$ 为某定值下测 $I_{CEO}$，因此用万用表电阻挡测试时，仅为一参考值。测量方法仍如实图 1.3 所示，此时基极应开路，根据指针偏转角的百分比 $\theta$，由式(1.1)可估算出 $I_{CEO}$ 的大小。

4）共发射极直流电流放大系数 $\beta$ 的性能测试

测试方法与 2)中判别 c、e 极的方法相似。由三极管电流放大系数原理可知，在接 $R_b$ 时测得阻值比未接 $R_b$ 时为小，因此，测得的 $\theta$ 角百分比越大，则表明三极管的电流放大系数越大。

在掌握上述一些测试方法后，即可判别二极管和三极管的 PN 结是否损坏，是开路还是短路。这是在实用上判断管子是否良好所经常采用的简便方法。

应该指出，在用万用表测量晶体管时，应该使用 $R \times 100(\Omega)$ 或 $R \times 1\,k(\Omega)$ 的电阻挡。若放在 $R \times 10\,k(\Omega)$ 挡上，则因万用表内接有较高电压的电池，有可能将 PN 结击穿。若用 $R \times 1(\Omega)$ 挡，则因万用表的等效电阻较小，会使过大的电流流过 PN 结,有可能会烧坏晶体管。

## （四）实训设备和器件

万用表一只；二极管：2AP 型、2CP 型各一只；三极管：3AX31、3DG6 各一只；电阻：100 kΩ 一只；坏的二极管、三极管若干只。

## （五）实训内容

### 1. 测试二极管的正、负极性和正、反向电阻

用万用表电阻挡($R \times 100$ (Ω)或 $R \times 1\,k(\Omega)$挡)判别二极管的正、负极和测试正、反向电阻。

### 2. 判别三极管的管脚和管型（NPN 型和 PNP 型）

（1）用万用表电阻挡($R \times 100$ (Ω)或 $R \times 1\,k(\Omega)$挡)先判别基极 b 和管型。

（2）判别出集电极 c 和发射极 e，测定 $I_{CEO}$ 和 $\beta$ 的大小。

（3）用万用表测试坏的二极管和三极管，鉴别分析管子质量和损坏情况。

## （六）实训报告

（1）将测得的数据进行分析整理，填入实表 1.1 中。

**实表 1.1　正、反向电阻测量值**

| 二极管类型 | 2AP 型 | | 2CP 型 | |
|---|---|---|---|---|
| 万用表电阻挡 | $R \times 100(\Omega)$ | $R \times 1$ k$(\Omega)$ | $R \times 100$ $(\Omega)$ | $R \times 1$ k$(\Omega)$ |
| 正向电阻 | | | | |
| 反向电阻 | | | | |

（2）根据测量结果，总结出一般晶体二极管正向电阻、反向电阻的范围。

## （七）思考题

通过实训，你能否回答下列问题：

（1）能否用万用表测量大功率三极管？测量时使用哪一挡，为什么？

（2）为什么用万用表不同电阻挡测二极管的正向（或反向）电阻值时，测得的阻值不同？

（3）用万用表测得的晶体二极管的正、反向电阻是直流电阻还是交流电阻？用万用表的 $R \times 10(\Omega)$ 挡和 $R \times 1$ k$(\Omega)$ 挡去测量同一个二极管的正向电阻时，所得的结果是否相同？为什么？

（4）我们知道，二极管的反向电阻较大，需用万用表的 $R \times 1$ k$(\Omega)$ 或 $R \times 10$ k$(\Omega)$ 挡去测量 。有人在测量二极管的反向电阻时，为了使表笔和管脚接触良好，用两手分别把两个接触处捏紧，结果发现管子的反向电阻比实际值小很多，这是为什么？

## 方法 2　用逐点法测试二极管和三极管的特性曲线

## （一）实训目的

（1）通过用普通万用表测试二极管和三极管的特性曲线，加深理解其特性曲线的物理意义。

（2）了解被测管子各极间的电压和电流在数值上的关系与特点。

## （二）预习要求

（1）测量二极管的正向和反向伏安特性对电源的连接与数值有什么要求？在测试同一条伏安特性过程中，为什么不要变更万用表的量程？

（2）共发射极直流与交流电流放大系数在概念上有什么区别？

（3）三极管的输入特性和输出特性应在什么条件下进行测量？对测量电表有什么要求？

（4）测试锗材料三极管的伏安特性时，若测试时间过长，为什么会影响测量结果？

## （三）实训原理

### 1. 二极管伏安特性测试

用逐点法测试二极管正、反向伏安特性。逐点改变加在二极管两端的电压 $U_{V_D}$，测出

各点电压 $U_{V_D}$ 和与 $U_{V_D}$ 相对应的电流 $I_{V_D}$，即可描绘出伏安特性曲线。

### 2. 三极管共发射极组态伏安特性测试

三极管共发射极组态的伏安特性有输入特性和输出特性。

输入特性可用函数式

$$I_B = f(U_{BE})\mid_{U_{CE}=常数}$$

来表示，即在 $U_{CE}$ 电压保持不变的情况下，基极输入回路中 $U_{BE}$ 和 $I_B$ 之间的关系。一般当 $U_{CE} > 2$ V后，输入特性基本重合。

输出特性可用函数式

$$I_C = f(U_{CE})\mid_{I_B=常数}$$

来表示，即在基极电流 $I_B$ 保持不变的情况下，在集电极输出回路中 $U_{CE}$ 和 $I_C$ 之间的关系。

### 3. 实训电路

实训电路如实图 1.4 和实图 1.5 所示。

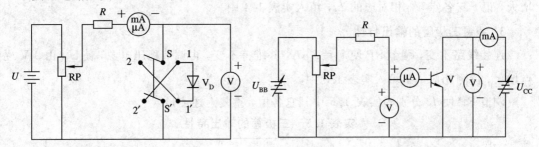

实图 1.4　二极管特性测试电路图　　　　实图 1.5　三极管特性测试电路图

## （四）实训内容

### 1. 测量二极管正、反向特性

按实图 1.4 接线。

（1）测正向伏安特性时，将 S、S′ 各与 1、1′ 相接，电源 $U = 3$ V，电流用直流毫安挡测量。

（2）测反向伏安特性时，S、S′ 各与 2、2′ 相接，电源 $U = 32$ V，电流用直流微安挡测量。

测量时，调节电位器 RP 使二极管两端电压从零开始逐点增加，并测出各点电压相对应的电流值 $I_{V_D}$，填入实表 1.2 和实表 1.3 中。

**实表 1.2　二极管的正向特性**

| $U_{V_D}$/V | 0 | 0.10 | 0.15 | 0.20 | 0.25 | 0.30 | 0.40 | 0.50 | 0.60 | 0.70 |
|---|---|---|---|---|---|---|---|---|---|---|
| $I_{V_D}$/mA | | | | | | | | | | |

**实表 1.3　二极管的反向特性**

| $-U_{V_D}$/V | 0 | 2 | 4 | 8 | 12 | 16 | 20 | 24 | 28 | 32 |
|---|---|---|---|---|---|---|---|---|---|---|
| $-I_{V_D}$/μA | | | | | | | | | | |

**2. 测量三极管的输入特性**

（1）按实图 1.5 接线，在开启电源前，将 $U_{BB}$ 调至 3 V，$U_{CC}$ 置于零位，然后开启电源，仍使 $U_{CC}=0$ V，并维持不变，即 $U_{CE}=0$ V，然后调节 RP，使 $U_{BE}$ 由 0 V 开始逐渐增大，读测并记录与 $U_{BE}$ 各点相对应的 $I_B$，填入实表 1.4 中。

**实表 1.4　三极管的输入特性**

| $U_{BE}/V$ | | 0 | 0.10 | 0.30 | 0.50 | 0.55 | 0.60 | 0.65 | 0.70 | 0.75 | 0.80 |
|---|---|---|---|---|---|---|---|---|---|---|---|
| $U_{CE}=0$ V | $I_B/\mu A$ | | | | | | | | | | |
| $U_{CE}=2$ V | | | | | | | | | | | |

（2）调节电源 $U_{CC}=2$ V，并维持不变，即 $U_{CE}=2$ V。再调节 RP，仍使 $U_{BE}$ 由 0 V 开始增大，记下与各点 $U_{BE}$ 相对应的 $I_B$，填入实表 1.4 中。

**3. 测量三极管的输出特性**

连接线路不变，调节 RP 使 $I_B=0$ $\mu A$，并维持不变，再调节稳压电源，使 $U_{CC}$ 由 0 V 逐点增大，读测相应 $I_C$，填入实表 1.5 中。

调节 RP 使 $I_B$ 分别为实表 1.5 中其它各值，重复上述测量。

**实表 1.5　三极管的输出特性**

| $U_{CE}/V$ $I_C/mA$ $I_B/\mu A$ | 0 | 0.20 | 0.50 | 1 | 5 | 10 |
|---|---|---|---|---|---|---|
| 0 | | | | | | |
| 20 | | | | | | |
| 40 | | | | | | |
| 60 | | | | | | |
| 80 | | | | | | |
| 100 | | | | | | |
| 120 | | | | | | |

## （五）实训报告

（1）整理数据，填好表格。

（2）根据测试结果，用方格坐标描绘二极管正、反向特性曲线和三极管输入、输出特性曲线。

（3）通过输出特性曲线，在 $U_{CE}=6$ V，$I_B=60$ $\mu A$ 的工作点上求取共发射极直流电流放大系数 $\bar\beta$ 和交流电流放大系数 $\beta$。

## (六) 思考题

(1) 如果要测试硅二极管的正向特性，应如何较合理地安排测试点，为什么？
(2) 测试 PNP 型三极管时，电源应如何连接？

# 1.1　半导体二极管

## 1.1.1　PN 结的形成与特性

### 1. PN 结的形成

在半导体材料（硅、锗）中掺入不同杂质可以分别形成 N 型和 P 型两种半导体。N 型半导体主要靠自由电子导电，称自由电子为多数载流子，而空穴（带正电荷的载流子）数量远少于电子数量，称空穴为少数载流子。P 型半导体主要靠空穴导电，称空穴为多数载流子，而自由电子远少于空穴的数量，称自由电子为少数载流子。

**注意**：不论 N 型半导体还是 P 型半导体都是电中性，对外不显电性。

当 P 型半导体和 N 型半导体接触以后，由于交界两侧半导体类型不同，存在电子和空穴的浓度差。这样，P 区的空穴向 N 区扩散，N 区的电子向 P 区扩散，如图 1.1.1(a)所示。由于扩散运动，在 P 区和 N 区的接触面就产生正负离子层。N 区失掉电子产生正离子，P 区得到电子产生负离子。通常称这个正负离子层为 PN 结。如图 1.1.1(b)所示。

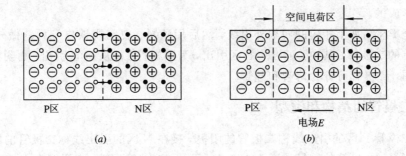

图 1.1.1　PN 结的形成
(a) 多数载流子的扩散；(b) PN 结的形成

在 PN 结的 P 区一侧带负电，N 区一侧带正电。PN 结便产生了内电场，内电场的方向从 N 区指向 P 区。内电场对扩散运动起到阻碍作用，电子和空穴的扩散运动随着内电场的加强而逐步减弱，直至停止。在界面处形成稳定的空间电荷区，如图 1.1.1(b)所示。

### 2. PN 结的特性

1) PN 结的正向导通特性

给 PN 结加正向电压，即 P 区接正电源，N 区接负电源，此时称 PN 结为正向偏置，如图 1.1.2(a)所示。

这时 PN 结外加电场与内电场方向相反，当外电场大于内电场时，外加电场抵消内电场，使空间电荷区变窄，有利于多数载流子运动，形成正向电流。外加电场越强，正向电流越大，这意味着 PN 结的正向电阻变小。

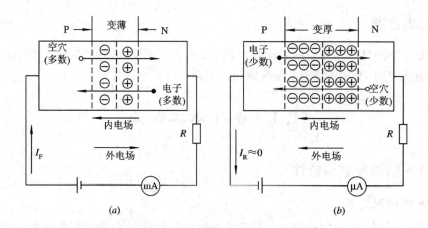

图 1.1.2　PN 结的导电特性

(a) 正向偏置；(b) 反向偏置

2）PN 结的反向截止特性

给 PN 结加反向电压，即电源正极接 N 区，负极接 P 区，称 PN 结反向偏置，如图 1.1.2(b) 所示。这时外加电场与内电场方向相同，使内电场的作用增强，PN 结变厚，多数载流子运动难于进行，有助于少数载流子运动，形成电流 $I_R$，少数载流子很少，所以电流很小，接近于零，即 PN 结反向电阻很大。

综上所述，PN 结具有单向导电性，加正向电压时，PN 结电阻很小，电流 $I_R$ 较大，是多数载流子的扩散运动形成的；加反向电压时，PN 结电阻很大，电流 $I_R$ 很小，是少数载流子运动形成的。

将一个 PN 结加上相应的两根外引线，然后用塑料、玻璃或铁皮等材料做外壳封装就成为最简单的二极管。其中，正极从 P 区引出，为阳极；负极从 N 区引出，为阴极。根据所用材料不同，二极管可分为锗管和硅管。

## 1.1.2　二极管的结构和类型

接在二极管 P 区的引出线称二极管的阳极，接在 N 区的引出线称二极管的阴极。如图 1.1.3(a) 所示。二极管的符号如图 1.1.3(b) 所示，其中三角箭头表示正向电流的方向，正向电流从二极管的阳极流入，阴极流出。

二极管有许多类型。从工艺上分，有点接触型和面接触型；按用途分，有整流管、检波二极管、稳压二极管、光电二极管和开关二极管等。

**1. 点接触型二极管**

如图 1.1.3(c) 所示。这是用一根含杂质元素的金属丝压在半导体晶片上，经特殊工艺、方法，使金属丝上的杂质掺入到晶体中，从而形成导电类型与原晶体相反的区域而构成的 PN 结。因而其结面积小，允许通过的电流小，但结电容小，工作频率高，适合用作高频检波器件。

**2. 面接触型二极管**

如图 1.1.3(d) 所示。由于面接触型二极管的 PN 结接触面积较大，PN 结电容较大，一般适用于在较低的频率下工作；由于接触面积大，允许通过较大电流和具有较大功率容量，适用于做整流器件。

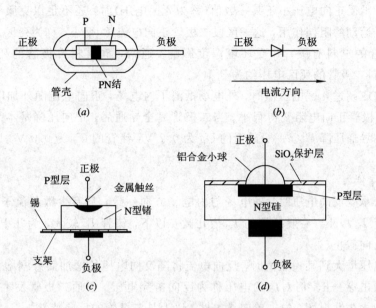

图 1.1.3　二极管的结构和符号

（a）结构示意图；（b）符号；（c）点接触型；（d）面接触型

## 1.1.3　二极管的特性及参数

### 1. 二极管伏安特性

理论分析指出，半导体二极管电流 $I$ 与端电压 $U$ 之间的关系可表示为

$$I = I_S(e^{\frac{U}{U_T}} - 1) \tag{1.1.1}$$

此式称为理想二极管电流方程。式中，$I_S$ 称为反向饱和电流，$U_T$ 称为温度的电压当量，常温下 $U_T \approx 26$ mV。实际的二极管伏安特性曲线如图 1.1.4 所示。图中，实线对应硅材料二极管，虚线对应锗材料二极管。

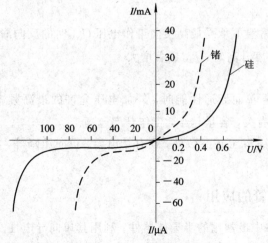

图 1.1.4　二极管伏安特性曲线

1）正向特性

当二极管承受正向电压小于某一数值（称为死区电压）时，还不足以克服 PN 结内电场对多数载流子运动的阻挡作用，这一区段二极管正向电流 $I_F$ 很小，称为死区。死区电压的大小与二极管的材料有关，并受环境温度影响。通常，硅材料二极管的死区电压约为 0.5 V，锗材料二极管的死区电压约为 0.1 V。

当正向电压超过死区电压值时，外电场抵消了内电场，正向电流随外加电压的增加而明显增大，二极管正向电阻变得很小。当二极管完全导通后，正向压降基本维持不变，称为二极管正向导通压降 $U_F$。一般硅管的 $U_F$ 为 0.7 V，锗管的 $U_F$ 为 0.3 V。以上是二极管的正向特性。

2）反向特性

当二极管承受反向电压时，外电场与内电场方向一致，只有少数载流子的漂移运动，形成的漏电流 $I_R$ 极小，一般硅管的 $I_R$ 为几微安以下，锗管 $I_R$ 较大，为几十到几百微安。这时二极管反向截止。

当反向电压增大到某一数值时，反向电流将随反向电压的增加而急剧增大，这种现象称二极管反向击穿。击穿时对应的电压称为反向击穿电压。普通二极管发生反向击穿后，造成二极管的永久性损坏，失去单向导电性。以上是二极管的反向特性。

**2. 二极管的主要参数**

二极管参数是反映二极管性能质量的指标。必须根据二极管的参数来合理选用二极管。

二极管的主要参数有 4 项。

1）最大整流电流 $I_{FM}$

$I_{FM}$ 是指二极管长期工作时允许通过的最大正向平均电流值，由 PN 结的面积和散热条件所决定。工作时，管子通过的电流不应超过这个数值，否则将导致管子过热而损坏。

2）最高反向工作电压 $U_{RM}$

$U_{RM}$ 是指二极管不击穿所允许加的最高反向电压。超过此值二极管就有被反向击穿的危险。$U_{RM}$ 通常为反向击穿电压的 1/2～2/3，以确保二极管安全工作。

3）最大反向电流 $I_{RM}$

$I_{RM}$ 是指二极管在常温下承受最高反向工作电压 $U_{RM}$ 时的反向漏电流，一般很小，但其受温度影响较大。当温度升高时，$I_{RM}$ 显著增大。

4）最高工作频率 $f_M$

$f_M$ 是指保持二极管单向导通性能时，外加电压允许的最高频率。二极管工作频率与PN 结的极间电容大小有关，容量越小，工作频率越高。

二极管的参数很多，除上述参数外，还有结电容、正向压降等，实际应用时，可查阅半导体器件手册。

## 1.1.4　半导体二极管的应用

二极管是电子电路中最常用的半导体器件。利用其单向导电性及导通时正向压降很小的特点，可用来进行整流、检波、钳位、限幅、开关以及元件保护等各项工作。

**1. 整流**

所谓整流，就是将交流电变为单方向脉动的直流电。利用二极管的单向导电性可组成单相、三相等各种形式的整流电路，然后再经过滤波、稳压，便可获得平稳的直流电。这些内容将在第 7 章详细介绍。

**2. 钳位**

利用二极管正向导通时压降很小的特性，可组成钳位电路，如图 1.1.5 所示。

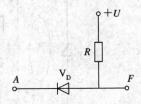

图 1.1.5　二极管钳位电路

图中，若 $A$ 点 $U_A=0$，二极管 $V_D$ 可正向导通，其压降很小，故 $F$ 点的电位也被钳制在 0 V 左右，即 $U_F \approx 0$。

**3. 限幅**

利用二极管正向导通后其两端电压很小且基本不变的特性，可以构成各种限幅电路，使输出电压幅度限制在某一电压值以内。图 1.1.6(a) 为一正负对称限幅电路，设输入电压 $u_i=10 \sin\omega t(\text{V})$，$U_{s1}=U_{s2}=5 \text{ V}$。

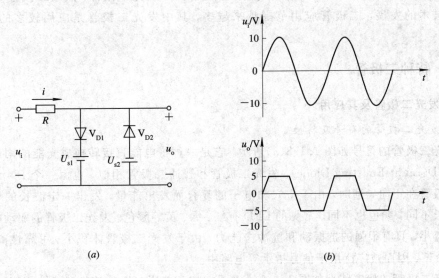

图 1.1.6　二极管限幅电路及波形
(a) 限幅电路；(b) 波形

当 $-U_{s2}<u_i<U_{s1}$ 时，$V_{D1}$、$V_{D2}$ 都处于反向偏置而截止，因此 $i=0$，$u_o=u_i$。当 $u_i>U_{s1}$ 时，$V_{D1}$ 处于正向偏置而导通，使输出电压保持在 $U_{s1}$。当 $u_i<-U_{s2}$ 时，$V_{D2}$ 处于正向偏置而导通，输出电压保持在 $-U_{s2}$。由于输出电压 $u_o$ 被限制在 $+U_{s1}$ 与 $-U_{s2}$ 之间，即 $|u_o|\leqslant$

5 V，好像将输入信号的高峰和低谷部分削掉一样，因此这种电路又称为削波电路。输入、输出波形如图 1.1.6(b) 所示。

### 4. 元件保护

在电子线路中，常用二极管来保护其他元器件免受过高电压的损害，如图 1.1.7 所示电路，$L$ 和 $R$ 是线圈的电感和电阻。

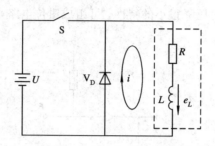

图 1.1.7　二极管保护电路

在开关 S 接通时，电源 $E$ 给线圈供电，$L$ 中有电流流过，储存了磁场能量。在开关 S 由接通到断开的瞬时，电流突然中断，$L$ 中将产生一个高于电源电压很多倍的自感电动势 $e_L$，$e_L$ 与 $U$ 叠加作用在开关 S 的端子上，在 S 的端子上产生电火花放电，这将影响设备的正常工作，使开关 S 寿命缩短。接入二极管 $V_D$ 后，$e_L$ 通过二极管 $V_D$ 产生放电电流 $i$，使 $L$ 中储存的能量不经过开关 S 放掉，从而保护了开关 S。

除以上用途外，还有许多特殊结构的二极管，例如发光二极管、热敏二极管等。随着半导体技术的发展，二极管应用范围越来越多，其中发光二极管是应用较多的一种二极管。

## 1.1.5　特种二极管

### 1. 发光二极管及其应用

#### 1) 发光二极管的符号及特性

发光二极管的符号如图 1.1.8(a) 所示。它是一种将电能直接转换成光能的固体器件，简称 LED(Light Emitting Diode)。发光二极管和普通二极管相似，也由一个 PN 结组成。发光二极管在正向导通时，由于空穴和电子的复合而发出能量，发出一定波长的可见光。光的波长不同，颜色也不同。常见的 LED 有红、绿、黄等颜色。发光二极管的驱动电压低、工作电流小，具有很强的抗振动和抗冲击能力。由于发光二极管体积小、可靠性高、耗电省、寿命长，因而被广泛用于信号指示等电路中。

发光二极管的伏安特性如图 1.1.8(b) 所示。它和普通二极管的伏安特性相似，只是在开启电压和正向特性的上升速率上略有差异。当所施加正向电压 $U_F$ 未达到开启电压时，正向电流几乎为零，但电压一旦超过开启电压时，电流急剧上升。发光二极管的开启电压通常称做正向电压，它取决于制作材料的禁带宽度。例如 GaAsP 红色 LED 约为 1.7 V，而 GaP 绿色的 LED 则约为 2.3 V。LED 的反向击穿电压一般大于 5 V，但为使器件长时间稳定而可靠的工作，安全使用电压选择在 5 V 以下。

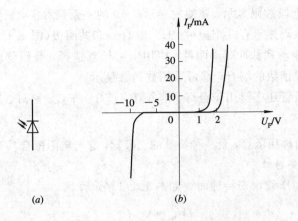

(a)          (b)

图 1.1.8　发光二极管符号和伏安特性曲线

(a) 符号；(b) 伏安特性曲线

2）发光二极管的应用

（1）电源通断指示。发光二极管作为电源通断指示的电路（如图 1.1.9 所示）时，通常称其为指示灯，在实际应用中给人提供很大的方便。发光二极管的供电电源既可以是直流的也可以是交流的，但必须注意的是，发光二极管是一种电流控制器件，应用中只要保证发光二极管的正向工作电流在所规定的范围之内，它就可以正常发光。具体的工作电流可查阅有关资料。

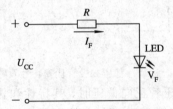

图 1.1.9　发光二极管电路

（2）数码管是电子技术中应用的主要显示器件，其就是用发光二极管经过一定的排列组成的，如图 1.1.10(a)所示。

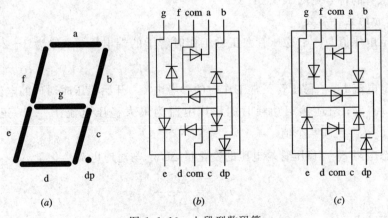

(a)          (b)          (c)

图 1.1.10　七段型数码管

(a) 笔段编码；(b) 共阳极 LED 分布；(c) 共阴极 LED 分布

这是某型号的七段数码显示。要使它显示 0～9 的一系列数字，只要点亮其内部相应的显示段即可。七段数码显示有共阳极（图 1.1.10(b)）和共阴极（图 1.1.10(c)）之分。数码管的驱动方式有直流驱动和脉冲驱动两种，应用中可任意选择。数码管应用十分广泛，可以说，凡是需要指示或读数的场合，都可采用数码管显示。

此外，发光二极管还广泛用于台灯、信号灯、彩灯、车灯、路灯、广告显示屏等设备。

**2. 稳压二极管**

硅稳压二极管简称稳压管，是一种特殊的二极管，它与电阻配合具有稳定电压的特点。

1）稳压管的伏安特性

通过实验测得稳压管伏安特性曲线如图 1.1.11 所示。

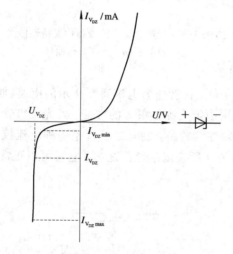

图 1.1.11　稳压二极管伏安特性及符号

从特性曲线可以看到，稳压管正向偏压时，其特性和普通二极管一样；反向偏压时，开始一段和二极管一样，当反向电压达到一定数值以后，反向电流突然上升，而且电流在一定范围内增长时，管两端电压只有少许增加，变化很小，具有稳压性能。这种"反向击穿"是可恢复的，只要外电路限流电阻保障电流在限定范围内，就不致引起热击穿而损坏稳压管。稳压管的符号见图 1.1.11。

2）稳压管的主要参数

（1）稳定电压值 $U_{V_{DZ}}$：稳压管在正常工作时管子的端电压，一般为 3～25 V，高的可达 200 V。

（2）稳定电流 $I_{V_{DZ}}$：稳压管正常工作时的参考电流。开始稳压时对应的电流最小，为最小稳压电流 $I_{V_{DZ}min}$；对应额定功耗时的稳压电流为最大稳压电流 $I_{V_{DZ}max}$。正常工作电流 $I_{V_{DZ}}$ 取 $I_{V_{DZ}min}$～$I_{V_{DZ}max}$ 间某个值。

（3）动态电阻 $r_{V_{DZ}}$：稳压管端电压的变化量 $\Delta U_{V_{DZ}}$ 与对应电流变化量 $\Delta I_{V_{DZ}}$ 之比，即

$$r_{V_{DZ}} = \frac{\Delta U_{V_{DZ}}}{\Delta I_{V_{DZ}}}$$

其值为几欧至十几欧。

（4）稳定电压的温度系数：当温度变化 1℃时稳压管的稳压值 $U_{V_{DZ}}$ 的相对变化量。例

如，2CW17 的电压温度系数为 $9 \times 10^{-4}/℃$。稳压值低于 4 V 的稳压管，电压温度系数为负（表现为齐纳击穿）；高于 7 V 的稳压管，系数为正（表现为雪崩击穿）；而 6 V 左右的管子（呈现两种击穿），稳压值受温度影响较小。

（5）稳压管额定功耗 $P_{V_{DZ}M}$：保证稳压管安全工作所允许的最大功耗。其大小为

$$P_{V_{DZ}M} = U_{V_{DZ}} I_{V_{DZ}max}$$

3）稳压二极管的应用

用稳压二极管构成的稳压电路如图 1.1.12 所示。

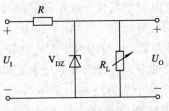
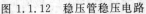
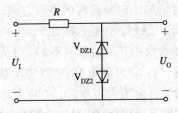

图 1.1.12　稳压管稳压电路　　　　图 1.1.13　稳压管稳压电路

$U_I$ 是不稳定的可变直流电压，希望得到稳定的电压 $U_O$，故在两者之间加稳压电路。它由限流电阻 $R$ 和稳压管 $V_{DZ}$ 构成，$R_L$ 是负载电阻。

**例 1.1**　在图 1.1.13 中，已知稳压二极管的 $U_{V_{DZ}} = 6.3$ V，当 $U_I = \pm 20$ V，$R = 1$ kΩ 时，求 $U_O$。已知稳压二极管的正向导通压降 $U_F = 0.7$ V。

**解**　当 $U_I = +20$ V，$V_{DZ1}$ 反向击穿稳压，$U_{V_{DZ1}} = 6.3$ V，$V_{DZ2}$ 正向导通，$U_{F2} = 0.7$ V，则 $U_O = +7$ V；同理，$U_I = -20$ V，$U_O = -7$ V。

# 1.2　半导体三极管

半导体三极管简称三极管或晶体管，它是由两个 PN 结、三个电极组成的。这两个结靠得很近，工作相互联系、相互影响，表现出与两个单独的 PN 结完全不同的特性。与二极管相比，三极管的功能有质的飞跃，因此在电子线路中得到广泛的应用。

## 1.2.1　三极管的结构及类型

三极管是由两个 PN 结、3 个杂质半导体区域组成的，因杂质半导体有 P、N 型两种，所以三极管的组成形式有 NPN 型和 PNP 型两种。结构和符号如图 1.2.1 所示。

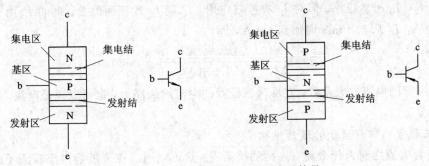

图 1.2.1　三极管结构示意图和表示符号

**1. 三极管的结构及类型**

不管是 NPN 型还是 PNP 型三极管，都有三个区：基区、发射区、集电区，以及分别从这三个区引出的电极：发射极 e、基极 b 和集电极 c；两个 PN 结分别为发射区与基区之间的发射结和集电区与基区之间的集电结。

三极管基区很薄，一般仅有 1 微米至几十微米厚，发射区多数载流子的浓度很高，集电结截面积大于发射结截面积。

注意，PNP 型和 NPN 型三极管表示符号的区别是发射极的箭头方向不同，这个箭头表示发射结加正向偏置时的电流方向。使用中要注意电源的极性，确保发射结永远加正向偏置电压，三极管才能正常工作。

三极管根据基片的材料不同，分为锗管和硅管两大类，目前国内生产的硅管多为 NPN 型（3D 系列），锗管多为 PNP 型（3A 系列）；从频率特性分，可分为高频管和低频管；从功率大小分，可分为大功率管、中功率管和小功率管，等等。实际应用中采用 NPN 型三极管较多，所以下面以 NPN 型三极管为例加以讨论，所得结论对于 PNP 三极管同样适用。

**2. 三极管电流分配和放大作用**

为了定量地了解三极管的电流分配关系和放大原理，我们先做一个试验，试验电路如图 1.2.2 所示。

电源 $U_{BB}$ 使发射结承受正向偏置电压，而电源 $U_{CC} > U_{BB}$，使集电结承受反向偏置电压，这样做的目的是使三极管能够具有正常的电流放大作用。

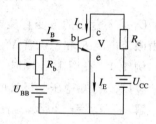

图 1.2.2　三极管试验电路

通过改变电阻 $R_b$，基极电流 $I_B$、集电极电流 $I_C$ 和发射极电流 $I_E$ 都发生变化，表 1.2.1 为试验所得一组数据。

**表 1.2.1　三极管各级电流**

| $I_B/\mu A$ | 0 | 20 | 30 | 40 | 50 | 60 |
|---|---|---|---|---|---|---|
| $I_C/mA$ | ≈0 | 1.4 | 2.3 | 3.2 | 4 | 4.7 |
| $I_E/mA$ | ≈0 | 1.42 | 2.33 | 3.24 | 4.05 | 4.76 |
| $I_C/I_B$ | 0 | 70 | 76 | 80 | 80 | 78 |

将表中数据进行比较分析，可得出如下结论：

$I_E = I_C + I_B$，三个电流之间的关系符合基尔霍夫电流定律。

$I_C \approx I_E$，$I_B$ 虽然很小，但对 $I_C$ 有控制作用，$I_C$ 随 $I_B$ 改变而改变。例如 $I_B$ 由 40 $\mu A$ 增加到 50 $\mu A$，$I_C$ 从 3.2 mA 增加到 4 mA，即

$$\beta = \frac{\Delta I_C}{\Delta I_B} = \frac{(4-3.2) \times 10^{-3}}{(50-40) \times 10^{-6}} = 80$$

$\beta$ 称为三极管的电流放大系数，它反映三极管的电流放大能力，也可以说是电流 $I_B$ 对 $I_C$ 的控制能力。

*1）三极管内部载流子的运动规律*

三极管电流之间为什么具有这样的关系呢？这可以通过在三极管内部载流子的运动规律来解释。

（1）发射区向基区发射电子。由图 1.2.3 可知，电源 $U_{BB}$ 经过电阻 $R_b$ 加在发射结上，发射结正偏，发射区的多数载流子——自由电子不断地越过发射结而进入基区，形成发射极电流 $I_E$。同时，基区多数载流子——空穴也向发射区扩散，但由于基区很薄，可以不考虑这个电流。因此，可以认为三极管发射结电流主要是电子流。

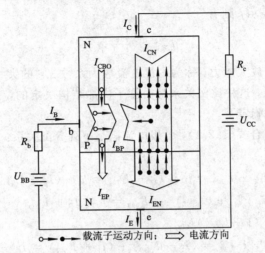

图 1.2.3　三极管内部载流子运动规律

（2）基区中的电子进行扩散与复合。电子进入基区后，先在靠近发射结的附近密集，渐渐形成电子浓度差，在浓度差的作用下，促使电子流在基区中向集电结扩散，被集电结电场拉入集电区，形成集电结电流 $I_C$。也有很小一部分电子与基区的空穴复合，形成复合电子流。扩散的电子流与复合电子流的比例决定了三极管的放大能力。

（3）集电区收集电子。由于集电结外加反向电压很大，这个反向电压产生的电场力将阻止集电区电子向基区扩散，同时将扩散到集电结附近的电子拉入集电区而形成集电结主电流 $I_{CE}$。另外集电区的少数载流子——空穴也会产生漂移运动，流向基区，形成反向饱和电流 $I_{CBO}$，其数值很小，但对温度却非常敏感。

2）三极管的电流分配关系

综合载流子的运动规律，三极管内的电流分配如图 1.2.4 所示，图中的箭头表示电流

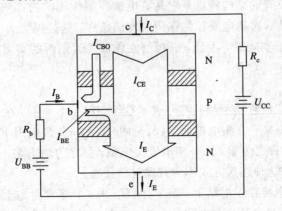

图 1.2.4　电流分配关系

方向。

由于三极管基区的杂质浓度很低,且厚度很薄,这就减小了电子和空穴复合的机会,所以从发射区注入到基区的电子只有很小一部分在基区复合掉,绝大部分到达集电区。这就是说,构成发射极电流 $I_E$ 的两部分中,$I_{BE}$ 部分是很小的,$I_{CE}$ 部分所占百分比是大的,若它们的比值用 $h_{FE本}$ 表示,则有

$$h_{FE本} = \frac{I_{CE}}{I_{BE}} \gg 1 \tag{1.2.1}$$

$h_{FE本}$ 表示三极管的电流放大能力,称为本征电流放大系数。它的大小取决于基区中载流子扩散与复合的比例关系,这种比例关系是由管子内部结构决定的,一旦管子制成后,这种比例关系($h_{FE本}$ 值)也就确定了。

对照图 1.2.4 并结合式(1.2.1),各极电流满足下列分配关系:

$$\begin{cases} I_B = I_{BE} - I_{CBO} \\ I_C = I_{CE} + I_{CBO} = h_{FE本} I_{BE} + I_{CBO} = h_{FE本}(I_B + I_{CBO}) + I_{CBO} \\ \quad = h_{FE本} I_B + (1 + h_{FE本})I_{CBO} = h_{FE本} I_B + I_{CEO} \\ I_{CEO} = (1 + h_{FE本})I_{CBO} \\ I_E = I_{CE} + I_{BE} = (I_C - I_{CBO}) + (I_B + I_{CBO}) = I_C + I_B \end{cases} \tag{1.2.2}$$

由三极管内部的载流子运动规律可知,集电极电流 $I_C$ 主要来源于发射极电流 $I_E$($I_C$ 受 $I_E$ 控制),而同集电极外电路几乎无关,只要加到集电结上的反向电压能够把从基区扩散到集电结附近的电子吸引到集电区即可。这就是三极管的电流控制作用。三极管能实现放大作用也是以此为基础的,这也是三极管同二极管一个质的区别所在。

$I_E$ 的大小是由发射结上的外加正向电压 $U_{BE}$ 的大小决定的,$U_{BE}$ 的变化将引起 $I_E$ 的变化,$I_E$ 的变化再引起 $I_B$ 和 $I_C$ 的变化,所以,实质上是发射结上的正向电压 $U_{BE}$ 对各极电流有控制作用。$U_{BE}$ 变化能引起 $I_C$ 变化的现象,本应理解为电压控制,但二者的关系是非线性的,表达起来很不方便,而从式(1.2.2)可知,当 $I_{CBO}$(或 $I_{CEO}$)可忽略时,则有 $I_C \approx h_{FE本} I_B$,表明 $I_C$ 同 $I_B$(或 $I_E$)有一个比例关系,使用起来很方便,所以通常说 $I_C$ 受 $I_B$(或 $I_E$)控制,或者说,$I_C$ 随 $I_B$(或 $I_E$)成正比变化。于是也就把双极型三极管称为"电流控制器件"。

这里还需指出,三极管的结构特点是它具有电流控制作用的内部依据,而发射结正向偏置、集电结反向偏置是它实现电流控制作用的外部条件。这是因为 $I_C$ 受 $I_B$(或 $I_E$)控制,是在满足上述外部条件下实现的,因此,三极管在作放大运用时的直流供电必须满足这个外部条件。

3) 放大作用

将图 1.2.4 所示的三极管模型用其符号表示重绘于图 1.2.5 上。在基极回路(b、e 间)加入一待放大的信号电压 $u_s$;在集电极回路(c、e 间)串入一负载电阻 $R_L$,$R_L$ 两端电压变量为 $\Delta u_O$。基极接信号,称之为输入端,集电极接负载,称之为输出端,发射极既接信号又接负载,称之为公共端。这种连接方式称为共发射极接法。

由于变量 $u_s$ 和 $U_{BB}$ 串在发射结上,则 $u_{BE} = U_{BB} + u_s$,即发射结上的电压将在 $U_{BB}$ 的基础上变化,所以发射极总电流也是变化的,即 $i_E = I_E + \Delta i_E$。于是,基极总电流和集电极总电流也随之作相应的变化,即 $i_B = I_B + \Delta i_B$,$i_C = I_C + \Delta i_C$。显然,变量 $\Delta i_E$、$\Delta i_B$、$\Delta i_C$ 是

由外加的信号电压 $u_s$ 引起的。

（1）电流放大作用。在图 1.2.5 中，通过信号源（$u_s$）的电流为 $i_B$（基极总输入电流），流过负载电阻 $R_L$ 的电流为 $i_C$（集电极总输出电流），二者变量的比值，称为共射极小信号短路电流放大系数（交流电流放大系数），记作 $\beta$，即

$$\beta = \frac{\Delta i_C}{\Delta i_B}$$

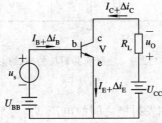

图 1.2.5　放大作用原理图

由三极管构造的特点可知，$i_E$ 的变量 $\Delta i_E$ 中，只有一小部分补偿 $i_B$ 的变量 $\Delta i_B$，绝大部分成为集电极电流的变量 $\Delta i_C$，所以 $\Delta i_C \gg \Delta i_B$，亦即 $\beta \gg 1$。

因为 $\Delta i_B$ 是由信号源（$u_s$）提供的，并流经基极（输入信号电流），$\Delta i_C$ 是由集电极输出的，并流经负载电阻（输出信号电流），而且 $\Delta i_C \gg \Delta i_B$，这就是说，集电极输出信号电流是信号源提供输入信号电流的 $\beta$ 倍；或者说，当有一个微小变量 $\Delta i_B$ 时，将引起大得多的变量 $\Delta i_C$。这就是三极管的电流放大作用。

这里需要重申，三极管中经过放大后的 $\Delta i_C$ 并不是由 $\Delta i_B$ 供给的，$\Delta i_C$ 是 $\Delta i_B$ 的 $\beta$ 倍，只是一种数量关系，并不是真正把 $\Delta i_B$ 放大了 $\beta$ 倍。实际上，$\Delta i_C$ 是由直流电源 $U_{CC}$ 供给的，只是由于外部供电条件通过三极管内部扩散与复合的特殊关系，才使较大的电流 $i_C$ 能够跟随较小的电流 $i_B$ 的变化而变化。显然，这是一种以小电流"带动"大电流的控制作用。这是三极管电流放大的实质。

（2）电压放大作用。在图 1.2.5 中，设三极管由基极向发射极看过去的等效交流电阻为 $r_{be}$。根据叠加原理，输入信号电压 $u_s = \Delta i_B \, r_{be}$，负载 $R_L$ 上的电压变量 $\Delta u_O = \Delta i_C R_L$，于是

$$\frac{\Delta u_O}{u_s} = \frac{\Delta i_C R_L}{\Delta i_B r_{be}} = \beta \frac{R_L}{r_{be}}$$

因为 $\beta \gg 1$，而 $r_{be}$ 又较小（一般为 $1\ \mathrm{k\Omega}$ 左右），所以只要 $R_L$ 值不太小，就会使负载上的信号电压 $\Delta u_O$ 大于输入信号 $u_s$。这就是三极管的电压放大作用。

以上分析的是 NPN 型三极管的电流放大原理。对于 PNP 型三极管，其工作原理相同，只是三极管各极所接电源极性相反，发射区发射的载流子是空穴而不是电子。

## 1.2.2　三极管的特性曲线

三极管的特性曲线全面反映了三极管各极电压与电流之间的关系，是分析三极管各种电路的重要依据。由于三极管有三个电极，输入、输出各占一个电极，一个公共电极，因此要用两种特性曲线来表示，即输入特性曲线和输出特性曲线。图 1.2.6 是测试三极管共射极接法特性的电路图。

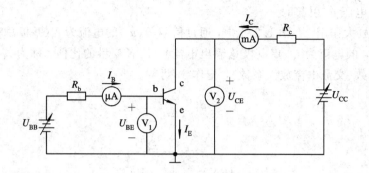

图 1.2.6　三极管共射极的测试电路

**1. 共射输入特性**

共射输入特性是指集电极和发射极之间的电压 $U_{CE}$ 为某一常数时，加在三极管基极和发射极之间的电压 $U_{BE}$ 和由它所产生的基极电流 $i_B$ 之间的关系，即输入端电压和电流关系。函数关系表示为

$$I_B = f(U_{BE})\,|_{U_{CE}=常数}$$

图 1.2.7 给出了某三极管的输入特性。下面，我们分两种情况进行讨论。

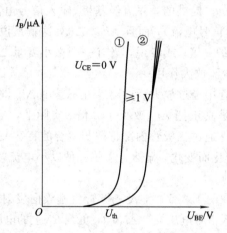

图 1.2.7　某三极管的输入特性

1）当 $U_{CE}=0$ 时的输入特性（图中曲线①）

当 $U_{CE}=0$ 时，相当于集电极和发射极间短路，三极管等效成两个二极管并联，其特性类似于二极管的正向特性。

2）当 $U_{CE}\geqslant 1$ V 时的输入特性（图中曲线②）

当 $U_{CE}\geqslant 1$ V 时，输入特性曲线右移（相对于 $U_{CE}=0$ 时的曲线），表明对应同一个 $U_{BE}$ 值，$I_B$ 减小了，或者说，要保持 $I_B$ 不变，$U_{BE}$ 需增加。这是因为集电结加反向电压，使得扩散到基区的载流子绝大部分被集电结吸引过去而形成集电极电流 $I_C$，只有少部分在基区复合，形成基极电流 $I_B$，所以 $I_B$ 减小而使曲线右移。

观察图 1.2.7 曲线还会发现，$U_{CE}$ 从 0 增加到 1 V 时，曲线右移显著；当 $U_{CE}$ 大于 1 V 后，随着 $U_{CE}$ 的增加，曲线右移很少（基本不变），只是曲线上部稍有散开状。这是因为 $U_{CE}$

大于 1 V 以后，只要 $U_{BE}$ 保持不变，从发射区注入到基区的载流子数不变，而集电结所加的反向电压量足够把靠近集电结的载流子(发射区扩散过来的)拉到集电区，因此 $U_{CE}$ 再增加，$I_C$ 也不会有明显增加，所以 $I_B$ 也就不会有明显减少。曲线的上部散开，主要是由于基区宽度效应引起的。所谓基区宽度效应，是指当集电结反向电压增加时，空间电荷区变宽，它将向基区延伸，使基区宽度变窄，于是载流子复合的机会减小，因而 $I_B$ 减小，但它的影响不大。所以通常只画出 $U_{CE} \geqslant 1$ V 的一条曲线，就可以代表更高数值的情况，因而器件手册上也只给出一条或两条输入特性曲线。实用上，$U_{CE}$ 总是大于零的，所以 $U_{CE} \geqslant 1$ V 的特性曲线更有实际意义。

从图 1.2.7 中还可以看出，三极管的输入特性和二极管的正向伏安特性类似，也是非线性的，也有一个阈值电压 $U_{th}$。① 只有 $|U_{BE}| > |U_{th}|$ 时，$I_B$ 才随 $|U_{BE}|$ 的增大而增大。这个 $|U_{th}|$ 值，对硅管约 0.5 V 左右，对锗管约 0.1 V 左右。② 在 $I_B$ 较小的范围内，曲线弯曲较大；$I_B$ 较大时，曲线逐渐变直、变陡，这就是说，在此范围内，$U_{BE}$ 有较小的变化（$\Delta U_{BE}$），就会引起 $I_B$ 有较大的变化（$\Delta I_B$），且 $\Delta I_B$ 和 $\Delta U_{BE}$ 近似为线性关系。三极管在作放大运用时，直流正向偏压 $|U_{BE}|$ 一般就选在特性近于直线的范围内，对硅管约为 0.6～0.8 V，对锗管约为 0.2～0.3 V，对应的直流电流（小功率管）$I_B$ 为几十至几百微安。

对应输入特性曲线某点（例如图 1.2.8 的 $Q$ 点）切线斜率的倒数，称为三极管共射极接法（$Q$ 点处）的交流输入电阻，记作 $r_{be}$，即

$$r_{be} = \frac{1}{\tan\theta} \approx \frac{\Delta U_{BE}}{\Delta I_B}$$

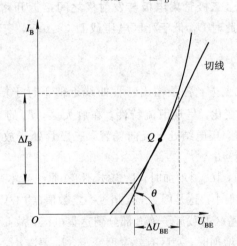

图 1.2.8  从输入特性上求 $r_{be}$

$r_{be}$ 的大小反映出 $\Delta U_{BE}$ 对 $\Delta I_B$ 的控制能力。在特性曲线近于直线的部分，$r_{be}$ 近似为一个常数，与 $Q$ 点的位置无关。

**2. 输出特性曲线**

输出特性曲线是指当三极管基极电流 $I_B$ 为常数时，集电极电流 $I_C$ 与集电极、发射极间电压 $U_{CE}$ 之间的关系，即

$$I_C = f(U_{CE}) \mid_{I_B=常数}$$

在图 1.2.6 中，先调节 $U_{BB}$ 为一定值，例如 $I_B = 40$ μA，然后调节 $U_{CC}$ 使 $U_{CE}$ 由零开始

逐渐增大,就可作出 $I_B = 40\ \mu A$ 时的输出特性。同样做法,把 $I_B$ 调到 $0\ \mu A$,$20\ \mu A$,$60\ \mu A$ ……,就可以得一组输出特性曲线。如图 1.2.9 所示。

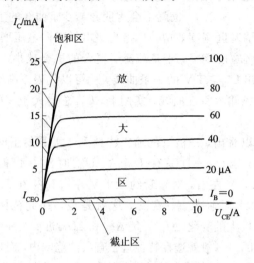

图 1.2.9　三极管输出特性曲线

根据三极管的工作状态不同,可将输出特性分为截止区、放大区和饱和区三个区域。

1)截止区

在 $I_B = 0$ 曲线以下的区域称为截止区,这时 $I_C = I_{CEO} \approx 0$。集电极到发射极只有很微小的电流,称其为穿透电流。三极管集电极与发射极之间接近开路,类似开关断开状态,无放大作用,呈高阻状态。此时 $U_{BE}$ 低于死区电压或 $U_{CE} \leqslant 0$ V,三极管可靠截止,发射结和集电结都处于反向偏置。

2)放大区

在 $I_B = 0$ 的特性曲线上方,各条输出特性曲线近似平行于横轴的曲线簇部分。$U_{CE}$ 在 1 V 以上,$I_C$ 不随着 $U_{CE}$ 变化,呈现恒流特性。在放大区,$I_C$ 的大小随 $I_B$ 变化,$I_C = \beta I_B$。此时发射结处于正向偏置,集电结处于反向偏置,三极管处于放大状态。观察曲线簇可以看出放大区有以下两个特点:

(1)对应同一个 $I_B$ 值,$|U_{CE}|$ 增加时,$I_C$ 基本不变(曲线基本与横轴平行)。说明集电极电压对集电极电流的影响很小。这是因为 $U_{CE}$ 超过一定数值(约 1 V)以后,集电极的电场已足够强,能使发射区注入到基区的载流子绝大部分到达集电区,故 $U_{CE}$ 再增加,对 $I_C$ 的影响也不大了。但是,由于 $|U_{CE}|$ 增加时,基区有效宽度变窄,$I_B$ 要减小,而共射输出特性要求参数变量 $I_B$ 不变,因此要增大 $U_{BE}$,于是 $I_C$ 略有增加,曲线稍有上翘,不完全与横轴平行。

(2)对应同一个 $U_{CE}$ 值,$I_B$ 增加,$I_C$ 显著增加,并且 $I_C$ 的变量 $\Delta I_C$ 与 $I_B$ 的变量 $\Delta I_B$ 基本为正比关系(曲线簇等间距)。说明 $I_C$ 受 $I_B$ 的控制,$\Delta I_C$ 与 $\Delta I_B$ 保持线性关系,而且 $\Delta I_C \gg \Delta I_B$,具有电流放大作用。

当要求三极管起放大作用时,应工作在该区。

3)饱和区

输出特性曲线近似直线上升部分称饱和区,$U_{CE} \leqslant 1$ V,三极管饱和时 $U_{CE}$ 值称为饱和压降,用 $U_{CES}$ 来表示。因 $U_{CES}$ 值很小,三极管的 c、e 两极之间接近短路,此时发射结和集电结都处于正偏。

综上所述，三极管工作在放大区，具有电流放大作用，常用来构成各种放大电路；三极管工作在截止区和饱和区，相当于开关的断开与接通，常用于开关控制和数字电路。

### 1.2.3　三极管的主要参数

**1. 电流放大系数 $\beta$**

动态（交流）电流放大系数 $\beta$：当集电极电压 $U_{CE}$ 为定值时，集电极电流变化量 $\Delta I_C$ 与基极电流变化量 $\Delta I_B$ 之比，即

$$\beta = \frac{\Delta I_C}{\Delta I_B}$$

静态（直流）电流放大系数 $\bar{\beta}$：三极管为共发射极接法，在集电极—发射极电压 $U_{CE}$ 一定的条件下，由基极直流电流 $I_B$ 所引起的集电极直流电流与基极电流之比，称为共发射极静态（直流）电流放大系数，记作 $\bar{\beta}$。

$$\bar{\beta} = \frac{I_C - I_{CEO}}{I_B} \approx \frac{I_C}{I_B}$$

$\beta$ 和 $\bar{\beta}$ 含义不同，但通常在输出特性线性较好的情况下，两个数值差别很小，一般不作严格区分。注意，三极管是非线性器件，在 $I_C$ 较大或者较小时 $\beta$ 值都会减小，只有在特性等距、平行部分 $\beta$ 值才基本不变。常用的小功率三极管，$\beta$ 值约为 $20 \sim 150$，大功率的 $\beta$ 值一般较小。选用三极管时，注意既要考虑 $\beta$ 值大小，又要考虑三极管的稳定性能。

**2. 极间反向截止电流**

极间反向截止电流同电流放大系数一样，都是表征三极管优劣的主要指标。常用的反向截止电流有两种。

1）发射极开路，集电极—基极反向截止电流 $I_{CBO}$

$I_{CBO}$ 是当三极管发射极开路而集电结处于反向偏置时的集电极电流值。它是由于集电结处于反向偏置，集电区中和基区中少数载流子的漂移所形成的电流。在一定温度下，$I_{CBO}$ 基本上是个常数，与 $U_{CB}$ 大小无关。常温条件下，小功率锗管的 $I_{CBO}$ 约为几微安至几十微安，小功率硅管的 $I_{CBO}$ 在 $1\ \mu A$ 以下。$I_{CBO}$ 越小越好。

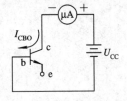

图 1.2.10　$I_{CBO}$ 测试电路

$I_{CBO}$ 可以通过图 1.2.10 所示电路进行测量。

2）基极开路，集电极—发射极反向截止电流 $I_{CEO}$

$I_{CEO}$ 是当三极管基极开路而集电结反偏和发射结正偏时的集电极电流。测试电路如图 1.2.11 所示。

$I_{CEO}$ 与 $I_{CBO}$ 一样，都是集电极直流电流 $I_C$ 的组成部分，也都是衡量三极管质量的一个指标。但是，由于 $I_{CEO} = (1+\bar{\beta})I_{CBO}$ 比 $I_{CBO}$ 大得多，容易测量，所以通常把 $I_{CEO}$ 作为判断管子质量的重要依据。小功率锗管的 $I_{CEO}$ 约为几十至几百微安，硅管在几微安以下。$I_{CEO}$ 越小越好。

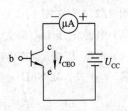

图 1.2.11　$I_{CEO}$ 测试电路

无论 $I_{CEO}$ 或者 $I_{CBO}$，受温度影响都很大。当温度升高时，$I_{CBO}$ 增加很快，而 $I_{CEO}$ 增加更快，$I_C$ 也相应增加，因此三极管的温度稳定性较差，这是它的一个缺点。$I_{CBO}$ 越大，$\beta$ 越高的管子，其稳定性越差。因此在选用三极管时，要求 $I_{CBO}$ 尽可能小些，早期生产的晶体管 $\beta$ 以不超过 100 为宜。近几年生产的 9013、9012 等晶体管，其 $\beta$ 值在 200 左右皆可用。

硅管的稳定性能胜于锗管，所以在温度变化较大的工作环境中，应选用硅管。

**3. 极限参数**

集电极最大允许电流 $I_{CM}$：当 $I_C$ 超过一定数值时 $\beta$ 下降，$\beta$ 下降到正常值的 2/3 时所对应的 $I_C$ 值为 $I_{CM}$，当 $I_C > I_{CM}$ 时，可导致三极管损坏。

反向击穿电压 $U_{(BR)CEO}$：基极开路时，集电极、发射极之间最大允许电压为反向击穿电压 $U_{(BR)CEO}$，当 $U_{CE} > U_{(BR)CEO}$ 时，三极管的 $I_C$、$I_E$ 剧增，使三极管击穿。为可靠工作，使用中取

$$U_{CE} \leqslant \left(\frac{1}{2} \sim \frac{2}{3}\right) U_{(BR)CEO}$$

集电极最大耗散功率 $P_{CM}$：集电极电流流过集电极时，产生的功耗使结温升高，结温太高时会使三极管烧毁，因此规定 $P_C = I_C U_{CE} \leqslant P_{CM}$。根据给定的 $P_{CM}$ 值可以作出一条 $P_{CM}$ 曲线如图 1.2.12 所示，由 $P_{CM}$、$I_{CM}$ 和 $U_{(BR)CEO}$ 包围的区域为三极管安全工作区。

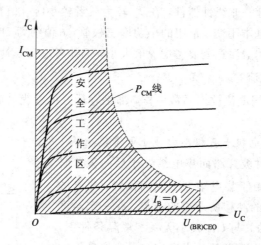

图 1.2.12　三极管安全工作区

三极管除上述主要参数外，还有其他参数，使用中可查阅有关手册。

**例 1.2.1**　在图 1.2.6 所示电路中，若选用 3DG6D 型号的三极管，

(1) 电源电压 $U_{CC}$ 最大不得超过多少伏？

(2) 根据 $I_C \leqslant I_{CM}$ 的要求，$R_c$ 电阻最小不得小于多少千欧姆？

**解**　查表，3DG6D 参数是：

$$I_{CM} = 20 \text{ mA}, \ U_{(BR)CEO} = 30 \text{ V}, \ P_{CM} = 100 \text{ mW}$$

(1)
$$U_{CC} = \frac{2}{3} U_{(BR)CEO} = \frac{2}{3} \times 30 = 20 \text{ V}$$

(2)
$$U_{CE} = U_{CC} - I_C R_c$$

$$I_C = \frac{U_{CC} - U_{CE}}{R_c} \approx \frac{U_{CC}}{R_c}$$

其中，$U_{CE}$ 最低一般为 $0.5$ V，故可略。

由 $I_C < I_{CM}$，所以 $\frac{U_{CC}}{R_c} < I_{CM}$，故

$$R_c > \frac{U_{CC}}{I_{CM}} = \frac{20}{20} = 1 \text{ k}\Omega$$

## 1.2.4 复合三极管

复合三极管是把两个三极管的管脚适当地连接起来使之等效为一个三极管，典型结构如图 1.2.13 所示。

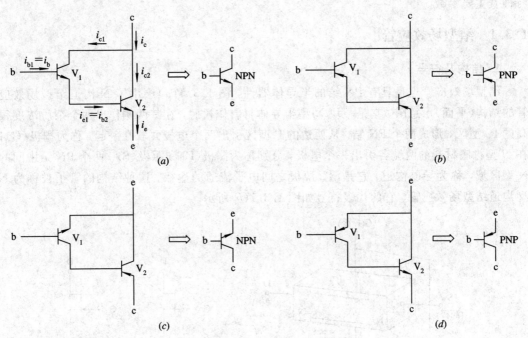

图 1.2.13 复合三极管

以图 1.2.13(a) 为例分析。

$$i_c = i_{c1} + i_{c2} = \beta_1 i_{b1} + \beta_2 i_{b2} = \beta_1 i_{b1} + \beta_2 (1 + \beta_1) i_{b1}$$
$$\approx \beta_1 i_{b1} + \beta_2 \beta_1 i_{b1} = \beta_1 i_{b1} (1 + \beta_2)$$
$$\approx \beta_1 \beta_2 i_{b1}$$

即

$$\beta = \frac{i_c}{i_b} \frac{i_c}{i_{b1}} \approx \beta_1 \beta_2$$

说明复合管的电流放大系数 $\beta$ 近似等于两个管子电流放大系数的乘积。同时有

$$I_{CEO} = I_{CEO2} + \beta_2 I_{CEO1}$$

表明复合管具有穿透电流大的缺点。

## 1.3 场效应管

场效应管是一种利用电场效应来控制其电流大小的半导体三极管。它具有输入电阻高（最高可达 $10^{15}\,\Omega$）、噪声低、热稳定性好、抗辐射能力强、耗电省等优点，因此得到广泛应用。

根据结构的不同，场效应管分两大类：结型场效应管（简称 JFET）和绝缘栅场效应管（简称 IGFET）。而结型场效应管又分为 N 沟道和 P 沟道两种；绝缘栅场效应管也有 N 沟道和 P 沟道两种类型，但每种类型的工作方式又都可分为增强型和耗尽型。

本节将简单说明结型场效应管和绝缘栅场效应管的结构和工作原理，重点介绍它们的特性及主要参数。

### 1.3.1 结型场效应管

#### 1. 结构及符号

结型场效应管也是具有 PN 结的半导体器件，图 1.3.1(a)绘出了 N 沟道结型场效应管的结构（平面）示意图。它是一块 N 型半导体材料作衬底，在其两侧作出两个杂质浓度很高的 $P^+$ 型区，形成两个 PN 结。从两边的 P 型区引出两个电极并联在一起，称为栅极(G)；在 N 型衬底材料的两端各引出一个电极，分别称为漏极(D)和源极(S)。两个 PN 结中间的 N 型区域，称为导电沟道，它是漏、源极之间电子流通的途径。这种结构的管子被称为 N 型沟道结型场效应管，它的代表符号如图 1.3.1(b)所示。

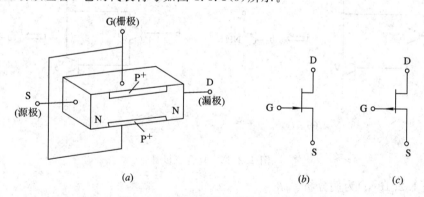

图 1.3.1 结型场效应管结构及符号

(a) N 沟道结构示意图；(b) N 沟道符号；(c) P 沟道符号

如果用 P 型半导体材料作衬底，则可构成 P 沟道结型场效应管，其代表符号如图 1.3.1(c)所示。N 沟道和 P 沟道结型场效应管符号上的区别，在于栅极的箭头方向不同，但都要由 P 区指向 N 区。

#### 2. 基本工作原理

上述两种结构的结型场效应管工作原理完全相同，下面我们以 N 型沟道结型场效应管为例进行分析。

研究场效应管的工作原理，主要是讲输入电压对输出电流的控制作用。在图 1.3.2 中，绘出了当漏源电压 $U_{DS}=0$ 时，栅源电压 $U_{GS}$ 大小对导电沟道影响的示意图。

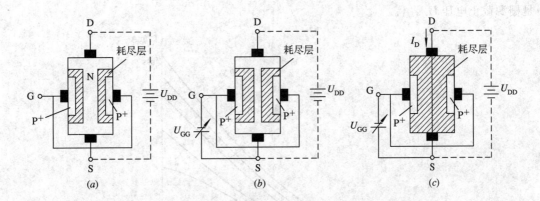

图 1.3.2 $U_{DS} \approx 0$ 时，栅源电压 $U_{GS}$ 大小对导电沟道的影响

(a) $U_{GS} = 0$ 时；(b) $U_{GS(off)} < U_{GS} < 0$ 时；(c) $U_{GS} \leqslant U_{GS(off)}$ 时

（1）当 $U_{GS} = 0$ 时，PN 结的耗尽层如图 1.3.2(a) 中阴影部分所示。耗尽层只占 N 型半导体体积的很小一部分，导电沟道比较宽，沟道电阻较小。

（2）当在栅极和源极之间加上一个可变直流负电源 $U_{GG}$ 时，此时栅源电压 $U_{GS}$ 为负值，两个 PN 结都处于反向偏置，耗尽层加宽，导电沟道变窄，沟道电阻加大，如图 1.3.2(b) 所示。而且栅源电压 $U_{GS}$ 愈负，导电沟道愈窄，沟道电阻愈大。

（3）当栅源电压 $U_{GS}$ 负到某一值时，两边的耗尽层近于碰上，仿佛沟道被夹断，沟道电阻趋于无穷大，如图 1.3.2(c) 所示。此时的栅源电压称为栅源截止电压（或夹断电压），并以 $U_{GS(off)}$ 表示。

由以上的分析可知，改变栅源电压 $U_{GS}$ 的大小，就能改变导电沟道的宽窄，也就能改变沟道电阻的大小。如果在漏极和源极之间接入一个适当大小的正电源 $U_{DD}$，则 N 型导电沟道中的多数载流子（电子）便从源极通过导电沟道向漏极作漂移运动，从而形成漏极电流 $I_D$。显然，在漏源电压 $U_{DS}$ 一定时，$I_D$ 的大小是由导电沟道的宽窄（即电阻的大小）决定的，当 $U_{GS} = U_{GS(off)}$ 时，$I_D \approx 0$。于是我们得出结论：栅源电压 $U_{GS}$ 对漏极电流 $I_D$ 有控制作用。这种利用电压所产生的电场控制半导体中电流的效应，称为"场效应"。场效应管因此得名。

此外，栅源电压 $U_{GS}$ 在负值范围内变化时，PN 结始终处于反向偏置，栅极电流基本为零，所以结型场效应管的输入电阻较大，一般可达 $10^6 \sim 10^9$ Ω。

**3. 特性曲线**

场效应管的特性曲线最常用的有转移特性曲线和输出特性曲线。它们可用图示仪直接显示出来，也可以通过实验逐点测绘出来。

1）转移特性曲线

转移特性是指在漏源电压 $U_{DS}$ 一定时，漏极电流 $i_D$ 同栅源电压 $U_{GS}$ 的关系，函数表示式为

$$I_D = f(U_{GS}) \big|_{U_{DS}=常数}$$

图 1.3.3 给出了某 N 沟道结型场效应管的转移特性。从图中可以看出 $U_{GS}$ 对 $I_D$ 的控制作用。$U_{GS} = 0$ 时的 $I_D$，称为栅源短路时漏极电流，记为 $I_{DSS}$。使 $I_D \approx 0$ 时的栅源电压就

是栅源截止电压 $U_{GS(off)}$。

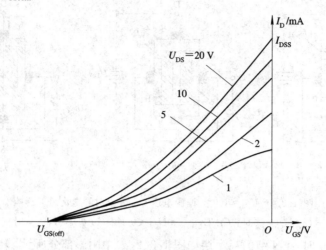

图 1.3.3　N 沟道结型场效应管的转移特性

从图中还可看出，对应不同的 $U_{DS}$，转移特性不同。但是，当 $U_{DS}$ 大于一定数值后，不同的 $U_{DS}$，转移特性是很靠近的，这时可以认为转移特性重合为一条曲线，使分析得到简化。

此外，图 1.3.3 中的转移特性，可以用一个近似公式来表示：

$$I_D \approx I_{DSS}\left(1 - \frac{U_{GS}}{U_{GS(off)}}\right)^2 \qquad 0 \geqslant U_{GS} \geqslant U_{GS(off)}$$

这样，只要给出 $I_{DSS}$ 和 $U_{GS(off)}$ 就可以把转移特性中其它点估算出来。

2）输出特性曲线

输出特性曲线（也叫漏极特性）是指在栅源电压 $U_{GS}$ 一定时，漏极电流 $I_D$ 与漏源电压 $U_{DS}$ 之间的关系，函数表示式为

$$I_D = f(U_{DS})\big|_{U_{GS}=常数}$$

图 1.3.4 给出了某 N 沟道结型场效应管的输出特性。从图中可以看出，管子的工作状态可分为可变电阻区、恒流区和击穿区这三个区域。

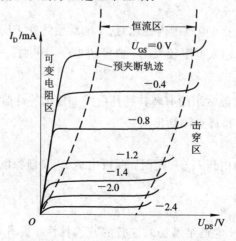

图 1.3.4　N 沟道结型场效应管的输出特性

（1）可变电阻区：特性曲线上升的部分称为可变电阻区。在此区内，$U_{DS}$较小，$I_D$随$U_{DS}$的增加而近于直线上升，管子的工作状态相当于一个电阻，而且这个电阻的大小又随栅源电压$U_{GS}$的大小变化而变（不同$U_{GS}$的输出特性的切线斜率不同），所以把这个区域称为可变电阻区。

（2）恒流区：曲线近于水平的部分称为恒流区（又称饱和区）。在此区内，$U_{DS}$增加，$I_D$基本不变（对应同一$U_{GS}$），管子的工作状态相当于一个"恒流源"，所以把这部分区域称为恒流区。

在恒流区内，$I_D$随$U_{GS}$的大小而改变，曲线的间隔反映出$U_{GS}$对$I_D$的控制能力。从这种意义来讲，恒流区又可称为线性放大区。场效应管作放大运用时，一般就工作在这个区域。

恒流区产生的物理原因，是由于漏源电压$U_{DS}$在N沟道的纵向产生电位梯度，使得从漏极至源极沟道的不同位置上，沟道—栅极间的电压不相等，靠近漏端最大，耗尽层也最宽，而靠近源端的耗尽层最窄。这样，在$U_{GS}$和$U_{DS}$的共同作用下，导电沟道呈楔型，如图1.3.5所示。当$U_{DS}$增加到使$U_{GD}=U_{GS(off)}$时，两边的耗尽层首先在图中A点处靠拢，沟道被夹断。因为它不同于完全夹断，所以称为预夹断。此后，随着$U_{DS}$的增加，沟道夹断的长度向源极方向延伸。由于耗尽层的电阻比沟道的电阻大得多，所以$U_{DS}$增加的部分几乎全部降落在夹断处的耗尽层上，在导电沟道上的电位梯度几乎不变，因而$I_D$就几乎不变，出现恒流现象。

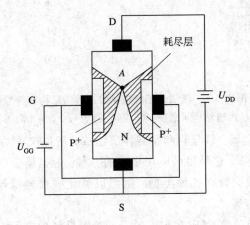

图 1.3.5  $U_{DS}$对沟道的影响

从上面的分析，可以得到N沟道结型场效应管产生夹断（即出现恒流）的条件为

$$U_{GD} \leqslant U_{GS(off)} \qquad U_{GS(off)} < 0$$

或

$$U_{GS} - U_{DS} \leqslant U_{GS(off)}$$

即

$$U_{DS} \geqslant U_{GS} - U_{GS(off)}$$

（3）击穿区：特性曲线快速上翘的部分称为击穿区。在此区内，$U_{DS}$较大，$I_D$剧增，出现了击穿现象。场效应管工作时，不允许进入这个区域。

### 1.3.2 绝缘栅场效应管

**1. N沟道增强型绝缘栅场效应管的结构**

N沟道增强型绝缘栅场效应管的结构如图1.3.6(a)所示。它的制作过程是：以一块杂质浓度较低的P型硅半导体薄片作衬底，利用扩散方法在上面形成两个高掺杂的$N^+$区，并在$N^+$区上安置两个电极，分别称为源极(S)和漏极(D)；然后在半导体表面覆盖一层很薄的二氧化硅绝缘层，并在二氧化硅表面再安置一个金属电极，称为栅极(G)；栅极同源极、漏极均无电接触，故称"绝缘栅极"。

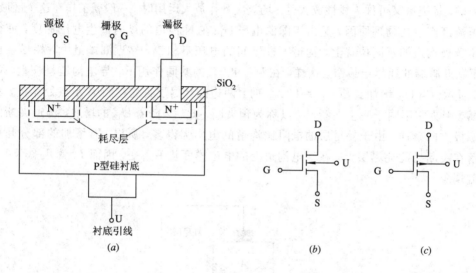

图 1.3.6  增强型绝缘栅场效应管的结构和符号

(a) N沟道结构示意图；(b) N沟道符号；(c) P沟道符号

由于这种管子是由金属、氧化物和半导体所组成，所以又称为金属氧化物半导体场效应管，简称MOS场效应管。它是目前应用最广的一种。根据栅极(金属)和半导体之间绝缘材料的不同，绝缘栅场效应管有各种类型，例如以氮化硅作绝缘层的MNS管，以氧化铅作绝缘层的MAIS管，等等。

如果以N型硅作衬底，可制成P沟道增强型绝缘栅场效应管。N沟道和P沟道增强型绝缘栅场效应管的符号分别如图1.3.6(b)和(c)所示，它们的区别是衬底的箭头方向不同。

**2. N沟道增强型绝缘栅场效应管的工作原理**

在图1.3.6(a)中，如果将栅、源极短路，那么不论漏、源极间加的电压极性如何，总会有一个PN结呈反向偏置，漏、源极间将无电流。

如果在栅、源极间加上一个正电源$U_{GG}$，并将衬底与源极相连(如图1.3.7所示)，此时，栅极(金属)和衬底(P型硅片)相当于以二氧化硅为介质的平板电容器，在正栅源电压$U_{GS}$(即栅－衬底电压$U_{GU}$)的作用下，介质中便产生一个垂直于P型衬底表面的由栅极指向衬底的电场，从而将衬底里的电子感应到表面上来。当$U_{GS}$较小时，感应到衬底表面上的电子数很少，并被衬底表层的大量空穴复合掉；直至$U_{GS}$增加超过某一临界电压时，介质中的强电场才在衬底表面层感应出"过剩"的电子。于是，便在P型衬底的表面形成一个

N 型层——称为反型层。这个反型层与漏、源的 N$^+$ 区之间没有 PN 结阻挡层，相当于将漏、源极连在一起(见图 1.3.7)。若此时加上漏源电压 $U_{DS}$，就会产生 $I_D$。形成反型层的临界电压，称为栅源阈电压(或称为开启电压)，用 $U_{GS(th)}$ 表示。这个反型层就构成源极和漏极的 N 型导电沟道，由于它是在电场的感应下产生的，故也称为感生沟道。

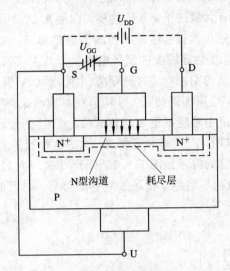

图 1.3.7　N 沟道增强型绝缘栅场效应管工作原理

显然，N 型导电沟道的厚薄是由栅源电压 $U_{GS}$ 的大小决定的。改变 $U_{GS}$，可以改变沟道的厚薄，也就是能够改变沟道的电阻，从而可以改变漏极电流 $i_D$ 的大小。于是，我们得出结论：栅源电压 $U_{GS}$ 能够控制漏极电流 $I_D$。

上述这种在 $U_{GS}=0$ 时没有导电沟道，而必须依靠栅源正电压的作用才能形成导电沟道的场效应管，称为增强型场效应管。

N 沟道增强型绝缘栅场效应管的特性曲线(示意图)如图 1.3.8 所示。图 1.3.8($a$)的转移特性是在 $U_{DS}$ 为某一固定值的条件下测出的，当 $U_{GS}<U_{GS(th)}$ 时，$I_D=0$；当 $U_{GS}\geqslant U_{GS(th)}$

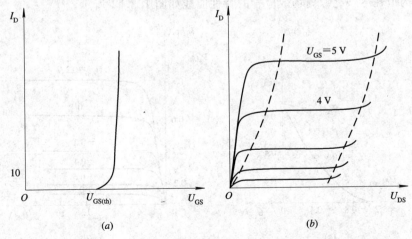

图 1.3.8　N 沟道增强型绝缘栅场效应管伏安特性

($a$) 转移特性；($b$) 输出特性

时，导电沟道形成，并且 $I_D$ 随 $U_{GS}$ 的增大而增大。图 1.3.8(*b*) 为输出特性，同结型场效应管的情况类似。

**3. N 沟道耗尽型绝缘栅场效应管的工作原理**

N 沟道耗尽型绝缘栅场效应管的结构和增强型基本相同，只是在制作这种管子时，预先在二氧化硅绝缘层中掺有大量的正离子。这样，即使在 $U_{GS}=0$ 时，由于正离子的作用，也能在 P 型衬底表面形成感生沟道，将源区和漏区连接起来，如图 1.3.9 所示。当漏、源极之间加上正电压 $U_{DS}$ 时，就会有较大的漏极电流 $I_D$。如果 $U_{GS}$ 为负，介质中的电场被削弱，使 N 型沟道中感应的负电荷减少，沟道变薄（电阻增大），因而 $I_D$ 减小。这同结型场效应管相似，故称为"耗尽型"。所不同的是，N 沟道耗尽型绝缘栅场效应管可在 $U_{GS}>0$ 的情况下工作，此时在 N 型沟道中感应出更多的负电荷，使 $I_D$ 更大。不论栅源电压为正还是为负都能起控制 $I_D$ 大小的作用，而又基本无栅流，这是这种管子的一个重要特点。

耗尽型绝缘栅场效应管的符号如图 1.3.10 所示。图(*a*)为 N 沟道耗尽型绝缘栅场效应管的符号，图(*b*)为 P 沟道耗尽型绝缘栅场效应管的符号。二者的区别只是衬底 U 的箭头方向不同。

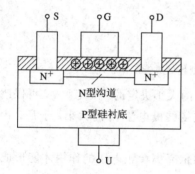

图 1.3.9  N 沟道耗尽型绝缘栅场
效应管结构示意图

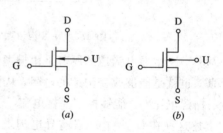

图 1.3.10  耗尽型绝缘栅场效应管符号
（*a*）N 沟道符号；（*b*）P 沟道符号

某 N 沟道耗尽型绝缘栅场效应管的特性曲线如图 1.3.11 所示。

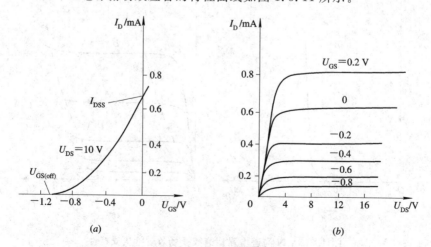

图 1.3.11  某 N 沟道耗尽型绝缘栅场效应管特性曲线

现在，我们对 MOS 管的符号再作进一步说明。在图 1.3.6(*b*)、(*c*)和图 1.3.10(*a*)、(*b*)中画出了四种类型 MOS 管各自的符号。在 N 沟道 MOS 管符号中，衬底上的箭头是向内的（由 P 型衬底指向 N 型沟道）；而在 P 沟道 MOS 管的符号中，衬底上的箭头是向外的，（由 P 型沟道指向 N 型衬底）。在增强型 MOS 管的符号中，S、D 和衬底 U 之间是断开的，表示 $U_{GS}=0$ 时导电沟道没有形成；在耗尽型 MOS 管的符号中，S、D 和 U 是连在一起的，表示 $U_{GS}=0$ 时导电沟道业已存在。此外，在集成电路中，如无需区别沟道类型、工作型式时，MOS 管亦有用图 1.3.12 所示的简化符号。

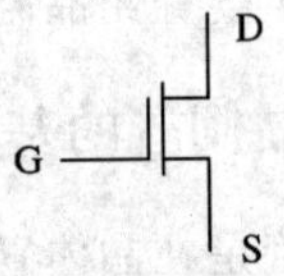

图 1.3.12　MOS 管在集成电路中的简化符号

### 1.3.3　场效应管的主要参数

(1) 开启电压 $U_{GS(th)}$：当 $U_{DS}$ 为常数时，形成 $I_D$ 所需的最小 $|U_{GS}|$ 值，称开启电压。

(2) 夹断电压 $U_{GS(off)}$：在 $U_{DS}$ 固定时，使 $I_D$ 为某一微小电流（如 1 μA、10 μA）所需的 $U_{GS}$ 值。

(3) 低频跨导 $g_m$：$U_{DS}$ 为定值时，漏极电流 $I_D$ 的变化量 $\Delta I_D$ 与引起这个变化的栅源电压 $U_{GS}$ 的变化量 $\Delta U_{GS}$ 的比值，即

$$g_m = \frac{\Delta I_D}{\Delta U_{GS}}\bigg|_{U_{DS}=常数}$$

(4) 漏源击穿电压 $U_{(BR)DS}$：管子发生击穿，$I_D$ 急剧上升时的 $U_{DS}$ 值；$U_{DS}<U_{(BR)DS}$。

(5) 最大耗散功率 $P_{DM}$：$P_D=I_D U_{DS}<P_{DM}$。$P_D$ 不能超过 $P_{DM}$，否则要烧坏管子。

(6) 最大漏极电流 $I_{DM}$：管子工作时，$I_D$ 不允许超过这个值。

### 1.3.4　场效应管与三极管的比较

(1) 场效应管是电压控制器件，而三极管是电流控制器件，但都可获得较大的电压放大倍数。

(2) 场效应管温度稳定性好，三极管受温度影响较大。

(3) 场效应管制造工艺简单，便于集成化，适合制造大规模集成电路。

(4) 场效应管存放时，各个电极要短接在一起，防止外界静电感应电压过高时击穿绝缘层使其损坏。焊接时电烙铁应有良好的接地线，防止感应电压对管子的损坏。

## 1.4　晶　闸　管

晶闸管（又称可控硅），简写作 SCR，是一种工作于开关状态的大功率半导体器件。它具有体积小、重量轻、效率高、寿命长、使用灵活方便等突出优点，被广泛应用于可控整流、交流调压、逆变、保护和开关电路中。

晶闸管的制造和应用技术发展很快，目前生产制造出的多种类型的晶闸管，在各个工业部门已得到了广泛应用。目前应用得最多的是晶闸管整流，例如直流电动机的调速、直流弧焊、同步电机励磁、电解、电镀等方面。晶闸管还广泛用于直流电转变为交流电的逆

变电路,例如交流电动机的变频调速、晶闸管逆变弧焊电源等。晶闸管具有可控制的开关作用,还可用作交直流无触点开关、交流调压等方面。

本节主要介绍晶闸管的基本结构、工作原理、伏安特性,并介绍部分晶闸管应用电路。

### 1.4.1 晶闸管的基本结构

晶闸管是在晶体管的基础上发展起来的一种大功率半导体器件,由四层半导体 $P_1$、$N_1$、$P_2$、$N_2$ 制成,形成三个 PN 结 $J_1$、$J_2$、$J_3$,如图 1.4.1($a$)所示。由最外的 $P_1$ 层引出的电极为阳极 A,最外的 $N_2$ 层引出的电极为阴极 K,由中间的 $P_2$ 层引出的电极为控制极 G,然后用外壳封装起来,图 1.4.1($b$)为示意图。图 1.4.1($c$)是晶闸管的表示符号。

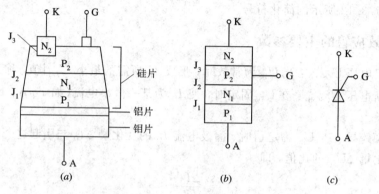

图 1.4.1 晶闸管内部结构示意图

普通型晶闸管常有螺栓式、平板式和压模塑封式三种,其外形如图 1.4.2 所示。晶闸管有 3 个引出极:阳极(A)、阴极(K)和门极(G)(又称控制极)。螺栓式晶闸管中,螺栓是阳极 A 的引出端,并利用它与散热器紧固。平板式则由两个彼此绝缘的散热器把晶闸管紧夹在中间,由于两面都能散热,因而 200 A 以上的晶闸管常采用平板式。小功率晶闸管常采用压膜塑封式,其上部的金属片用螺栓与散热片紧密接触,以利散热。

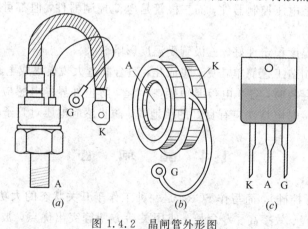

图 1.4.2 晶闸管外形图

($a$)螺栓式;($b$)平板式;($c$)压膜塑封式

### 1.4.2 晶闸管的工作原理

为了说明晶闸管的工作原理,把晶闸管看成由一个 NPN 型晶体管 $V_1$ 和一个 PNP 型

晶体管 $V_2$ 两个晶体管联接而成，阴极 K 相当于 $V_1$ 的发射极，阳极 A 相当于 $V_2$ 的发射极，中间的 $P_2$ 层和 $N_1$ 层为两管共用，一个晶体管的基极与另一个晶体管的集电极相联接，如图 1.4.3 所示。

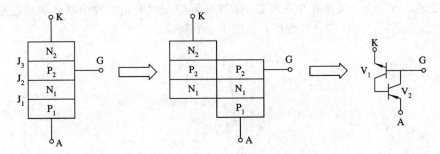

图 1.4.3　晶闸管等效为晶体管示意图

　　（1）控制极不加电压（开路），当阳极 A 和阴极 K 之间加正向电压（A 为高电位，K 为低电位）时，由图 1.4.3 可知，PN 结 $J_1$ 和 $J_3$ 处于正向偏置，$J_2$ 处于反向偏置，且 $I_G=0$，故 $V_1$ 不能导通，晶闸管处于截止状态（称阻断状态）；当阳极 A 和阴极 K 之间加反向电压时，则 $J_2$ 处于正向偏置，而 $J_1$ 和 $J_3$ 处于反向偏置，$V_1$ 仍不能导通，故晶闸管还是处于阻断状态。可见，当控制极不加电压时，无论阳极和阴极之间所加电压极性如何，晶闸管都处于阻断状态。

　　（2）当控制极 G 和阴极 K 之间加正向电压（G 为高电位，K 为低电位），阳极和阴极之间加正向电压，如图 1.4.4 所示，当控制极电流 $I_G$ 达到一定数值时，晶闸管导通。可以这样来理解：在控制极正向电压作用下，产生控制极电流 $I_G$，就是 $V_1$ 的基极电流 $I_{B1}$，经 $V_1$ 放大，$V_1$ 集电极电流 $I_{C1}=\beta_1 I_{B1}=\beta_1 I_G$，它又是 $V_2$ 的基极电流 $I_{B2}$，再经 $V_2$ 放大，$V_2$ 的集电

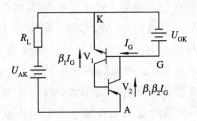

图 1.4.4　晶闸管工作原理电路

极电流 $I_{C2}=\beta_2 I_{B2}=\beta_2 \beta_1 I_G$，此电流又作为 $V_1$ 的基极电流再进行放大，如此循环下去，形成强烈的正反馈，使两个晶体管 $V_1$ 和 $V_2$ 很快达到饱和导通，这就是晶闸管的导通过程，这个过程一般只有几微秒。晶闸管导通后，阳极和阴极间的压降很小，一般只有 1 V 左右，电源电压几乎全部加在负载上，晶闸管中流过的电流与负载电流相同。

　　晶闸管导通后，即使去掉控制极与阴极间的正向电压，仍能继续导通，这是因为，$V_1$ 的基极仍有 $V_2$ 的集电极电流流过，$V_1$ 基极电流比开始所加的 $I_G$ 大得多，也就是靠管子本身的正反馈保持导通。所以，控制极的作用仅仅是触发晶闸管，使其导通，导通之后，控制极就失去控制作用了。可见，欲使晶闸管由阻断变为导通，控制极需要一个正的触发脉冲信号。要想关断晶闸管，必须将阳极电流减小到使之不能维持正反馈过程。维持晶闸管继续导通的最小电流称维持电流。当然也可以将阳极电源断开或者在阳极和阴极间加一个反向电压，使晶闸管关断。

　　综上所述，晶闸管导通条件是：阳极和阴极之间加正向电压，控制极和阴极之间加正向电压，阳极电流大于维持电流。满足这三个条件晶闸管才能导通，否则，呈阻断状态。所

以晶闸管是一个可控的导电开关。它与二极管相比，不同之处是其正向导通受控制极电流控制；与三极管相比，不同之处是晶闸管对控制极电流没有放大作用。

晶闸管的导通和阻断这两个工作状态是由阳极电压 $U_{AK}$、阳极电流 $I_A$ 及控制极电流 $I_G$ 等决定的，这几个量又是互相有联系的，在实际应用时常用实验曲线来表示它们之间的关系，这就是晶闸管的伏安特性曲线，如图 1.4.5 所示。

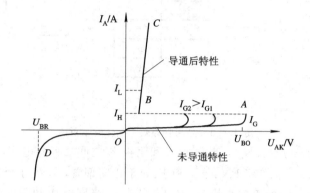

图 1.4.5  晶闸管伏安特性曲线

晶闸管阳极和阴极之间加正向电压，控制极不加电压，$I_G＝0$，图 1.4.3 中的 $J_1$、$J_3$ 处于正向偏置，$J_2$ 处于反向偏置，其中只流过很小的正向漏电流，这时，晶闸管阳极和阴极之间呈现很大电阻，处于正向阻断状态，如图 1.4.5 中特性曲线的 $OA$ 段。当正向电压增大到某一数值时，$J_2$ 被击穿，漏电流突然增大，晶闸管由阻断状态突然转变为导通状态，特性曲线由 $A$ 点突跳到 $B$ 点。晶闸管由阻断状态转变为导通状态所对应的电压称为正向转折电压 $U_{BO}$。导通后的正向特性与一般二极管的正向特性相似，特性曲线靠近纵轴且陡直，流过晶闸管的电流很大，而它本身的管压降只有 1 V 左右，如图 1.4.5 中的 $BC$ 段所示。晶闸管导通后，若减小正向电压或增大负载电阻，当阳极电流减小到小于维持电流 $I_H$ 时，晶闸管由导通状态又转变为阻断状态。

当晶闸管的阳极和阴极之间加反向电压（控制极仍不加电压）时，$J_1$ 和 $J_3$ 处于反向偏置，$J_2$ 处于正向偏置，晶闸管处于阻断状态，其中只流过很小的反向漏电流，其伏安特性与二极管类似，如图 1.4.5 中的 $OD$ 段。如果再增加反向电压，反向漏电流急剧增大，使晶闸管反向导通，此时所对应的电压称反向击穿（转折）电压 $U_{BR}$。

控制极不加电压迫使晶闸管由阻断转变为导通，这种正、反向击穿导通，很容易造成晶闸管的不可恢复性击穿而使元件损坏，在正常工作时是不采用的。正常工作时，晶闸管的控制极必须加正向电压，控制极电路就有电流 $I_G$，晶闸管的导通受控制极电流 $I_G$ 大小的控制。控制极电流愈大，正向转折电压愈低，特性曲线左移，如图 1.4.5 所示。

### 1.4.3  晶闸管的主要参数

为了正确地选择和使用晶闸管，还必须了解它的电压、电流等主要参数的意义。主要参数有以下几项。

**1. 正向断态重复峰值电压 $U_{FRM}$**

在控制极开路、元件处于额定结温、晶闸管正向阻断的条件下，可以重复加在晶闸管两端的正向峰值电压(允许每秒重复 50 次,每次持续时间不大于 10 ms)称为正向断态重复峰值电压($U_{FRM}$)。此电压为正向转折电压的 80%。

**2. 反向重复峰值电压 $U_{RRM}$**

在控制极开路、元件处于额定结温条件下,阳极和阴极间允许重复加的反向峰值电压称为反向重复峰值电压($U_{RRM}$)。此电压为反向转折电压的 80%。

一般将 $U_{FRM}$ 和 $U_{RRM}$ 中数值较小的定为晶闸管的额定电压。选择晶闸管额定电压时,考虑瞬间过电压可能会损坏晶闸管,因此,额定电压一般为晶闸管工作峰值电压的 2～3 倍。

**3. 正向平均电流 $I_F$**

在规定的环境温度标准散热及全导通的条件下,晶闸管允许通过的工频正弦半波电流在一个周期内的平均值,称正向平均电流 $I_F$。通常所说多少安的晶闸管就是指这个电流,有时也称额定通态平均电流。如果正弦半波电流的最大值为 $I_m$,则

$$I_F = \frac{1}{2\pi} \int_0^\pi I_m \sin\omega t \, \mathrm{d}(\omega t) = \frac{I_m}{\pi}$$

电流的有效值 $I_t$ 为

$$I_t = \sqrt{\frac{1}{2\pi} \int_0^\pi (I_m \sin\omega t)^2 \mathrm{d}(\omega t)} = \frac{I_m}{2}$$

因此,电流有效值和平均值之比为

$$\frac{I_t}{I_F} = \frac{\pi}{2} = 1.57$$

所以,在使用时,对于全导通的晶闸管,流过管子电流的有效值 $I_t$ 应不超过平均电流 $I_F$ 的 1.57 倍。选择晶闸管时,要留有一定的安全余量,一般情况下,取

$$I_F = (1.5 \sim 2)\frac{I_t}{1.57}$$

**4. 通态平均电压 $U_F$**

在规定条件下,当通过正弦半波额定通态平均电流时,元件阳极和阴极间电压降的平均值即为通态平均电压($U_F$)。其数值一般为 0.6～1 V。

通态平均电压与通态平均电流的乘积称为正向损耗,它是造成元件发热的主要原因。

**5. 维持电流 $I_H$**

在规定的环境温度和控制极开路时,维持晶闸管继续导通的最小电流称为维持电流($I_H$)。当晶闸管的正向电流小于这个电流时,将自动关断。

**6. 擎住电流 $I_L$**

使晶闸管刚从断态转入通态并在去掉触发信号之后,能维持导通所需的最小电流称为擎住电流($I_L$)。对于同一晶闸管,一般 $I_L = (2 \sim 4)I_H$。

**7. 控制极触发电压 $U_G$ 和触发电流 $I_G$**

在规定的环境温度下,晶闸管阳极与阴极之间加 6 V 正向直流电压的条件下,使晶闸管由阻断状态转变为导通状态的控制极最小直流电压和电流,称为控制极的触发电压和触发电流。由于制造工艺上的原因,即使是同一批的晶闸管的触发电压和触发电流也不尽相

同。如果触发电压太低，则晶闸管容易受干扰电压的作用而造成误触发；如果触发电压过高，又会造成触发电路设计上的困难。因此，规定了在常温下各种规格的晶闸管的触发电压和触发电流的范围。

目前，我国生产的晶闸管的型号及其含义如图 1.4.6 所示。

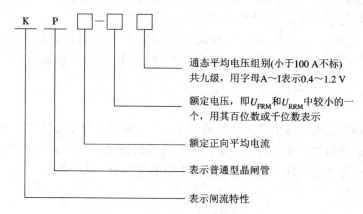

图 1.4.6　晶闸管型号及其含义

例如，KP30－12 表示额定正向平均电流为 30 A、正反向重复峰值电压为 1200 V、普通型晶闸管。

目前我国晶闸管生产技术有了很大提高，已制造出电流在千安以上、电压达到万伏的晶闸管，使用频率也已高达几千赫。

### 1.4.4　晶闸管的应用

晶闸管的应用范围非常广泛，如大功率的高压直流输电系统，电动机的调速系统，弧焊电源，家用电器等。下面仅介绍几个方面的应用电路。

**1. 晶闸管开关电路**

晶闸管可用作无触点开关来接通或断开大功率电路，且具有动作迅速、寿命长、无噪声等优点。可克服如闸刀、接触器等开关工作效率低、触头易磨损、烧坏等缺点。晶闸管开关电路有直流和交流两种。

1）晶闸管直流开关电路

图 1.4.7 是晶闸管直流开关电路。$V_1$ 管作为供电开关，$V_2$ 管是用来关断 $V_1$ 的，$R_L$ 是负载电阻。下面分析其工作过程。

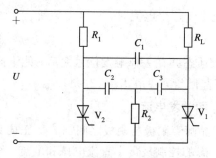

图 1.4.7　晶闸管直流开关电路

需要供电时，给晶闸管 $V_1$ 控制极加触发电压，$V_1$ 管导通，相当于开关闭合，直流电源给负载 $R_L$ 供电。同时又通过 $R_1$、$C_1$、$V_1$ 支路，使 $C_1$ 充电至电源电压 $U$，极性为左正右负，为关断 $V_1$ 做好准备。若需停止对 $R_L$ 供电，可给晶闸管 $V_2$ 控制极加触发电压，使 $V_2$ 导通，电容 $C_1$ 通过 $V_2$、$V_1$ 放电，即 $C_1$ 的放电电流与原来通过 $V_1$ 的电流方向相反，且放电电流较大，抵消原来通过 $V_1$ 的工作电流，使其小于维持电流，从而关断 $V_1$。此时电源又通过 $R_L$ 和 $V_2$ 向 $C_1$ 反向充电，使其电压达到电源电压 $U$，其极性为右正左负，为关断 $V_2$ 做好准备。图中的 $R_2$、$C_2$、$C_3$ 组成晶闸管 $V_1$ 和 $V_2$ 的过电压保护电路。

2）晶闸管交流开关电路

图 1.4.8 是晶闸管交流开关电路。$R_L$ 是负载电阻，晶闸管 $V_1$ 和 $V_2$ 作为供电开关。下面介绍电路工作过程。

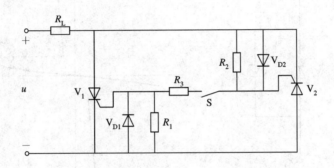

图 1.4.8　晶闸管交流开关电路

需要供电时，闭合开关 S。在交流电压 $u$ 的正半周内，通过 $R_1$ 和 $(R_3+R_2)$ 的分压使晶闸管 $V_1$ 的控制极获得正向电压，$V_1$ 管导通。在交流电压 $u$ 的负半周内，通过 $R_2$ 和 $(R_1+R_3)$ 的分压，使晶闸管 $V_2$ 的控制极获得正向电压，$V_2$ 管导通。$V_1$ 管在交流电压过零时已经关断。因此，在交流电压正负半周，$V_1$ 和 $V_2$ 轮流导通，都有电流通过负载电阻 $R_L$。图中二极管 $V_{D1}$ 和 $V_{D2}$ 的作用是防止晶闸管 $V_1$ 和 $V_2$ 的控制极承受反向过电压而损坏。$R_3$ 既有分压作用又有限流作用，使两晶闸管控制极有一个合适的触发电压和电流。晶闸管 $V_1$ 和 $V_2$ 在电路中是反向并联接法，可采用双向晶闸管代替 $V_1$ 和 $V_2$，使电路简化。

**2. 单相交流调压电路**

普通晶闸管加正向电压后，控制极加正向触发电压使管子导通；若阳极加反向电压，则无论控制极加何种极性触发电压，管子均处于阻断状态。如果用普通晶闸管做成交流开关，能在交流电压每个半周均受到控制，由前已知，就要把两个普通晶闸管接成反向并联形式，如图 1.4.9($a$)所示。

目前，交流调压都采用双向晶闸管。双向晶闸管具有 NPNPN 五层半导体、四个 PN 结，只有一个控制极 G，可以控制两个方向上的导通。有两个主电极，称第一电极 $A_1$，第二电极 $A_2$，如图 1.4.9($b$)所示。图 1.4.9($c$)、($d$)、($e$)分别为双向晶闸管的符号、等效电路和主电极伏安特性。由于双向晶闸管只需要一个触发电路，这样可使电路简化，使用方便。下面利用图 1.4.9($a$)所示电路分析单相交流调压电路的工作原理。

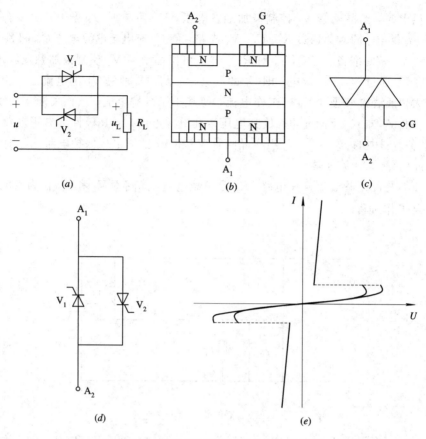

图 1.4.9 单相交流调压电路与双向晶闸管

设交流电压 $u=\sqrt{2}U\sin\omega t$，在 $u$ 的正半周期内，$\omega t=\alpha$ 时，控制极加触发脉冲，则 $V_1$ 导通，交流电 $u$ 过零时，$V_1$ 关断。在 $u$ 的负半周期内，$\omega t=\alpha+\pi$ 时，加触发脉冲，则 $V_2$ 导通，交流电 $u$ 过零时，$V_2$ 关断。如此周期变化，负载电阻 $R_L$ 上的电压波形如图 1.4.10 所示。改变控制角 $\alpha$，便可实现交流调压，负载电阻 $R_L$ 上电压的有效值为

$$U_L=\sqrt{\frac{1}{\pi}\int_\alpha^\pi(\sqrt{2}U\sin\omega t)^2\mathrm{d}(\omega t)}=U\sqrt{\frac{1}{2\pi}\sin2\alpha+\frac{\pi-\alpha}{\pi}}$$

很显然，控制角 $\alpha$ 的移相范围为 $0\sim\pi$，交流调压范围为 $U\sim0$。

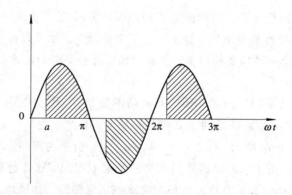

图 1.4.10 交流调压电路的电压波形

## 思 考 题

1.1 什么是 PN 结的偏置？PN 结正向偏置与反向偏置时各有什么特点？

1.2 锗二极管与硅二极管的死区电压、正向压降、反向饱和电流各为多少？

1.3 晶体二极管和稳压管有何异同？二极管有稳压性能吗？

1.4 用万用表不同欧姆挡测量二极管的正向电阻时，会观察到测得的阻值不同，这是什么原因造成的？

1.5 二极管的反向电阻较大，需用万用表欧姆挡的 $R \times 1 \ \text{k}\Omega$ 去测量。有人在测量二极管的反向电阻时，为了使表笔和管脚接触良好，用两手分别把两个接触点捏紧，结果发现管子的反向电阻比实际值小很多，这是为什么？

1.6 三极管具有放大作用的内部条件和外部条件各是什么？

1.7 为什么说三极管放大作用的本质是电流控制作用？如何用三极管的电流分配关系来说明它的控制作用？

1.8 试在特性曲线上指出三极管的三个工作区：放大区、截止区、饱和区。

1.9 三极管发射极与集电极对调使用时，放大作用将如何？

1.10 结型场效应管的主要参数有哪些？说出它们的意义。

1.11 结型场效应管与半导体三极管的主要差别是什么？

1.12 为什么说绝缘栅场效应管的输入电阻比结型场效应管高？

1.13 绝缘栅场效应管的反型层是怎样形成的？

1.14 现有一个结型场效应管和一个晶体管混在一起，你能根据两者的特点用万用表把它们分开吗？

1.15 晶闸管正常导通与关断的条件是什么？

1.16 晶闸管导通后，控制极为什么就失去控制作用？在什么条件下晶闸管才能由导通转变为截止？

## 练 习 题

1.1 一只硅二极管在正向电压 $U_{V_D} = 0.6 \ \text{V}$ 时，正向电流 $I_{V_D} = 10 \ \text{mA}$，当 $U_{V_D}$ 增大到 $0.66 \ \text{V}$（即增加 $10\%$）时，则电流 $I_{V_D} = \underline{\qquad}$。

1.2 二极管电路如题 1.2 图所示，试判断图中二极管是导通还是截止，并求出 $AB$ 两

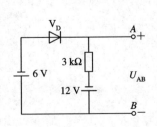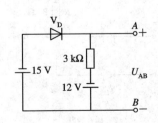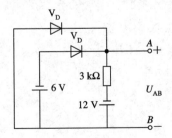

题 1.2 图

端的电压 $U_{AB}$ 值。设二极管正向导通的管压降为 0.6 V，反向截止时的电阻为无穷大。

1.3　二极管 2CP1 的伏安特性如题 1.3 图所示，试求：

（1）$I = 0.4$ A 时的直流电阻和交流电阻值；

（2）反向击穿电压值。

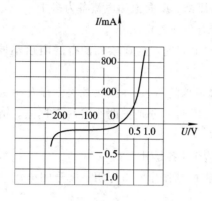

题 1.3 图　　　　　　　　　　　　　　题 1.4 图

1.4　二极管 2CP1 连接成题 1.4 图所示的电路，其伏安特性如题 1.3 图所示，要求通过 200 mA 的正向电流，二极管两端电压应为多少？限流电阻 $R$ 应为多大？

1.5　题 1.5 图所示二极管电路中，交直流电源同时起作用。已知 $E = 6$ V，$u_i = 10\sin\omega t$（V），二极管的正向压降为 0.7 V，试分别画出输出电压 $u_R$ 的波形。

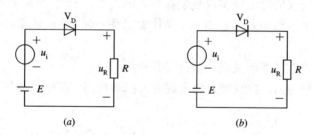

题 1.5 图

1.6　求题 1.6 图所示二极管电路在下列情况下输出端 $F$ 的电位和各元件（$R$、$V_{DA}$、$V_{DB}$）中通过的电流：（1）$V_A = V_B = 0$ V；（2）$V_A = 3$ V，$V_B = 0$ V；（3）$V_A = V_B = 3$ V。设二极管的正向压降为 0.7 V。

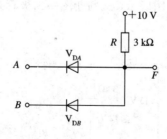

题 1.6 图

1.7　求题 1.7 图所示二极管电路在下列情况下输出端 $F$ 的电位和各元件（$R$、$V_{DA}$、

$V_{DB}$)中通过的电流：(1) $V_A = 10$ V，$V_B = 0$ V；(2) $V_A = V_B = +6$ V。设二极管的正向压降可略。

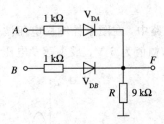

题 1.7 图

1.8 两只稳压管的稳压值分别为 6 V 和 9 V。把它们串联相接可得到几种稳压值，各是多少？把它们并联相接呢？

1.9 画出 PNP 型和 NPN 型两种三极管的结构示意图和代表符号。

1.10 三极管 3DG6 的输出特性如题 1.10 图所示，试估算出对应 $U_{CE} = 10$ V 时的 $I_{CEO}$ 值(图中曲线已夸大)，写出 $U_{(BR)CEO}$、$P_{CM}$ 和在 $Q$ 点附近的 $\beta$ 值。

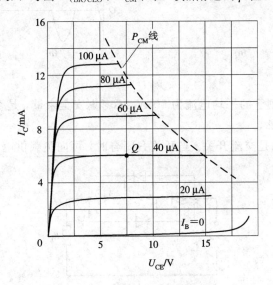

题 1.10 图

1.11 硅管和锗管的 $I_{CBO}$ 分别在什么数量级？$I_{CEO}$ 和 $I_{CBO}$ 有何区别，又有何联系？

1.12 有两个三极管，一个管子的 $\beta = 150$，$I_{CBO} = 2$ μA；另一个管子的 $\beta = 50$，$I_{CBO} = 0.5$ μA。其它参数大致相同，你认为在作放大应用时，选用哪一个管子比较合适？

1.13 一个三极管接在电路中，看不出它的型号，也无其它标志，但测出它的三个电极对地电位：电极 X 的 $U_X = -9$ V，电极 Y 的 $U_Y = -6$ V，电极 Z 的 $U_Z = -6.2$ V。试说明该三极管是 NPN 型还是 PNP 型？是硅管还是锗管？电极 X、Y、Z 怎样对应三极管的三个极 e、b、c？

1.14 三极管的输出特性如题 1.10 图所示，其极限参数 $I_{CM} = 20$ mA，$P_{CM}$ 和 $U_{(BR)CEO}$ 可从输出特性上查出。如果 $U_{CE}$ 为 1 V，那么集电极电流 $I_C$ 能否工作在 20 mA？

1.15 将一个 PNP 型三极管接成共发射极电路，要使它具有电流放大作用，$U_{CC}$ 和

$U_{BB}$的正、负极应如何连接? 为什么? 画出电路图。

1.16 场效应管的工作原理与双极型三极管有什么不同? 为什么场效应管输入电阻高?

1.17 试画出题 1.17 图电路中,在图示控制极电压波形作用下的负载 $R_L$ 两端电压波形。设 $u_2$ 的幅值为 10 V, $u_G$ 的幅值为 6 V, 最小触发电压 $u_{g0}=2$ V。

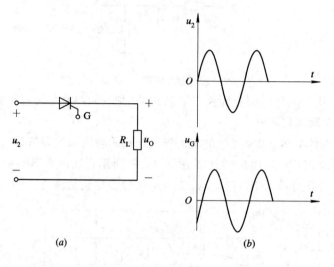

(a)        (b)

题 1.17 图

1.18 若通过晶闸管的平均电流为 50 A,不考虑安全余量,是否可以选择额定电流为 50 A 的晶闸管? 为什么?

1.19 题 1.19 图是交流开关。当开关 S 闭合时,可向负载供电,试分析工作原理。

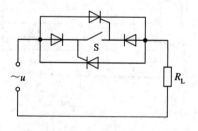

题 1.19 图

# 第 2 章　基本放大电路

放大器是一种用来放大电信号的装置，有共发射极、共集电极和共基极三种基本组态放大电路。放大的实质是晶体管在放大电路中起放大作用，直流电源和相应的偏置电路用来为三极管提供静态工作点，以保证三极管工作在放大状态。放大电路的主要性能指标是衡量放大电路优劣的重要依据。放大电路分析方法有图解分析法和微变等效电路分析法。图解法是在三极管特性曲线上，用作图的方法来分析放大电路的工作情况；在小信号情况下，可用一个线性电路来代替三极管，来分析、简化复杂的电路，称做微变等效电路分析法。

在实际应用中，为满足电路要求，往往采用多级放大电路与组合放大电路。

放大电路的增益、相位随信号频率变化，其输出电压幅值和相位都是频率的函数，分别称为幅频特性和相频特性，合称为频率特性。

本章的重点是：基本放大电路的组成及工作原理、放大电路的分析方法、放大器的偏置电路。本章的难点是：放大电路分析方法、放大电路的频率特性。

## 实训 2　分压式电流负反馈偏置电路放大器的组装与测试

### （一）实训目的

（1）初步接触电子电路，学会连接电路。

（2）学会测量静态工作点电压。

（3）学会用示波器观测波形。

（4）了解失真。

### （二）预习要求

（1）预习本章有关内容。

（2）熟悉示波器、万用表的使用。

### （三）实训原理

实图 2.1 是分压式电流负反馈偏置放大器电路图。$U_{CC}$ 是电源，$C_1$、$C_2$ 是隔直流电容，$R_{b1}$、$R_{b2}$ 为三极管提供偏置电流，$U_s$ 是信号源，输出正弦波小信号。$R_e$ 是直流反馈电阻，$R_L$ 是负载电阻。如果静态工作

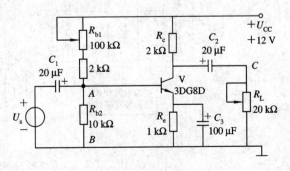

实图 2.1　分压式偏置放大电路

点合适，输入信号将被不失真放大输出。

## （四）实训内容

（1）按图连接好电路，调节 $R_{b1}$，用示波器分别观察 $A$、$C$ 两点波形及相位。

（2）当输出波形不失真后，用万用表直流电压挡检测三极管 b、c、e 三极的电压值。

（3）保持 $R_{b1}$ 不变，调节 $R_L$，观看波形变化。

## （五）实训报告

（1）整理每次检测的数据，自己列表进行分析。

（2）根据波形、波幅变化，谈谈自己的想法。

## （六）思考题

经过实训，你会对下列问题产生兴趣：

（1）为什么调节 $R_{b1}$ 时，$C$ 点波形会有变化？

（2）为什么调节 $R_L$ 时，$C$ 点波幅会有变化？

后面的理论可以很快使这些问题得到解决。

# 2.1 基本放大电路的组成及工作原理

放大器是一种用来放大电信号的装置，是电子设备中使用最广泛的一种电路。在生产实践和科学研究中常常需要将微弱的电信号进行放大以便观察、测量和利用等。如把从传感器得到的电信号（微伏或毫伏级）经过放大才能进行处理，再如把麦克风采集的语音信号进行功率放大等等。三极管基本放大电路通常由输入信号源、三极管、输出负载以及直流电源和相应的偏置电路组成，如图 2.1.1($a$)所示。直流电源和相应的偏置电路用来为三极管提供静态工作点，以保证三极管工作在放大状态。图 2.1.1($b$)是最简单的共发射极放大器的电路原理图。在图 2.1.1($b$)所示基本放大电路中，只要适当选取 $R_b$、$U_{CC}$ 和 $R_c$ 的值，三极管就能够工作在放大区。图中三极管具有电流放大作用，使 $I_C = \beta I_B$。基极电阻 $R_b$ 又

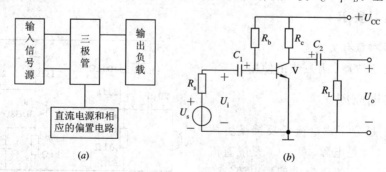

图 2.1.1 放大电路基本组成及基本放大电路

（$a$）放大电路组成框图；（$b$）共发射极放大电路原理图

称偏流电阻，它和电源 $U_{CC}$ 一起给基极提供一个合适的基极直流 $I_B$，使晶体管能工作在特性曲线的线性部分。电容 $C_1$、$C_2$ 称为耦合电容，起隔直流通交流的作用，$C_1$ 左边、$C_2$ 右边只有交流而无直流，中间部分为交直流共存。耦合电容一般多采用电解电容器。在使用时，应注意它的极性与加在它两端的工作电压极性相一致，正极接高电位，负极接低电位。

下面以图 2.1.1($b$)所示的放大电路为例，分析放大电路的工作原理。

**1. 静态工作情况分析**

在图 2.1.1($b$)所示电路中，当 $U_s=0$ 时，放大电路中没有交流成分，称为静态工作状态，这时耦合电容 $C_1$、$C_2$ 视为开路，直流通路如图 2.1.2($a$)所示。其中基极电流 $I_B$、集电极电流 $I_C$ 及集电极、发射极极间电压 $U_{CE}$ 只有直流成分，无交流输出，分别用 $I_{BQ}$、$I_{CQ}$、$U_{CEQ}$ 表示。它们在三极管特性曲线上所确定的点称为静态工作点，用 $Q$ 表示，如图 2.1.2($b$) 所示。

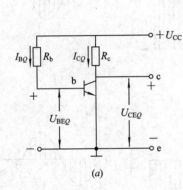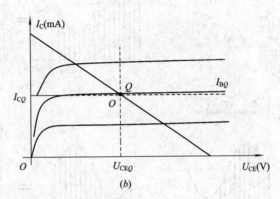

图 2.1.2　静态工作情况
（$a$）直流通路；（$b$）静态工作点

**2. 动态工作情况分析**

输入端加上正弦交流信号电压 $u_i$ 时，放大电路的工作状态为动态。这时电路中既有直流成分，又有交流成分，各极的电流和电压都是在静态值的基础上再叠加交流分量，如图 2.1.3 所示。

在分析电路时，一般用交流通路来研究交流量及放大电路的动态性能。所谓交流通路，就是交流电流流通的途径，在画法上遵循将原理图中的耦合电容 $C_1$、$C_2$ 视为短路，将电源对交流信号视为短路($U_{CC}$ 的内阻很小)的原则。所以图 2.1.1 ($b$)的交流通路如图 2.1.4 所示。

把输出电压 $u_o$ 和输入信号电压 $u_i$ 进行对比，可以得到以下结论：① 输出电压的波形和输入信号电压的波形相同，只是输出电压幅度比输入电压大；② 输出电压与输入信号电压相位差为 $180°$。

通过以上分析可知，放大电路工作原理实质是用微弱的信号电压 $u_i$ 通过三极管的控制作用去控制三极管集电极电流 $i_C$，$i_C$ 在 $R_L$ 上形成压降作为输出电压。$i_C$ 是直流电源 $U_{CC}$ 提供的。因此三极管的输出功率实际上是利用三极管的控制作用，把直流电能转化成交流电能。

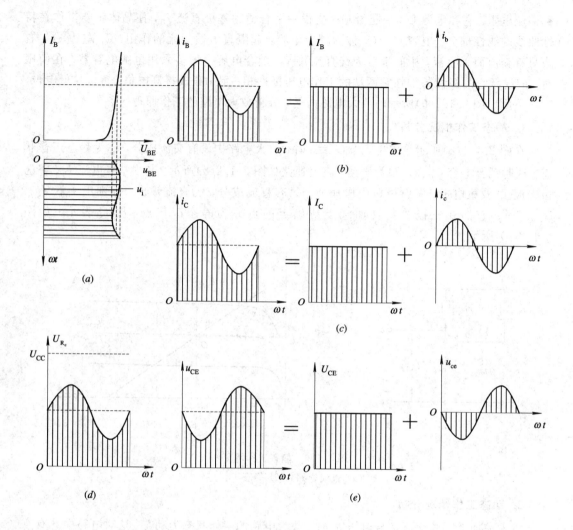

图 2.1.3 各极的电流和电压波形

(a) 输入特性曲线和 $u_i$ 的波形；(b) 基极电流的波形；

(c) 集电极电流的波形；(d) $R_c$ 上压降的波形；(e) 管压降的波形

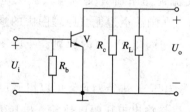

图 2.1.4 图 2.1.1(b) 的交流通路

## 2.2 放大电路的主要性能指标

分析放大器的性能时，必须了解放大器有哪些性能指标。各种小信号放大器都可以用

图 2.2.1 所示的组成框图表示，图中 $U_s$ 代表输入信号电压源的等效电动势，$r_s$ 代表其内阻。输入信号源也可用电流源等效电路来表示。

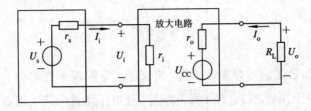

图 2.2.1　放大器的等效方框图

**1. 输入电阻 $r_i$**

当输入信号电压 $U_i$ 加到放大器输入端时，产生输入电流 $I_i$。当两者同相时，由放大器输入端往放大器内看进去相当于一个等效电阻，这就是输入电阻 $r_i$，即

$$r_i = \frac{U_i}{I_i} \tag{2.2.1}$$

**2. 输出电阻 $r_o$**

放大器输出电阻也叫放大器内阻，它是从负载电阻 $R_L$ 左边向放大器看进去的等效电阻。测定输出电阻时，令输入端信号源 $U_s = 0$，断开 $R_L$，在输出端加电压源 $U_o$，测出由 $U_o$ 产生的 $I_o$，便可求得该放大器的输出电阻，即

$$r_o = \frac{U_o}{I_o} \bigg|_{\substack{R_L = \infty \\ U_s = 0}} \tag{2.2.2}$$

**3. 增益与放大倍数**

增益与放大倍数用来衡量放大器放大信号的能力。放大器的放大倍数 $A$ 规定为放大器的输出量 $X_O$ 与输入量 $X_I$ 之比，即 $A = X_O / X_I$。在工程上，放大能力则常用增益来表示，增益的单位为 dB，增益的表达式为 $A = 20 \lg(X_O / X_I)(\text{dB})$。

1）电压、电流放大倍数

电压放大倍数用 $A_u$ 表示，定义为放大器输出信号电压有效值与输入信号电压有效值的比值，即

$$A_u = \frac{U_o}{U_i} \tag{2.2.3}$$

而 $U_o$ 与信号源开路电压 $U_s$ 之比称考虑信号源内阻时的电压放大倍数，称为源电压放大倍数，记作 $A_{us}$，即

$$A_{us} = \frac{U_o}{U_s} \tag{2.2.4}$$

同时可求出 $A_u$ 与 $A_{us}$ 的关系：

$$A_{us} = A_u \frac{r_i}{r_i + r_s} \tag{2.2.5}$$

输出电流 $I_o$ 与输入电流 $I_i$ 之比称为电流放大倍数，记作 $A_i$，即

$$A_i = \frac{I_o}{I_i} \tag{2.2.6}$$

2）功率放大倍数

功率放大倍数表示放大器放大信号功率的能力，记作 $G_P$，即

$$G_P = \frac{P_o}{P_i} = \left| \frac{U_o I_o}{U_i I_i} \right| = | A_u A_i | \tag{2.2.7}$$

### 4. 通频带 $BW$

放大器的放大倍数随信号频率而变化，定义上、下限频率之差为放大器的通频带，即 $BW = f_H - f_L$，其中上限频率 $f_H$ 和下限频率 $f_L$ 处电压增益为最大增益 $A_{um}$ 的 $1/\sqrt{2}$，如图 2.2.2 所示。

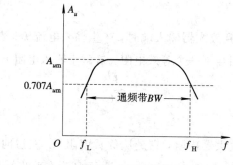

图 2.2.2　通频带

### 5. 最大输出功率与效率

放大器的最大输出功率是指放大器能够向负载提供的最大交流功率 $P_{omax}$。若放大器消耗的直流电源功率为 $P_U$，则定义放大器的效率 $\eta$ 为

$$\eta = \frac{P_{o\,max}}{P_U} \times 100\% \tag{2.2.8}$$

### 6. 频率失真

因放大电路一般含有电抗元件，所以对于不同频率的输入信号，放大器具有不同的放大能力。相应的放大倍数是频率的复函数，即

$$A = A(j\omega) = A(\omega) e^{j\varphi_A(\omega)} \tag{2.2.9}$$

上式中，$A(\omega)$ 是放大倍数的幅值，$\varphi_A(\omega)$ 是放大倍数的相角，都是频率的函数。我们将幅值随 $\omega$ 变化的特性称为放大器的幅频特性，其相应的曲线称为幅频特性曲线；相角随 $\omega$ 变化的特性称为放大器的相频特性，其相应的曲线称为相频特性曲线。它们分别如图 2.2.3(a) 和 (b) 所示。

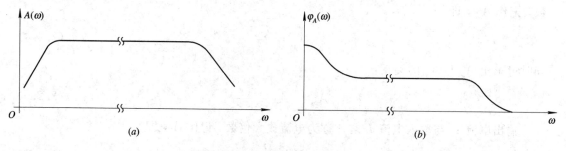

图 2.2.3　放大器的频率响应曲线

在工程上，一个实际输入信号包含许多频率分量，放大器不能对所有频率分量进行等增益放大，那么合成的输出信号波形就与输入信号不同。这种波形失真称为放大器的频率失真。要把这种失真限制在允许值范围内，则放大器频率响应曲线中平坦部分的带宽应大于输入信号的频率宽度。

### 7. 非线性失真

非线性失真主要由三极管伏安特性曲线的非线性产生。假如输入信号为正弦信号电压 $U_g = U_{gm} \sin\omega t$ 时，由于非线性失真，集电极输出电流波形就将是非正弦的，该波形可分解为众多频率分量。基波分量为不失真分量，假设它的振幅为 $I_{c1m}$；二次及其以上各次谐波分量为失真分量，假设它们的振幅分别为 $I_{ckm}(k=2,3,4,\cdots)$，则衡量放大器非线性失真大小的非线性失真系数 THD 定义为

$$\text{THD} = \frac{\sqrt{\sum_{k=2}^{\infty} I_{ckm}^2}}{I_{c1m}} \tag{2.2.10}$$

## 2.3  放大电路分析方法

前面我们对放大电路进行了定性分析，本节将介绍对放大电路进行定量分析计算的方法。对一个放大电路进行定量分析，不外乎做两方面工作：第一，确定静态工作点；第二，计算放大电路在有信号输入时的放大倍数、输入阻抗、输出阻抗等。常用的分析方法有两种：图解分析法和微变等效电路分析法。在分析放大电路时，为了简便起见，往往把直流分量和交流分量分开处理，这就需要分别画出它们的直流通路和交流通路。分析静态时用直流通路，分析动态时用交流通路。在画直流通路和交流通路时，应遵循下列原则：

（1）对直流通路，电感可视为短路，电容可视为开路。

（2）对交流通路，若直流电源内阻很小，则其上交流压降很小，可把它看成短路；若电容在交流通路时，交流压降很小，可把它看成短路。

### 2.3.1  图解分析法

在三极管特性曲线上，用作图的方法来分析放大电路的工作情况，称为图解分析法（简称图解法）。其优点是直观，物理意义清楚。

#### 1. 用图解法作直流负载线并确定静态工作点 $Q$

1）直流负载线的作法

把图 2.3.1(a) 的基本放大电路输出回路的直流通路，画成如图 2.3.1(b) 所示，用 $AB$ 把它分为两部分。右边是线性电路，端电压 $U_{CE}$ 和电流 $I_C$ 必然遵从电源的输出特性，满足

$$U_{CE} = U_{CC} - I_C R_c \tag{2.3.1}$$

即

$$I_C = \frac{U_{CC}}{R_c} - \frac{U_{CE}}{R_c} \tag{2.3.2}$$

在 $U_{CE}$ 和 $I_C$ 的平面中，显然式(2.3.2)代表的是一条直线方程，在 $U_{CC}$ 选定后，这条直线就完全由直流负载电阻 $R_c$ 确定，所以把这条线叫做直流负载线。它代表了外电路的电

流和电压之间的关系。

直流负载线的作法，一般是先找两个特殊点：如图 2.3.1($d$)所示，当 $I_C=0$ 时，$U_{CE}=U_{CC}$（$M$ 点）；当 $U_{CE}=0$ 时，$I_C=U_{CC}/R_c$（$N$ 点），将 $M$、$N$ 连起来，就得到直线 $MN$，也就是放大电路直流负载线。直流负载线的斜率

$$K = \tan\alpha = -\frac{1}{R_c} \tag{2.3.3}$$

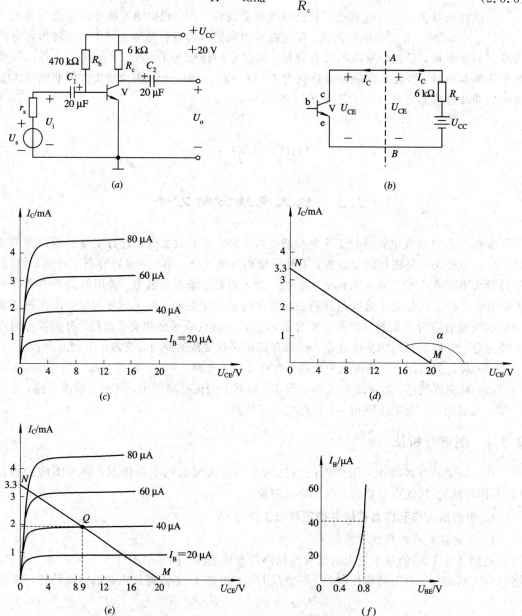

图 2.3.1 基本放大电路静态分析

2）确定静态工作点

图 2.3.1($b$)左边是三极管的非线性电路，电压 $U_{CE}$ 和电流 $I_C$ 遵从三极管的输出特性曲线。在静态时，$I_B$ 为不变的值，所以它们只能在图 2.3.1($c$)中的曲线族的某一条曲线上

变化。$I_C$ 是两边同一支路的电流，$U_{CE}$ 是两边共用两点的电压，它们既遵从直流负载线又遵从一条输出特性曲线，所以我们可以把直流负载线 $MN$ 移到三极管输出特性曲线上，这样得到了图 2.3.1(e)。剩下的工作就是确定一条输出特性曲线，该曲线与直流负载线的交点就是静态工作点。当已知静态电压 $U_{BE}$ 时，可以从输入特性曲线图 2.3.1(f) 中找到静态电流 $I_B$，依 $I_B$ 便确定了输出特性曲线为图 2.3.1(e) 中的某一条，该曲线与 $MN$ 的交点 $Q$ 就是静态工作点，$Q$ 所对应的静态值 $I_{CQ}$、$I_{BQ}$ 和 $U_{CEQ}$ 也就求出来了。

但一般不容易得到确定的 $U_{BE}$ 值，因此求 $I_{BQ}$ 一般不用图解法，而用近似公式

$$I_{BQ} = \frac{U_{CC} - U_{BEQ}}{R_b} \qquad (2.3.4)$$

进行计算。例如，求图 2.3.1(a) 电路的静态工作点，在输出特性曲线图中作直流负载线 $MN$。

$M$ 点：
$$U_M = U_{CC} \approx 20 \text{ V}$$

$N$ 点：
$$I_N = \frac{U_{CC}}{R_C} = \frac{20}{6} \approx 3.3 \text{ mA}$$

静态基极偏流

$$I_{BQ} = \frac{U_{CC} - U_{BE}}{R_b} \approx \frac{20 - 0.7}{470} \approx 0.04 \text{ mA} = 40 \ \mu\text{A}$$

如图 2.3.1(e) 所示，$I_B = 40 \ \mu\text{A}$ 的输出特性曲线与直流负载线 $MN$ 交于 $Q(9, 1.8)$，$Q$ 即为静态工作点，静态值为

$$\begin{cases} I_{BQ} = 40 \ \mu\text{A} \\ I_{CQ} = 1.8 \text{ mA} \\ U_{CEQ} = 9 \text{ V} \end{cases}$$

3) 直流负载线与空载放大倍数

放大电路的输入端接有交流小信号电压而输出端开路的情况称为空载放大电路，虽然电压和电流增加了交流成分，但输出回路仍与静态的直流通路完全一样，仍满足

$$i_C = \frac{U_{CC}}{R_c} - \frac{u_{CE}}{R_c}$$

所以可用直流负载线来分析空载的电压放大倍数。

设图 2.3.1(a) 中输入信号电压

$$u_i = 0.02 \sin\omega t \text{ V}$$

若忽略电容 $C_1$ 对交流的压降，则有

$$u_{BE} = U_{BEQ} + u_i$$

如图 2.3.2(a) 所示，由输入特性曲线得基极电流 $i_B$：

$$i_B = I_{BQ} + i_b = 40 + 20 \sin\omega t \ \mu\text{A}$$

根据 $i_B$ 的变化情况，在图 2.3.2(b) 中进行分析，可知工作点是在以 $Q$ 为中心的 $Q_1$、$Q_2$ 两点之间变化，$u_i$ 的正半周在 $QQ_1$ 段，负半周在 $QQ_2$ 段。因此可画出 $i_C$ 和 $u_{CE}$ 的变化曲线如图 2.3.2(b) 所示，它们的表达式为

$$i_C = 1.8 + 0.7 \sin\omega t \text{ mA}$$

$$u_{CE} = 9 - 4.3 \sin\omega t \text{ V}$$

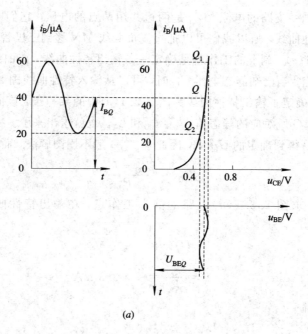

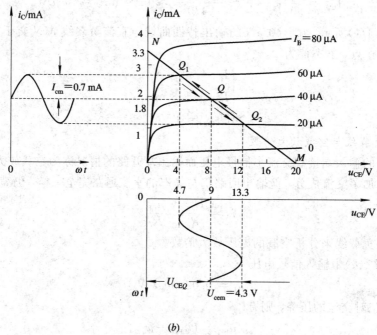

(b)

图 2.3.2　用直流负载线分析空载放大电路

输出电压

$$u_o = -4.3\sin\omega t = 4.3\sin(\omega t + \pi)\ \text{V}$$

电压放大倍数

$$|A_u| = \frac{U_o}{U_i} = \frac{U_{om}}{U_{im}} = \frac{4.3}{0.02} = 215$$

从图中可以看出，输出电压与输入电压是反相的。

**2. 作交流负载线和动态分析**

前面分析了静态和空载的情况，而实际放大电路工作时都处于动态，并接有一定的负载，且负载以各种形式出现，但都可等效为一个负载电阻 $R_L$，如图 2.3.3(a) 所示。

在图 2.3.3(a) 中，因为 $U_{CC}$ 保持恒定，对交流信号压降为零，所以从输入端看，$R_b$ 与发射结并联，从集电极看 $R_c$ 与 $R_L$ 并联，因此放大电路的交流通路可画成如图 2.3.3(b) 所示的电路，图中交流负载电阻

$$R_L^{'} = R_L \mathbin{/\!\!/} R_c = \frac{R_c R_L}{R_c + R_L} \tag{2.3.5}$$

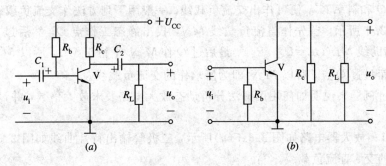

图 2.3.3　接负载放大电路及其交流通路

因为电容 $C_2$ 的隔直流作用，所以 $R_L$ 对直流无影响，为了便于理解，先用前面的方法作出直流负载线 $MN$，设工作点为 $Q$，如图 2.3.4 所示。

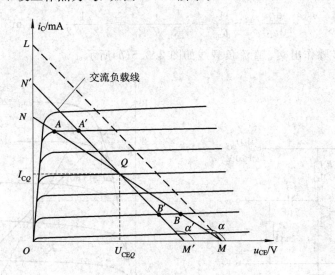

图 2.3.4　交流负载线

下面讨论交流负载线的画法。在图 2.3.3(b) 所示的交流通路中，

$$u_{ce} = - i_c R_L^{'} \tag{2.3.6}$$

依叠加原理，有

$$i_C = I_{CQ} + i_c \tag{2.3.7}$$

$$u_{CE} = U_{CEQ} + u_{ce} \tag{2.3.8}$$

将上面三式联立，有

$$u_{CE} = U_{CEQ} - i_c R_L' = U_{CEQ} - (i_c - I_{CQ})R_L'$$

整理得

$$i_C = \frac{U_{CEQ} + I_{CQ}R_L'}{R_L'} - \frac{1}{R_L'}u_{CE} \qquad (2.3.9)$$

这便是交流负载线的特性方程，显然也是直线方程。当 $i_C = I_{CQ}$ 时，$u_{CE} = U_{CEQ}$，所以交流负载线与直流负载线都过 $Q$ 点。其斜率为

$$K' = \tan\alpha' = -\frac{1}{R_L'} \qquad (2.3.10)$$

已知点 $Q$ 和斜率 $K'$，便可作出交流负载线。一般用下列方法作交流负载线。

如图 2.3.4 所示，首先作直流负载线 $MN$，找出静态工作点 $Q$，然后过 $M$ 作斜率为 $-1/R_L'$ 的辅助线 $ML(OL = U_{CC}/R_L')$，最后过 $Q$ 作 $M'N'$ 平行于 $ML$，所以 $M'N'$ 的斜率也为 $-1/R_L'$，而且过 $Q$ 点，所以 $M'N'$ 即为所求作的交流负载线。

下面通过例题来说明如何用图解法分析动态放大电路及求放大倍数，并讨论负载对放大的影响。

**例 2.3.1** 放大器电路如图 2.3.5($a$)所示，三极管输出特性曲线如图 2.3.5($b$)所示，试画出电路的交、直流负载线。

**解**

$$I_{BQ} = \frac{U_{CC} - U_{BEQ}}{R_b} = \frac{20 - 0.7}{200} \approx 0.1 \text{ mA} = 100 \text{ }\mu\text{A}$$

$$\frac{\mathrm{d}i_C}{\mathrm{d}u_{CE}} = -\frac{1}{R_L'} = -\frac{1}{R_c \mathbin{/\!/} R_L} = -\frac{1}{2 \mathbin{/\!/} 2} = -1 \text{ mS}$$

按上述步骤作出交、直流负载线如图 2.3.5($b$)所示。

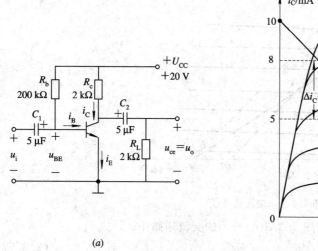

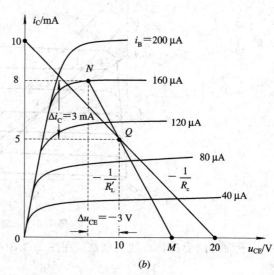

图 2.3.5 图解法举例

($a$) 放大电路；($b$) 负载线

**例 2.3.2** 放大电路如图 2.3.5($a$)所示，三极管输入、输出特性曲线如图 2.3.6 所示。假定输入信号 $u_i = 25 \sin\omega t$(mV)，试分别画出 $u_{BE}$、$i_B$、$i_C$ 及 $u_{CE}$ 的波形，并指出它们之

间有何关系，同时计算电压、电流放大倍数。

**解** 由例 2.3.1 确定了静态工作点，即有 $I_{BQ} = 100 \ \mu A$，$U_{BEQ} = 0.7 \ V$，$I_{CQ} = 5 \ mA$，$U_{CEQ} = 10 \ V$，交流负载线斜率为 $-1/R_L'(=-1 \ mS)$，晶体管基射极的瞬间电压为

$$u_{BE} = U_{BEQ} + u_i = 0.7 + 0.025 \sin\omega t \ (V)$$

由图 2.3.6 可知，各极电流、电压典型值如表 2.3.1 所示。

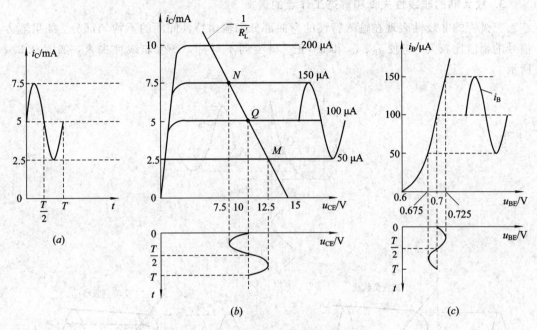

图 2.3.6 电路中各极电流、电压波形

**表 2.3.1 各极电流、电压典型值**

| 值 ＼ $t$ | $u_i$/mV | $u_{BE}$/V | $i_B$/$\mu A$ | $i_b$/$\mu A$ | $i_C$/mA | $i_c$/mA | $u_{CE}$/V | $u_{ce}$/V |
|---|---|---|---|---|---|---|---|---|
| 0 | 0 | 0.7 | 100 | 0 | 5 | 0 | 10 | 0 |
| $\frac{T}{4}$ | 25 | 0.725 | 150 | 50 | 7.5 | 2.5 | 7.5 | -2.5 |
| $\frac{T}{2}$ | 0 | 0.7 | 100 | 0 | 5 | 0 | 10 | 0 |
| $\frac{3T}{4}$ | -25 | 0.675 | 50 | -50 | 2.5 | -2.5 | 12.5 | 2.5 |
| $T$ | 0 | 0.7 | 100 | 0 | 5 | 0 | 10 | 0 |

由上述分析可见：

（1）当 $u_i = 0$ 时，即为静态。此时 $u_{BE} = U_{BEQ} = 0.7 \ V$，$i_B = I_{BQ} = 100 \ \mu A$，$u_{CE} = U_{CEQ} = 10 \ V$，$i_C = I_{CQ} = 5 \ mA$。

（2）当 $u_i$ 从零向正方向增大时，$i_B$ 增大，$i_C$ 也相应增大，而 $u_{CE}(=U_{CEQ} - i_C R_L')$ 减小。

（3）图解法不仅形象地说明了放大器的工作过程，而且可以求出各极电流、电压幅值和相位关系。

电压、电流放大倍数计算如下：

$$A_u = \frac{U_o}{U_i} = \frac{U_{ce}}{U_i} = \frac{U_{cm}}{U_{im}} = \frac{-2.5}{0.025} = -100$$

$$A_i = \frac{I_c}{I_b} = \frac{I_{cm}}{I_{bm}} = \frac{2.5}{0.05} = 50$$

### 3. 放大器的非线性失真和静态工作点的选择

三极管的非线性表现在输入特性的弯曲部分和输出特性间距的不均匀部分。如果输入信号的幅值比较大，将使 $i_B$、$i_C$ 和 $u_{CE}$ 正、负半周不对称，产生非线性失真，如图 2.3.7 所示。

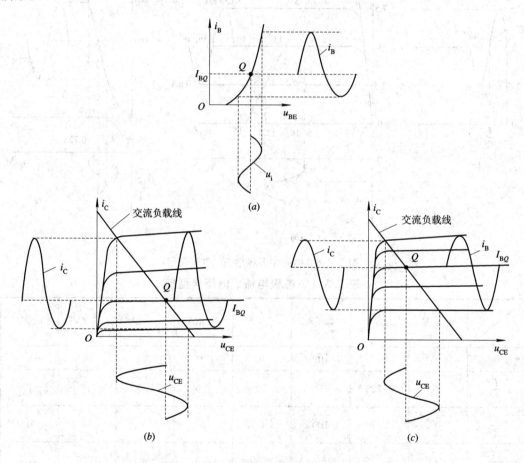

图 2.3.7  三极管特性非线性引起的失真

(a) 因输入特性弯曲引起的失真；(b) 输出曲线族上疏下密引起的失真；

(c) 输出曲线族上密下疏引起的失真

静态工作点的位置不合适，也会产生严重的失真，大信号输入尤其如此。如果静态工作点选得太低，在输入特性上，信号电压的负半周有一部分在阈电压以下，管子进入截止区，使 $i_B$ 的负半周被"削"去一部分。$i_B$ 已为失真波形，结果使 $i_C$ 负半周和 $u_{CE}$ 的正半周（对 NPN 型管而言）被"削"去相应的部分，输出电压 $u_O(u_{CE})$ 的波形出现顶部失真，如图 2.3.8(a) 所示。因为这种失真是三极管在信号的某一段时间内截止而产生的，所以称为截止失真。如果静态工作点选得太高，尽管 $i_B$ 波形完好，但在输出特性上，信号的摆动范围有一部分进入饱和区，结果使 $i_C$ 的正半周和 $u_{CE}$ 的负半周（对 NPN 管）被"削"去一部分，输出电压 $u_O$ （ $u_{CE}$ ）的波形出现底部失真，如图 2.3.8(b) 所示。因为这种失真是三极管在信号的某一段时间内饱和而产生的，所以称为饱和失真。PNP 型三极管的输出电压 $u_O$ 的波形失真现象与 NPN 型三极管的相反。

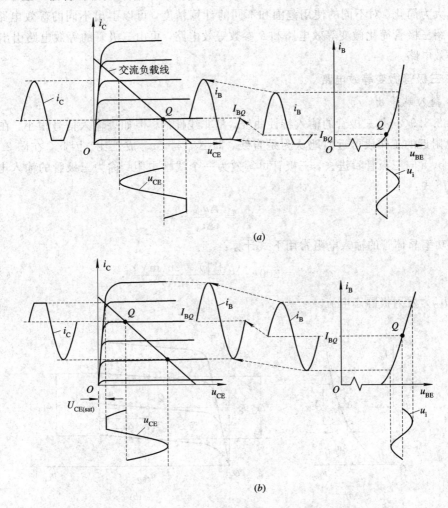

图 2.3.8　静态工作点不合适产生的失真
(a) Q 点偏低引起的截止失真；(b) Q 点偏高引起的饱和失真

对一个放大电路，希望它的输出信号能正确地反映输入信号的变化，也就是要求波形失真小，否则就失去了放大的意义。由于输出信号波形与静态工作点有密切的关系，所以静态工作点的设置要合理。所谓合理，即 Q 点的位置应使三极管各极电流、电压的变化量处于特性曲线的线性范围内。具体地说，如果输入信号幅值比较大，Q 点应选在交流负载线的中央；如果输入信号幅值比较小，从减小电源的消耗考虑，Q 点应尽量低一些。

## 2.3.2　微变等效电路分析法

用图解法分析放大电路，虽然比较直观，便于理解，但过程烦琐，不易进行定量分析。因此这里还要讨论另一种分析方法，即等效电路分析法。

三极管各极电压和电流的变化关系，在较大范围内是非线性的。但是，如果三极管工作在小信号情况下，信号只是在静态工作点附近小范围变化，那么，三极管特性可看成是近似线性的，其特性参数可认为是不变的常数，可用一个线性电路来代替。这个线性电路就称为三极管的微变等效电路。用微变等效电路代替放大电路中的三极管，可使复杂的电路计算大为简化。对不同的使用范围和不同的计算精度，可以引出不同的等效电路。下面分别介绍三极管简化微变等效电路和 $h$ 参数等效电路，再由三极管的等效电路引出放大电路的等效电路。

**1. 三极管微变等效电路**

1）输入端等效

图 2.3.9(a)是三极管的输入特性曲线，是非线性的。但如果输入信号很小，在静态工作点 $Q$ 附近的工作段可近似地认为是直线，即 $\Delta i_B$ 与 $\Delta u_{BE}$ 成正比。因此，在图 2.3.9(c)中，从 b、e 向三极管看进去，三极管可等效为一个线性电阻，称为三极管的输入电阻 $r_{be}$，并满足下式：

$$r_{be} = \frac{\Delta u_{BE}}{\Delta i_B} \tag{2.3.11}$$

低频小功率晶体管的输入电阻常用下式计算：

$$r_{be} = 300 + \frac{(\beta+1) \times 26(\text{mV})}{I_{EQ}(\text{mA})} \tag{2.3.12}$$

式中，$I_{EQ}$ 为发射极静态电流。

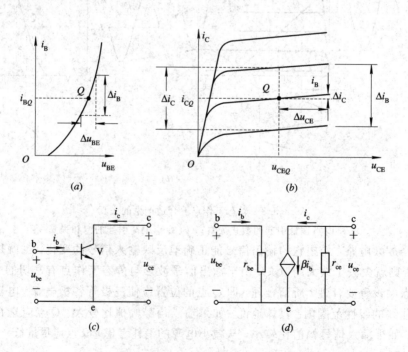

图 2.3.9　晶体三极管及其微变等效电路

(a) 三极管输入特性曲线；(b) 三极管输出特性曲线

(c) 三极管；(d) 三极管的微变等效电路

2）输出端等效

图 2.3.9(b)是三极管的输出特性曲线族。若动态是在小范围内，则特性曲线不但互相平行、间隔均匀，且与 $u_{CE}$ 轴线基本平行，即可认为 $\Delta i_C$ 与 $\Delta u_{CE}$ 无关，只取决于 $\Delta i_B$；而在数量关系上，$\Delta i_C$ 为 $\Delta i_B$ 的 $\beta$ 倍。当忽略 $u_{CE}$ 对 $i_C$ 的影响时，从输出端 c、e 极看进去，三极管可等效为一个受控电流源，则

$$\Delta i_C = \beta \Delta i_B \tag{2.3.13}$$

将上述输入、输出端的等效方法结合起来，可得到如图 2.3.9(d)所示的三极管微变等效电路。在这个等效电路中，忽略了 $u_{CE}$ 对 $i_C$ 的影响，也未考虑 $u_{CE}$ 对输入特性的影响，所以称其为简化的微变等效电路。

**2. 放大电路的微变等效电路**

画出放大电路的交流通路，用三极管的微变等效电路代替其中的三极管，可得出放大电路的微变等效电路，如图 2.3.10 所示。

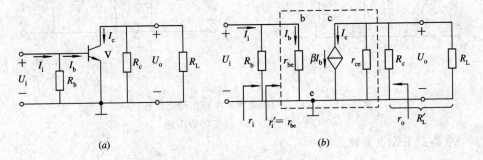

图 2.3.10 基本放大电路的交流通路及微变等效电路

(a) 交流通路；(b) 微变等效电路

**3. 用微变等效电路求动态指标**

用微变等效电路可求出放大电路的动态指标，各项指标求法如下：

1）电压放大倍数 $A_u$

设在图 2.3.10(b)中输入为正弦信号，因为

$$U_i = I_b r_{be} \tag{2.3.14}$$

$$U_o = -I_c R_L' = -\beta I_b R_L' \tag{2.3.15}$$

所以

$$A_u = \frac{U_o}{U_i} = \frac{-\beta R_L'}{r_{be}} \tag{2.3.16}$$

当负载开路时

$$A_u = \frac{-\beta R_c}{r_{be}} \tag{2.3.17}$$

其中，$R_L' = R_L /\!/ R_c$。

2）输入电阻 $r_i$

$r_i$ 是由输入端向放大电路内部看到的动态电阻，由图 2.3.10(b)可看出

$$r_i = \frac{U_i}{I_i} = R_b /\!/ r_{be} \approx r_{be} \tag{2.3.18}$$

3）输出电阻 $r_o$

$r_o$ 是由输出端向放大电路内部看到的动态电阻，因 $r_{ce}$ 远大于 $R_c$，所以

$$r_o = r_{ce} \mathbin{/\mkern-5mu/} R_c \approx R_c \tag{2.3.19}$$

**例 2.3.3**　在图 2.3.11$(a)$所示电路中，$\beta = 50$，$U_{BE} = 0.7$ V。

（1）画出原电路的微变等效电路；

（2）求静态工作点参数 $I_{BQ}$、$I_{CQ}$、$U_{CEQ}$ 的值；

（3）求动态指标 $A_u$、$r_i$、$r_o$ 的值。

**解**　（1）画出如图 2.3.11$(b)$所示的微变等效电路。

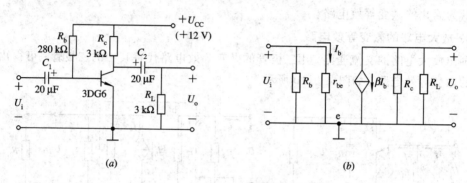

图 2.3.11　用微变等效电路求动态指标

$(a)$ 原理图；$(b)$ 微变等效电路

（2）求静态工作点参数：

$$I_{BQ} = \frac{U_{CC} - 0.7}{R_b} = \frac{12 - 0.7}{280 \times 10^3} \approx 0.04 \text{ mA} = 40 \ \mu\text{A}$$

$$I_{CQ} = \beta I_{BQ} = 50 \times 0.04 \times 10^{-3} = 2 \text{ mA}$$

$$U_{CEQ} = U_{CC} - I_{CQ}R_c = 12 - 2 \times 10^{-3} \times 3 \times 10^3 = 6 \text{ V}$$

$$r_{be} = 300 + \frac{(\beta + 1)26(\text{mV})}{I_E} = 300 + \frac{51 \times 26(\text{mV})}{2(\text{mA})}$$

$$= 963 \ \Omega \approx 0.96 \text{ k}\Omega$$

（3）计算动态指标：

$$A_u = \frac{-\beta R_L'}{r_{be}} = \frac{-50 \times (3 \mathbin{/\mkern-5mu/} 3)\text{k}\Omega}{0.96 \text{ k}\Omega} = -78.1$$

$$r_i = R_b \mathbin{/\mkern-5mu/} r_{be} \approx r_{be} = 0.96 \text{ k}\Omega$$

$$r_o \approx R_c = 3 \text{ k}\Omega$$

**例 2.3.4**　发射极接电阻的共射放大器如图 2.3.12 所示，试分析此电路。

**解**　（1）推导静态工作点表达式。

由图可知，基极回路直流方程为

$$U_{CC} = I_{BQ}R_b + U_{BE} + I_{EQ}R_e$$

$I_E = (1 + \beta)I_B$，代入上式整理得

$$I_{BQ} = \frac{U_{CC} - U_{BE}}{R_b + (1 + \beta)R_e} \tag{2.3.20}$$

$$I_{CQ} = \beta I_{BQ} \tag{2.3.21}$$

同样，由集电极回路直流方程可得

$$U_{CC} = I_{CQ}R_c + U_{CEQ} + I_{EQ}R_e$$

$$U_{CEQ} = U_{CC} - (R_c + R_e)I_{CQ} \tag{2.3.22}$$

（2）推导电压放大倍数、输入、输出电阻表达式。

画出交流通路和微变等效电路如图 2.3.12(b)、(c)所示。先由式(2.3.12)求 $r_{be}$：

$$r_{be} = 300 + \frac{(\beta+1) \times 26(\text{mV})}{I_E(\text{mA})}$$

由图 2.3.12(c)可得

$$U_i = I_b r_{be} + I_e R_e = I_b[r_{be} + (1+\beta)R_e]$$

$$U_o = -I_c(R_c /\!/ R_L) = -I_c R_L'$$

所以，电压放大倍数

$$A_u = \frac{U_o}{U_i} = -\frac{\beta R_L'}{r_{be} + (1+\beta)R_e} \tag{2.3.23}$$

令

$$R_i' = \frac{U_i}{I_b} = r_{be} + (1+\beta)R_e$$

则

输入电阻

$$r_i = R_b /\!/ R_i' = R_b /\!/ [r_{be} + (1+\beta)R_e] \tag{2.3.24}$$

输出电阻

$$r_o \approx R_c \tag{2.3.25}$$

若在电阻 $R_e$ 旁并上旁路电容 $C_e$，如图中虚线所示，那么，其静态分析结果不会改变，但其动态分析结果则与前述没有 $R_e$ 的情况相同。

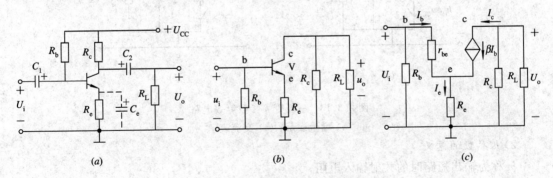

图 2.3.12 发射极接电阻的共射放大器

(a) 电路图；(b) 交流通路；(c) 微变等效电路

### 4. 三极管 $h$ 参数等效电路

当输入信号变化不大时，可以认为工作点在特性曲线的直线范围内移动，这样，我们可以将晶体管当做一个线性双口网络，利用网络的 $h$ 参数表示输入、输出的电压与电流的相互关系。显然，$h$ 参数等效电路也是一种微变等效电路。

1) $h$ 参数特性方程及 $h$ 参数等效电路

共射极电路的电流、电压关系可以写成下列形式:

输入特性

$$u_{BE} = f_1(i_B, u_{CE}) \tag{2.3.26}$$

输出特性

$$i_C = f_2(i_B, u_{CE}) \tag{2.3.27}$$

将以上二式求全微分,则有

$$\mathrm{d}u_{BE} = \frac{\partial u_{BE}}{\partial i_B}\bigg|_{u_{CE}=常数} \mathrm{d}i_B + \frac{\partial u_{BE}}{\partial u_{CE}}\bigg|_{i_B=常数} \mathrm{d}u_{CE} \tag{2.3.28}$$

$$\mathrm{d}i_C = \frac{\partial i_C}{\partial i_B}\bigg|_{u_{CE}=常数} \mathrm{d}i_B + \frac{\partial i_C}{\partial u_{CE}}\bigg|_{i_B=常数} \mathrm{d}u_{CE} \tag{2.3.29}$$

定义

$$h_{ie} = \frac{\partial u_{BE}}{\partial i_B}\bigg|_{u_{CE}=常数} \text{(单位为 }\Omega\text{)}, \quad h_{re} = \frac{\partial u_{BE}}{\partial u_{CE}}\bigg|_{i_B=常数} \text{(无量纲)}$$

$$h_{fe} = \frac{\partial i_C}{\partial i_B}\bigg|_{u_{CE}=常数} \text{(无量纲)}, \quad h_{oe} = \frac{\partial i_C}{\partial u_{CE}}\bigg|_{i_B=常数} \text{(单位为 S)}$$

$h_{ie}$、$h_{re}$、$h_{fe}$、$h_{oe}$ 称为三极管的 $h$ 参数。式(2.3.28)、(2.3.29)可写为

$$\mathrm{d}u_{BE} = h_{ie}\,\mathrm{d}i_B + h_{re}\,\mathrm{d}u_{CE} \tag{2.3.30}$$

$$\mathrm{d}i_C = h_{fe}\,\mathrm{d}i_B + h_{oe}\,\mathrm{d}u_{CE} \tag{2.3.31}$$

三极管的 $h$ 参数等效电路如图 2.3.13 所示。

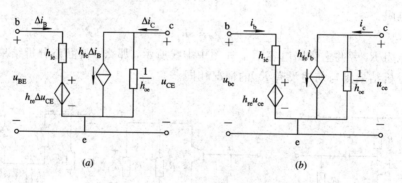

图 2.3.13　三极管 $h$ 参数等效电路

($a$) 增量表示;($b$) 交流表示

2) $h$ 参数的意义

$h_{ie}$ 称为输出短路时的共射输入电阻;

$h_{re}$ 称为输入开路时(因为 $i_B = I_B$,$i_b = 0$)的共射电压反馈系数;

$h_{fe}$ 称为输出短路时的共射电流放大系数;

$h_{oe}$ 称为输入开路时的共射输出电导。

式(2.3.30)、(2.3.31)用增量表示即可写成:

$$\Delta u_{BE} = h_{ie}\Delta i_B + h_{re}\Delta u_{CE} \tag{2.3.32}$$

$$\Delta i_C = h_{fe}\Delta i_B + h_{oe}\Delta u_{CE} \tag{2.3.33}$$

由于 $\mathrm{d}u_{BE}$ 代表 $u_{BE}$ 的变化部分,若输入为正弦波,则 $\mathrm{d}u_{BE}$ 即为 $u_{be}$;同理,$\mathrm{d}i_B$ 即为 $i_b$,$\mathrm{d}u_{CE}$

即为 $u_{ce}$，$\mathrm{d}i_C$ 即为 $i_c$。因此可有

$$u_{be} = h_{ie}i_b + h_{re}u_{ce} \tag{2.3.34}$$

$$i_c = h_{fe}i_b + h_{oe}u_{ce} \tag{2.3.35}$$

在信号频率较低的情况下，电压和电流之间不存在相移，上面二式用有效值表示则为

$$U_{be} = h_{ie}I_b + h_{re}U_{ce}$$

$$I_c = h_{fe}I_b + h_{oe}U_{ce}$$

当忽略 $u_{ce}$ 对 $i_c$、$u_{be}$ 的影响时（$h_{re}=h_{oe}=0$），有

$$U_{be} = h_{ie}I_b \tag{2.3.36}$$

$$I_c = h_{fe}I_b \tag{2.3.37}$$

将上面二式分别与式(2.3.11)、(2.3.13)相比可知

$$h_{ie} = r_{be} \tag{2.3.38}$$

$$h_{fe} = \beta \tag{2.3.39}$$

**例 2.3.5** 图 2.3.14($a$)所示的放大器电路中，已知 $h_{ie}=r_{be}=650\ \Omega$，$h_{fe}=\beta=50$，$h_{re}=1.0\times10^{-4}$，$h_{oe}=1.0\times10^{-6}\ \mathrm{S}$，试求 $A_u=U_o/U_i$。

**解** 画出本例的 $h$ 参数等效电路如图 2.3.14($b$)所示，由输入回路得

$$U_i = h_{ie}I_b + h_{re}U_o$$

由输出回路可知：

$$U_o = -I_cR'_L = -(h_{fe}I_b + h_{oe}U_o)R'_L$$

$$A_u = \frac{U_o}{U_i} = \frac{-h_{fe}R'_L}{h_{ie} + h_{ie}h_{oe}R'_L - h_{fe}h_{re}R'_L}$$

代入数值，即得 $A_u = -75.8$。

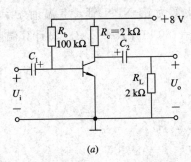 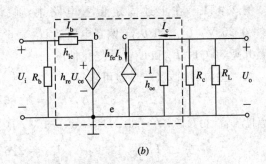

图 2.3.14 放大器及其 $h$ 参数等效电路
($a$) 放大器；($b$) 放大器 $h$ 参数等效电路

## 2.4 放大器的偏置电路

偏置电路是各种放大器必不可少的组成部分。偏置电路必须满足两个要求：一是给放大管提供所需的静态工作点电压和电流；二是在环境温度、电源电压等因素变化时，静态工作点应当保持稳定。在诸多因素中尤其以环境温度的变化对静态工作点的影响最大。一些放大器，在常温下能正常工作，但在高温或低温条件下却不能正常工作，这是因为静态工作点随温度变化引起的。下面介绍几种常用的偏置电路。

### 1. 固定偏置电路

电路如图 2.4.1 所示。现通过分析温度变化对静态工作点的影响，来说明偏置电路对热稳定性的重要性。

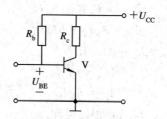

图 2.4.1  固定偏置电路

我们用近似估算法可求得该电路提供的 $I_{BQ}$、$I_{CQ}$ 和 $U_{CEQ}$：

$$\left. \begin{aligned} I_{BQ} &= \frac{U_{CC} - U_{BE}}{R_b} \\ I_{CQ} &= \beta I_{BQ} + (1+\beta) I_{CBO} \\ U_{CEQ} &= U_{CC} - I_{CQ} R_c \end{aligned} \right\} \tag{2.4.1}$$

由上述各式可知，当 $U_{CC}$ 和 $R_b$ 一定时，$I_{CQ}$ 与三极管参数 $\beta$ 以及 $U_{BE}$、$I_{CBO}$ 有关。我们知道这三个参数均与温度有关。温度每升高 10℃，$I_{CBO}$ 约增加一倍，温度每升高 1℃，$U_{BE}$ 约降低 2.5 mV，随温度每升高 1℃，$\beta$ 相对值增加 $(0.5 \sim 1.0)\%$。所以讨论偏置电路热稳定性实际上就是讨论这三个参数随温度变化而引起 $I_{CQ}$ 变化的特性。

**例 2.4.1**  在上述固定偏置电路中，假设三极管为锗 NPN 管，室温时 $\beta = 50$，$U_{BE} = 0.25$ V，$I_{CBO} = 1\ \mu A$，偏置电路的 $U_{CC} = 6$ V，$R_b = 180$ kΩ，$R_c = 2$ kΩ。试计算温度由室温升高 30℃时 $I_{CQ}$ 和 $U_{CEQ}$ 的变化情况。

**解**  室温时由式 (2.4.1) 可求得

$$I_{BQ} = 32\ \mu A,\ I_{CQ} = 1.65\ mA,\ U_{CEQ} = 2.7\ V$$

当温度升高 30℃后，$\beta' = 65$，$U'_{BE} = 0.175$ V，$I'_{CBO} = 8\ \mu A$，那么

$$I'_{BQ} = 32.4\ \mu A,\ I'_{CQ} = 2.6\ mA,\ U'_{CEQ} = 0.73\ V$$

集电极静态电流变化的相对值为

$$\frac{\Delta I_{CQ}}{I_{CQ}} = \frac{I'_{CQ} - I_{CQ}}{I_{CQ}} = \frac{2.6 - 1.65}{1.65} = 57.6\%$$

由上例可以知道，温度升高 30℃后，$I_{CQ}$ 将明显增大，而 $U_{CEQ}$ 则明显减小。原本处于放大区中心的静态工作点如图 2.4.2(a) 所示，将沿直流负载线上升到靠近饱和区，如图 2.4.2(b) 所示。这时，加上基极输入正弦信号电流，在它变化到正半周期间，三极管就会进入饱和区，使得集电极电流 $i_C$ 和电压 $u_{CE}$ 的波形产生严重的失真。因此，为了保证放大器在很宽的温度范围内正常工作，就必须采用热稳定性高的偏置电路。

提高偏置电路热稳定性有许多措施，常采用分压式偏置电路和恒流源偏置电路。下面介绍这两种电路。

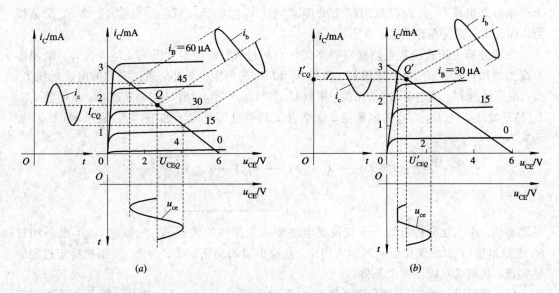

图 2.4.2　温度对静态工作点的影响

## 2. 分压式偏置电路

分压式偏置电路如图 2.4.3($a$)所示，其直流通路及微变等效电路分别如图 2.4.3($b$)和图 2.4.3($c$)所示。此电路既能提供静态电流，又能稳定静态工作点，因此又称为静态工作点稳定电路。

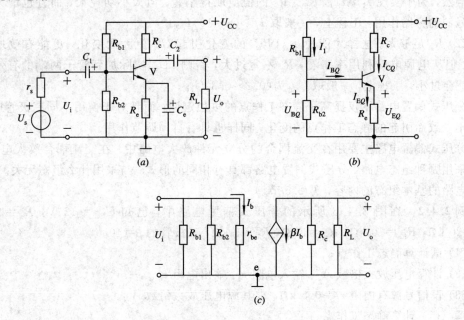

图 2.4.3　分压式偏置电路

($a$) 原理图；($b$) 直流通路；($c$) 微变等效电路

图 2.4.3($a$)中 $R_{b1}$、$R_{b2}$ 分别称为上偏置电阻和下偏置电阻，它们的作用是将 $U_{CC}$ 进行分压，在三极管基极上产生基极静态电压 $U_{BQ}$。$R_e$ 为发射极电阻，发射极静态电流 $I_{EQ}$ 在其

上产生静态电压 $U_{EQ}$，所以发射结上的静态电压 $U_{BEQ}=U_{BQ}-U_{EQ}$。电容 $C_e$ 将 $R_e$ 交流短路，称为发射极旁路电容。

现在分析分压式偏置电路稳定静态工作点的过程。假设温度升高，$I_{CQ}$（或 $I_{EQ}$）随温度升高而增加，那么 $U_{EQ}$ 也相应增加。如果 $R_{b1}$ 和 $R_{b2}$ 的电阻值较小，通过它们的电流远比 $I_{BQ}$ 大，则可认为 $U_{BQ}$ 恒定而与 $I_{BQ}$ 无关，根据 $U_{BEQ}=U_{BQ}-U_{EQ}$，则 $U_{BEQ}$ 必然减小，从而使 $I_{EQ}$、$I_{CQ}$ 趋于减小，使 $I_{EQ}$、$I_{CQ}$ 基本稳定。这个自动调整过程可表示如下（"↑"表示增，"↓"表示减）：

$$T(温度)\!\uparrow \longrightarrow I_{CQ}(I_{CEQ})\!\uparrow \longrightarrow U_{EQ}\!\uparrow \longmapsto U_{BEQ}\!\downarrow$$

$$I_{CQ}(I_{CEQ})\!\downarrow$$

反之亦然。由上述分析可知分压式偏置电路稳定工作点的实质是：先恒定 $U_{BQ}$，然后通过 $R_e$ 把输出量（$I_{CQ}$）的变化引回到输入回路，使输出量的变化减小。因此，要想使稳定过程能够实现，必须满足以下两个条件：

（1）基极电位恒定。这样才能使 $U_{BEQ}$ 真实地反映 $I_{CQ}$（$I_{EQ}$）的变化。那么，只要满足 $I_1\gg I_{BQ}$，就可以认为

$$U_{BQ}\approx\frac{R_{b2}}{R_{b1}+R_{b2}}U_{CC}$$

也就是说 $U_{BQ}$ 基本恒定，不受温度影响。

当然，为了实现 $I_1\gg I_{BQ}$，$R_{b1}$、$R_{b2}$ 的值应取得小些。但太小功耗大，而且也增大对输入信号源的旁路作用。工程上，一般取 $I_1\geqslant(5\sim10)I_{BQ}$。

（2）$R_e$ 足够大。这样才能使 $I_{CQ}$（$I_{EQ}$）的变化引起 $U_{EQ}$ 更大的变化，更能有效地控制 $U_{BEQ}$。但从电源电压利用率来看，$R_e$ 不宜过大，否则，$U_{CC}$ 实际加到管子两端的有效压降 $U_{CEQ}$ 就会过小。工程上，一般取 $U_{EQ}$ 为 $(0.2\sim0.3)U_{CC}$。

分压式偏置电路不仅提高了静态工作点的热稳定性，而且对于换用不同三极管时，因参数不一致而引起的静态工作点的变化，同样也具有自动调节作用。

分压式偏置电路主要用在交流耦合的分立元件放大电路中。在交流耦合放大电路中，不论采用哪种组态电路，分压式偏置电路都具有相同的形式，与采用什么组态无关。（有关放大电路的基本组态的内容，见 2.5 节。）

**例 2.4.2** 在图 2.4.3 所示的分压式偏置电路中，已知 $U_{CC}=12$ V，$R_c=2$ kΩ，$R_{b1}=20$ kΩ，$R_{b2}=10$ kΩ，$R_e=2$ kΩ，$R_L=2$ kΩ，三极管的 $\beta=40$。

（1）试计算静态工作点；

（2）计算电压放大倍数 $A_u$、输入电阻 $r_i$、输出电阻 $r_o$；

（3）设信号源有内阻 $r_s=0.5$ kΩ，求其源电压放大倍数 $A_{us}$。

**解** （1）计算静态工作点。

由图 2.4.3(b) 直流通路可知

$$U_{BQ}\approx\frac{R_{b2}}{R_{b1}+R_{b2}}U_{CC}=\frac{10}{10+20}=4\text{ V}$$

$$I_{CQ}\approx I_{EQ}=\frac{U_{BQ}-U_{BE}}{R_e}=\frac{4-0.6}{2}=1.7\text{ mA}$$

$$I_{BQ} = \frac{I_{CQ}}{\beta} = \frac{1.7}{40} = 0.042 \text{ mA}$$

$$U_{CEQ} = U_{CC} - (R_c + R_e)I_{CQ} = 12 - (2+2) \times 1.7 = 5.2 \text{ V}$$

（2）计算电压放大倍数 $A_u$。

由图 2.4.3($c$)微变等效电路可知

$$r_{be} = 300 + \frac{(\beta+1)26(\text{mV})}{I_{EQ}} = 300 + \frac{41 \times 26(\text{mV})}{1.7(\text{mA})} \approx 1 \text{ k}\Omega$$

$$A_u = \frac{U_o}{U_i} = \frac{-\beta R'_L}{r_{be}} = \frac{-40 \times (2 /\!/ 2)\text{k}\Omega}{1 \text{ k}\Omega} = -40$$

输入电阻：

$$r_i = r_{be} /\!/ R_{b1} /\!/ R_{b2} \approx 1 \text{ k}\Omega$$

输出电阻：

$$r_o \approx R_c = 2 \text{ k}\Omega$$

（3）计算源电压放大倍数 $A_{us}$。

$$A_{us} = \frac{U_o}{U_s} = \frac{-\beta R'_L}{r_{be}} \times \frac{r_i}{r_i + r_s} = -40 \times \frac{1}{1+0.5} = -26.7$$

### 3. 恒流源偏置电路

对恒流源偏置电路的要求，不仅要其提供稳定的静态工作点电流，还应要有高的输出交流电阻。镜像恒流源电路是目前应用最广的一种高稳定恒流源电路，它特别适合于用在集成电路中。图 2.4.4 是一个基本镜像恒流源电路，它是由制造工艺和结构完全一致的两只晶体管 $V_1$ 和 $V_2$ 以及一个电阻 $R$ 组成的，其中 $V_1$ 管的集电极和基极相连，$I_R$ 和 $I_o$ 为电路两边的电流。

当三极管工作在放大区时，$V_1$ 和 $V_2$ 两管的发射极电流分别为（见式(1.1.1)）

$$\left. \begin{array}{l} i_{E1} \approx I_{EBS1} e^{\frac{u_{BE1}}{U_T}} \\ i_{E2} \approx I_{EBS2} e^{\frac{u_{BE2}}{U_T}} \end{array} \right\} \qquad (2.4.2)$$

由于两管的发射结并联在一起，有 $u_{BE1} = u_{BE2}$，所以

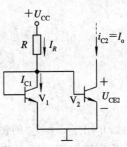

图 2.4.4　镜像恒流源的基本电路

$$\frac{i_{E1}}{i_{E2}} = \frac{I_{EBS1}}{I_{EBS2}}$$

如两管对称，$I_{EBS1} = I_{EBS2}$，则 $i_{E1} = i_{E2}$，由于

$$i_{E1} = I_{EQ1} = I_{CQ1} + I_{BQ1}$$

$$i_{E2} = I_{EQ2} = I_{CQ2} + I_{BQ2}$$

其中，$I_{CQ2} = I_o$，$I_{CQ1} = I_R - (I_{BQ1} + I_{BQ2})$，因此，当 $\beta_1 = \beta_2 = \beta$，$I_{BQ1} = I_{BQ2} = I_{BQ}$ 时，经整理得

$$I_o = I_R - 2I_{BQ}$$

又 $I_{BQ} = \frac{I_{CQ2}}{\beta} = \frac{I_o}{\beta}$，上式可写为

$$I_o = \frac{I_R}{1 + \frac{2}{\beta}} \qquad (2.4.3)$$

如果 $\beta \gg 2$，则 $I_。 \approx I_R$。当 $U_{CC}$ 和 $R$ 为确定值时，由图可得

$$I_R = \frac{U_{CC} - U_{BE}}{R} \tag{2.4.4}$$

由上述分析可知，当 $I_R$ 确定后，$I_。$ 也就被确定了。其中 $I_R$ 称为参考电流，$I_。$ 称为输出电流。改变 $U_{CC}$ 或 $R$，$I_R$ 和相应的 $I_。$ 也就随之改变。$I_。$ 如 $I_R$ 的镜像，故将这种恒流源电路称为镜像恒流源电路。它的输出交流电阻为 $V_2$ 管的输出电阻 $r_{ce}$。

如果电路左边不加固定电压 $U_{CC}$，而让该点电压浮动，则当 $I_。$ 改变时，$I_R$ 也就将按上式作相应变化。这时 $I_。$ 为参考电流，$I_R$ 为输出电流。如果 $U_{CC} \gg U_{BE}$，且两管又完全对称，那么，温度变化时就不会引起 $I_R$ 和 $I_。$ 的变化，因此，镜像恒流源电路是一种高热稳定的偏置电路。

当晶体三极管的 $\beta$ 值比较小时，$I_{BQ}$ 值较大，由式(2.4.3)可知，$I_。$ 不等于 $I_R$，其值与 $\beta$ 有关。由于 $\beta$ 对温度的变化比较敏感，因此，恒流源电路的恒流值的精度和热稳定性均要相应降低。为了解决这个问题，可采用图 2.4.5 所示的改进电路。图中，在 $V_1$ 管的集电极和基极之间接入一级射极跟随器 $V_3$，利用射极跟随器的电流放大作用，减小 $I_{BQ}$ 对 $I_R$ 的分流值，从而提高 $I_。$ 作为 $I_R$ 镜像的精度和热稳定性。为了避免 $V_3$ 管电流过小而使 $\beta_3$ 值下降的缺点，实际电路中常常在 $V_3$ 管发射极上接一个适当阻值的电阻 $R_e$，产生电流 $I_E$，使得 $V_3$ 管的发射极电流 $I_{EQ3} = I_{BQ1} + I_{BQ2} + I_E$ 有所增大。

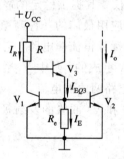

图 2.4.5　改进的镜像恒流源电路

上面介绍了 $I_。 \approx I_R$ 的镜像恒流源电路。工程上，经常需要 $I_。$ 不等于 $I_R$ 但与 $I_R$ 成一定比例关系的镜像恒流源电路。实现这种比例式的镜像恒流源电路可从两方面着手，一是从集成工艺方面考虑，二是从电路结构方面考虑，如图 2.4.6 所示。图中，两管发射极上分别串接电阻 $R_1$ 和 $R_2$。

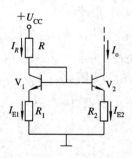

图 2.4.6　比例式镜像恒流源电路

由图 2.4.6 所示的电路可知

$$u_{BE1} + i_{E1}R_1 = u_{BE2} + i_{E2}R_2$$

若 $I_{EBS1} = I_{EBS2}$，则由式（2.4.2）及上式有

$$u_{BE1} - u_{BE2} = U_T \ln \frac{i_{E1}}{i_{E2}} = i_{E2}R_2 - i_{E1}R_1$$

$\beta$ 足够大时，$i_{E1} \approx I_R$，$i_{E2} \approx I_o$，于是

$$I_o \approx \frac{R_1}{R_2}I_R + \frac{U_T}{R_2} \ln \frac{I_R}{I_o} \tag{2.4.5}$$

如果 $I_R$ 对 $I_o$ 的比值在 10 以内，$\ln\left(\frac{I_R}{I_o}\right) \leqslant 2.3$，而 $U_T \approx 0.026$ V，则当 $I_R$ 较大时，一般满足 $\frac{U_T}{R_2} \ln \frac{I_R}{I_o} \ll \frac{R_1}{R_2}I_R$，则式（2.4.5）可简化为

$$I_o \approx \frac{R_1}{R_2}I_R \tag{2.4.6}$$

由上式可知，$I_o$ 对 $I_R$ 的比值近似等于 $R_1$ 对 $R_2$ 的比值，改变 $R_1$ 与 $R_2$，就可得到 $I_o$ 对 $I_R$ 的不同比值关系。

# 2.5 共集电极电路和共基极电路

根据输入和输出回路共同端的不同，放大电路可分为三种基本组态。前面分析了其中的共发射极电路，现在讨论剩下的共集电极和共基极两种电路。

## 2.5.1 共集电极电路

共集电极放大电路如图 2.5.1(a) 所示，它是从基极输入信号，从发射极输出信号。从它的交流通路图 2.5.1(c) 可看出，输入、输出共用集电极，所以称为共集电极电路。图 2.5.1(b) 是直流通路，图 2.5.1(d) 是微变等效电路。下面对共集电极电路进行分析。

### 1. 静态分析

由图 2.5.1(b) 所示的直流通路可列出基极回路方程

$$U_{CC} = I_{BQ}R_b + U_{BE} + U_E \tag{2.5.1}$$

又

$$U_E = I_{EQ}R_e = (1 + \beta)I_{BQ}R_e$$

可得

$$I_{BQ} = \frac{U_{CC} - U_{BE}}{R_b + (1 + \beta)R_e} \tag{2.5.2}$$

因 $U_{CC} \gg U_{BE}$，所以

$$I_{BQ} \approx \frac{U_{CC}}{R_b + (1 + \beta)R_e} \tag{2.5.3}$$

再由 $I_{CQ} = \beta I_{BQ}$，$U_{CEQ} = U_{CC} - I_{CQ}R_e$，即可求出静态工作点。

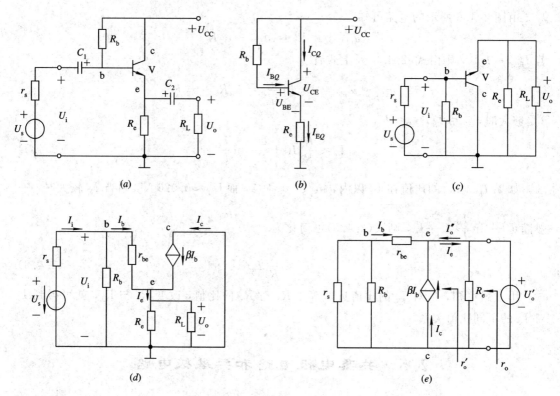

图 2.5.1 共集电极放大电路

($a$) 共集电极放大电路；($b$) 直流通路；($c$) 交流通路

($d$) 微变等效电路；($e$) 求输出电阻的等效电路

**2. 动态分析**

1）电流放大倍数

在图 2.5.1($d$) 的微变等效电路中，当不考虑 $R_b$ 对输入电流 $I_i$ 的分流作用时，有 $I_i \approx I_b$；流经负载 $R'_e (R'_e = R_e /\!/ R_L)$ 的输出电流 $I_o = I_e$，所以

$$A_i = \frac{I_o}{I_i} = \frac{I_e}{I_i} = 1 + \beta \tag{2.5.4}$$

显然，射极输出器有电流放大作用。

2）电压放大倍数

由图 2.5.1($d$) 可得

$$u_o = R'_e I_e$$

$$u_i = r_{be} I_b + R'_e I_e = [r_{be} + (1+\beta)R'_e] I_b$$

所以

$$A_u = \frac{U_o}{U_i} = \frac{(1+\beta)R'_e}{r_{be} + (1+\beta)R'_e} \tag{2.5.5}$$

通常有 $(1+\beta)R'_e \gg r_{be}$，所以共集放大电路的电压放大倍数恒小于 1，而接近于 1。并且输出电压和输入电压同相位，即输出电压跟随输入电压变化，因此该电路又称为射极跟随器。

3）输入电阻

当不考虑 $R_b$ 时，从基极 $b$ 向里看进去的输入电阻 $r_i'$ 为

$$r_i' = \frac{U_i}{I_b} = r_{be} + (1 + \beta)R_e' \tag{2.5.6}$$

显然，共集电极电路从基极看进去的输入电阻比共发射极电路从基极看进去的输入电阻（$r_{be}$）增大了。

当考虑 $R_b$ 的并联支路时，从输入端看进去的输入电阻

$$r_i = r_i' \mathbin{/\mkern-5mu/} R_b \tag{2.5.7}$$

4）输出电阻

将图 2.5.1($d$)等效电路改画成图 2.5.1($e$)的形式，并令 $U_s = 0$，去掉 $R_L$，在输出端加一电压 $U_o'$。由图可得

$$I_o'' = -I_e = -(1 + \beta)I_b$$

$$U_o' = -[(r_s \mathbin{/\mkern-5mu/} R_b) + r_{be}]I_b$$

从发射极向里看进去的输出电阻 $r_o'$ 为

$$r_o' = \frac{U_o'}{I_o''} = \frac{(r_s \mathbin{/\mkern-5mu/} R_b) + r_{be}}{1 + \beta} \tag{2.5.8}$$

当考虑到 $R_e$ 时，从输出端向里看进去的输出电阻 $r_o$ 为

$$r_o = R_e \mathbin{/\mkern-5mu/} r_o' \tag{2.5.9}$$

可见，射极输出器的输出电阻，等于基极回路中的总电阻的 $\frac{1}{1+\beta}$（折合到发射极）与 $R_e$ 相并联。它的数值较小，一般只有几十欧姆。

综上分析，射极输出器的特点是：电压放大倍数小于或近于 1，输出电压和输入电压同相位，输入电阻高，输出电阻低。

## 2.5.2 共基极电路

### 1. 静态工作点

图 2.5.2（$a$）为共基极放大电路，图 2.5.2($b$)为其交流通路。图中，如果忽略 $I_{BQ}$ 对 $R_{b1}$、$R_{b2}$ 分压电路中电流的分流作用，则基极静态电压 $U_B$ 为

$$U_B \approx \frac{R_{b2}}{R_{b1} + R_{b2}}U_{CC} \tag{2.5.10}$$

流经 $R_e$ 的电流 $I_{EQ}$ 为

$$I_{EQ} = \frac{U_E}{R_e} = \frac{U_B - U_{BE}}{R_e} \tag{2.5.11}$$

如果满足 $U_B \gg U_{BE}$，则上式可简化为

$$I_{CQ} \approx I_{EQ} \approx \frac{U_B}{R_e} = \frac{1}{R_e} \cdot \frac{R_{b2}}{R_{b1} + R_{b2}}U_{CC} \tag{2.5.12}$$

而

$$I_{BQ} = \frac{I_{EQ}}{1+\beta}$$

$$U_{CEQ} = U_{CC} - (R_C + R_e)I_{CQ} \tag{2.5.13}$$

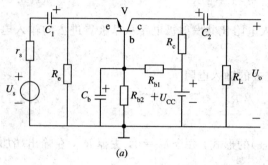

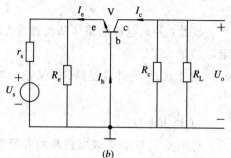

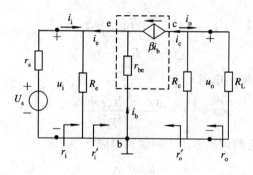

图 2.5.2　共基极放大电路

$(a)$ 实际电路；$(b)$ 交流通路；$(c)$ 微变等效电路

**2. 动态分析**

利用三极管的简化 $h$ 参数等效电路，可以画出图 2.5.2$(a)$ 电路的微变等效电路如图 2.5.2$(c)$ 所示。图中，b、e 之间用 $r_{be}$ 代替，c、e 之间用电流源 $\beta I_b$ 代替。

1）电流放大倍数

在图 2.5.2$(c)$ 中，当忽略 $R_e$ 对输入电流 $i_i$ 的分流作用时，则 $I_i \approx -I_e$；流经 $R_L'$ （$R_L' = R_c /\!/ R_L$）的输出电流 $I_o = -I_c$。

$$A_i = \frac{I_o}{I_i} = \frac{-I_c}{-I_e} = \alpha \tag{2.5.14}$$

$\alpha$ 称做三极管共基电流放大系数。由于 $\alpha$ 小于且近似等于 1，所以共基极电路没有电流放大作用。

2）电压放大倍数

根据图 2.5.2$(c)$ 可得

$$U_i = -r_{be}I_b$$

$$U_o = R_L'I_o = -R_L'I_c = -\beta R_L'I_b$$

所以，电压放大倍数为

$$A_u = \frac{U_o}{U_i} = \frac{\beta R_L^{'}}{r_{be}}$$  (2.5.15)

可见，共基极放大电路具有电压放大作用，其电压放大倍数和共射电路的电压放大倍数在数值上相等，共基极电路输出电压和输入电压同相位。

3）输入电阻

当不考虑 $R_e$ 的并联支路时，即从发射极向里看进去的输入电阻 $r_i^{'}$ 为

$$r_i^{'} = \frac{U_i}{-I_e} \frac{-I_b r_{be}}{-I_b(1+\beta)} = \frac{r_{be}}{1+\beta}$$  (2.5.16)

$r_{be}$ 是共射极电路从基极向里看进去的输入电阻，显然，共基极电路从发射极向里看进去的输入电阻为共射极电路的 $\frac{1}{1+\beta}$。

当考虑到 $R_e$ 后，则从输入端看进去的输入电阻为

$$r_i = \frac{U_i}{I_i} = R_e /\!/ r_i^{'}$$  (2.5.17)

4）输出电阻

在图 2.5.2(c) 的简化微变等效电路中，当忽略了三极管 c、e 之间的内阻 $r_{ce}$ 时，则从集电极看进去三极管的输出电阻 $r_o^{'}$ 为无穷大。因此，共基电路的输出电阻 $r_o = R_c$。如果考虑到 $r_{ce}$ 的作用，可以证明此时三极管的输出电阻（从集电极看进去）为

$$r_o^{'} \approx (1+\beta) r_{ce}$$  (2.5.18)

在共射接法时，三极管的输出电阻为 $r_{ce}$。这表明共基极接法的三极管输出电阻是共射极接法时的 $(1+\beta)$ 倍。如果考虑并联电阻 $R_c$，则共基极放大电路的输出电阻 $r_o$ 为

$$r_o = R_c /\!/ r_o^{'} \approx R_c$$  (2.5.19)

由于 $r_o^{'} \gg R_c$，所以共基极放大电路的 $r_o$ 仍近似为 $R_c$。

# 2.6 多级放大电路与组合放大电路

## 2.6.1 多级放大电路

在实际的电子设备中，为了得到足够大的增益或者考虑到输入电阻和输出电阻等特殊要求，放大器往往由多级组成。多级放大器由输入级、中间级和输出级组成，如图 2.6.1 所示。输出级一般是大信号放大器，留到第 5 章再讨论。这里只讨论由输入级到中间级组成的多级小信号放大器。

图 2.6.1 多级放大器组成框图

### 1. 级间耦合方式

多级放大电路是将各单级放大电路连接起来，这种级间连接方式称为耦合。在多级放大器中，要求前级的输出信号通过耦合不失真地传送到后级的输入端。常用的耦合方式有阻容耦合、变压器耦合、直接耦合三种形式，下面分别介绍。

#### 1）阻容耦合

阻容耦合就是利用电容作为耦合和隔直流元件的电路，如图 2.6.2 所示。第一级的输出信号通过电容 $C_2$ 和第二级的输入电阻 $r_{i2}$ 加到第二级的输入端。

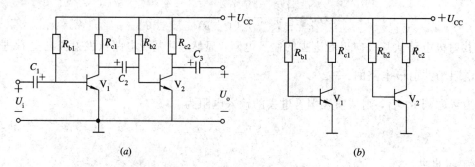

图 2.6.2 阻容耦合两级放大电路

（a）电路；（b）直流通路

阻容耦合的优点是：前后级直流通路彼此隔开，每一级的静态工作点都相互独立，互不影响，便于分析、设计和应用。缺点是：信号在通过耦合电容加到下一级时会大幅度衰减。在集成电路里因制造大电容很困难，所以阻容耦合只适用于分立元件电路。

#### 2）变压器耦合

变压器耦合是用变压器将前级的输出端与后级的输入端连接起来的方式，如图 2.6.3 所示。$V_1$ 管输出的信号通过变压器 $T_1$ 加到 $V_2$ 管基极，$V_2$ 管输出的信号通过变压器 $T_2$ 耦合到负载 $R_L$ 上。$R_{b11}$、$R_{b12}$、$R_{e1}$ 和 $R_{b21}$、$R_{b22}$、$R_{e2}$ 分别为 $V_1$ 和 $V_2$ 管确定静态工作点。

变压器耦合的优点是：各级直流通路相互独立，变压器通过磁路，把初级线圈的交流信号传到次级线圈，直流电压或电流无法通过变压器传给次级。变压器在传递信号的同时，还能实现阻抗、电压、电流变换。变压器耦合的缺点是：体积大，不能实现集成化，由于频率特性比较差，一般只应用于低频功率放大和中频调谐放大电路中。

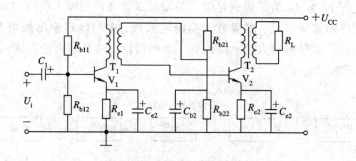

图 2.6.3 变压器耦合两级放大电路

3）直接耦合

直接耦合是将前后级直接相连的一种耦合方式，如图2.6.4所示。直接耦合所用元件少，体积小，低频特性好，便于集成化。直接耦合的缺点是：由于失去隔离作用，使前级和后级的直流电路相通，静态电位相互牵制，使得各级静态工作点相互影响；另外还存在着零点漂移现象。因此，在采用直接耦合方式时，必须解决级间电平配置和工作点漂移两个问题，以保证各级各自有合适的稳定的静态工作点。关于直接耦合的进一步讨论将在4.1节进行。

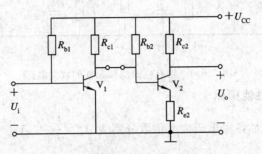

图2.6.4　直接耦合放大电路

## 2. 共电耦合

在多级放大器中，各级由同一直流电源供电，如图2.6.5(*a*)所示，图中，$R$是直流电源的交流内阻。其交流通路如图2.6.5(*b*)所示。由图2.6.5(*b*)可见，输出信号电压$U_o$在$R$上产生的压降将被耦合到$V_1$和$V_2$管的输入端。这种通过直流电源内阻将信号经输出端向各级输入端的传送称为共电耦合。

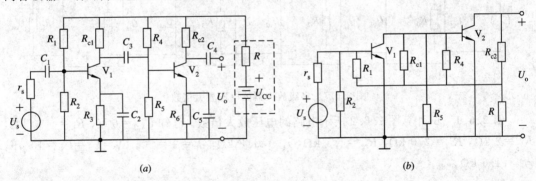

(*a*)　　　　　　　　　　　　　　(*b*)

图2.6.5　共电耦合

如果传送到某一级输入端的电压与输入信号源在该级输入端产生的电压有相同的极性，那么该级的合成输入电压便增大，使放大器输出电压$U_o$增大，而增大了的输出电压通过共电耦合加到后级输入端的电压也增大，使$U_o$进一步增大，如此循环下去将产生振荡。这样，就破坏了放大器对信号的正常放大作用。

为了消除共电耦合的影响，应加强电源滤波，在放大器各级电源供电端接入$RC$滤波元件，如图2.6.6中的$R_7$、$R_8$、$C_6$、$C_7$、$C_8$。接入$C_6$后，电源内阻$R$上的信号电压被旁路，即使残留很小的信号电压，通过$R_7$、$C_7$和$R_8$、$C_8$的滤波作用，信号电压也可进一步被滤除。

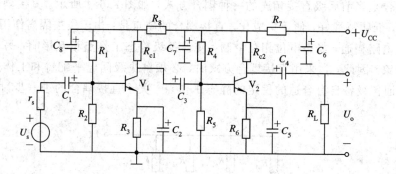

图 2.6.6 带有电源滤波元件的放大电路

### 3. 多级放大器的性能指标

在多级放大器中，如各级电压放大倍数分别为 $A_{u1}=\dfrac{U_{o1}}{U_{i1}}$，$A_{u2}=\dfrac{U_{o2}}{U_{i2}}$，$\cdots$，$A_{un}=\dfrac{U_{on}}{U_{in}}$，如图 2.6.7 所示，则由于 $U_{i2}=U_{o1}$，$U_{i3}=U_{o2}$，$\cdots$，$U_{in}=U_{o(n-1)}$，因而 $n$ 级放大电路的电压放大倍数为

$$A_u = \frac{U_{on}}{U_{i1}} = A_{u1}A_{u2}\cdots A_{un} \tag{2.6.1}$$

即总电压放大倍数为各级电压放大倍数的相乘积。

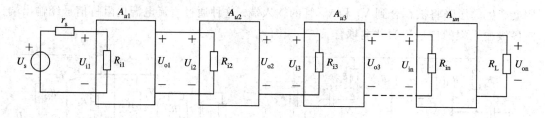

图 2.6.7 多级放大器的电压放大倍数

**例 2.6.1** 试计算图 2.6.2 所示电路的电压放大倍数。已知 $U_{CC}=6$ V，$R_{b1}=430$ kΩ，$R_{c1}=2$ kΩ，$R_{b2}=270$ kΩ，$R_{c2}=1.5$ kΩ，$r_{be2}=1.2$ kΩ，$\beta_1=\beta_2=50$，$C_1=C_2=C_3=10$ μF，$r_{be1}=1.6$ kΩ。

**解**
$$r_{i2} = R_{b2} /\!/ r_{be2} = 270 \text{ k}\Omega /\!/ 1.2 \text{ k}\Omega \approx 1.2 \text{ k}\Omega$$

$$R'_{L1} = R_{c1} /\!/ r_{i2} = 2 \text{ k}\Omega /\!/ 1.2 \text{ k}\Omega = 0.75 \text{ k}\Omega$$

$$A_{u1} = -\frac{\beta R'_{L1}}{r_{be1}} = -\frac{50 \times 0.75 \text{ k}\Omega}{1.6 \text{ k}\Omega} = -23.4$$

$$A_{u2} = -\frac{\beta R_{c2}}{r_{be2}} = -\frac{50 \times 1.5 \text{ k}\Omega}{1.2 \text{ k}\Omega} = -62.5$$

$$A_u = A_{u1} \cdot A_{u2} = (-23.4) \times (-62.5) = 1462.5$$

在工程上电压放大倍数常用增益表示，增益的单位为 dB，折算公式为

$$A_u(\text{dB}) = 20 \lg A_u(\text{dB}) \tag{2.6.2}$$

多级放大电路的输入电阻就是第一级的输入电阻，其输出电阻就是最后一级的输出电阻。

## 2.6.2　组合放大电路

根据前面的分析可知，三种基本组态电路的性能各有特点。根据三种组态电路不同的特点，就增益而言，共基极电路的电压放大倍数远大于1，但电流放大倍数小于1；而共集电极电路的电流放大倍数远大于1，但电压放大倍数小于1；唯有共发射极电路的电压放大倍数和电流放大倍数均远大于1。因此，在放大设备中，放大倍数主要由共发射极放大器提供，如果采用有源负载，则共发射极电路还可提供更大的放大倍数。就输入和输出电阻而言，共基极电路的输入电阻很小，而输出电阻很大；共集电极电路的输入电阻很大，而输出电阻很小；共发射极电路的输入和输出电阻则居共基、共集电路之中。

如果根据三种组态电路的不同特点，将其中任两种组态进行组合，可以构成不同的放大电路，就可发挥各自特点，使它更适合实际工作的需要。下面介绍几种常用的组合放大电路。

### 1. 共集—共发组合电路

共集—共发组合放大器如图 2.6.8(a)所示。图中，$V_1$ 管接成共集电极组态，$V_2$ 管接成共发射极组态。这种组合电路的电压增益由共发射极组态提供，而共集电极组态主要用来提高组合电路的输入电阻。$r_i$、$A_u$ 的计算如下：

$$r_i = R_{b1} \mathbin{/\!/} \left[ r_{be1} + (1 + \beta_1) R'_{L1} \right]$$

$$R'_{L1} = R_{e1} \mathbin{/\!/} R_{b2} \mathbin{/\!/} r_{be2}$$

$$R_{b2} = R_{b21} \mathbin{/\!/} R_{b22}$$

$$A_u = A_{u1} \cdot A_{u2}$$

$$A_{u1} \approx 1$$

$$A_u \approx A_{u2} = -\beta_2 \cdot \frac{R'_{L2}}{r_{be2}}$$

$$R'_{L2} = R_{c2} \mathbin{/\!/} R_L$$

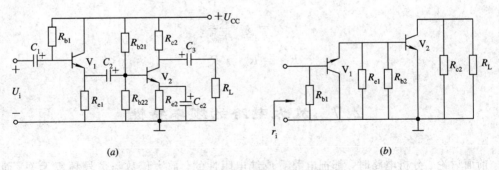

图 2.6.8　共集—共发组合电路
(a) 共集—共发组合电路；(b) 共集—共发组合电路交流通路

### 2. 共发—共基组合放大电路

共发—共基组合放大器如图 2.6.9(a)所示。图中，$V_1$ 管接成共发射极组态，$V_2$ 管接成共基极组态。

由于共基极电路的电流放大倍数接近于1，它在组合电路中的作用类似于一个电流接续器，将共发射极电路的输出电流几乎不衰减地接续到输出负载 $R'_{L2}$ 上。因此组合电路的电流放大倍数相当于负载为 $R'_{L2}$ 的一级共发射极电路的放大倍数。此外，这种组合电路的输入电阻取决于共发射极组态，输出电阻取决于共基极组态。

实际上，在这种两级串接的组合电路中，后级的输入电阻就是前级的输出负载电阻，由于后级共基极组态的输入电阻很小，致使前级共发射极组态的电压放大倍数很小，因此，这种组合电路的电压放大倍数主要由共基极组态提供。通过分析这种组合电路的频率特性将会看到，利用接入共基极电路使共发射极组态的电压放大倍数小的特点，使这种组合电路特别适宜于高频工作。

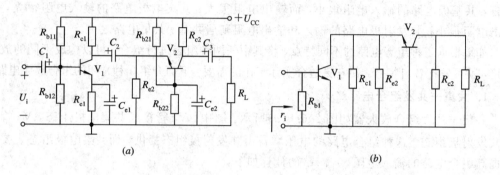

图 2.6.9　共发—共基极组合放大电路

(a) 共发—共基极组合电路；(b) 共发—共基极组合电路交流通路

电压放大倍数 $A_u$ 计算如下：

$$A_u = A_{u1} \cdot A_{u2}$$

$$A_{u1} = -\beta_1 \cdot \frac{R'_{L1}}{r_{be1}}$$

$$R'_{L1} = R_{c1} \mathbin{/\mkern-5mu/} R_{e2} \mathbin{/\mkern-5mu/} \frac{r_{be2}}{(1+\beta_2)}$$

$$A_{u2} = \beta_2 \cdot \frac{R'_{L2}}{r_{be2}}$$

$$R'_{L2} = R_{c2} \mathbin{/\mkern-5mu/} R_L$$

## *2.7　放大电路的频率特性

前面讨论、分析电路时，都把电路看成纯电阻性的，放大倍数与信号频率无关。而在实际电路里，三极管本身就具有电容效应，电路中通常也含有电抗元件。当放大电路输入信号的频率过低或过高时，不但放大电路的增益数值受到影响，而且增益相位也将发生改变。放大器对不同频率的交流信号有不同的放大倍数和相位移。放大电路输出电压幅值和相位都是频率的函数，分别称为幅频特性和相频特性，合称为频率特性。

图 2.7.1(a)是共发射极放大电路的幅频特性曲线。由图可见，在一个较宽频率范围

内，频率特性曲线是平坦的，放大倍数不随信号频率变化，这段频率范围称为中频，其电压放大倍数用 $A_{um}$ 表示。我们把放大倍数下降到 $(1/\sqrt{2})A_{um}$ 时对应的频率叫做下限频率 $f_L$ 和上限频率 $f_H$，夹在下限频率和上限频率间的频率范围称作通频带 $f_{BW}$。

$$f_{BW} = f_H - f_L \tag{2.7.1}$$

上式表征了放大电路对不同频率输入信号的响应能力。

从图 2.7.1(b) 所示的相频特性曲线可知，对不同的频率，相位移不同，中频段为 $-180°$，低频段比中频段超前，高频段比中频段滞后。

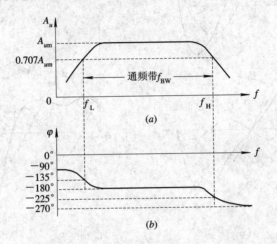

图 2.7.1 共发射极放大电路的频率特性

为了反映出放大器的频率特性，我们可以把电压放大倍数用复数量表示。电压放大倍数与频率的关系用 $A_u(f)$ 表示，输出电压与输入电压之间的相差 $\varphi$ 与频率的关系用 $\varphi(f)$ 表示，那么电压放大倍数

$$\dot{A}_u = \frac{\dot{U}_o}{\dot{U}_i} = A_u(f) \angle \varphi(f) \tag{2.7.2}$$

对于共发射极放大电路，电流放大倍数可用复数量表示为

$$\dot{\beta} = \frac{\dot{\beta}_0}{\left(1 + \mathrm{j}\dfrac{f}{f_\beta}\right)} \tag{2.7.3}$$

式中，$\dot{\beta}_0$ 为中频放大倍数；$f_\beta$ 为截止频率，它是 $|\dot{\beta}| = |\dot{\beta}_0|/\sqrt{2}$ 时的频率。

通过以上分析可知，由于放大电路的通频带有一定限制，当输入信号含有丰富的谐波时，不同频率分量得不到同等放大，就会改变各谐波之间的振幅比例和相位关系，输出波形将产生失真。

由放大器对不同频率信号的放大倍数大小不同所产生的失真叫幅频失真，如图 2.7.2(a) 所示；由放大器对不同频率信号的相位移不同所产生的失真叫相频失真，如图 2.7.2(b) 所示。这两种失真统称为频率失真。

下面我们来分析讨论共发射极放大电路的频率特性。为了便于讨论分析，将工作频率分成低、中、高三个频率，然后根据各自特点，分别将电路简化，得出各频段的频率特性，就可得到整个电路的频率特性。

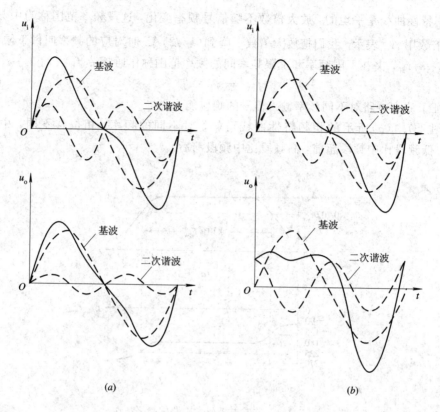

图 2.7.2　频率失真

## 1．放大器中频段的放大倍数

1）混合 π 型等效电路

　　$h$ 参数等效电路用于高频输入信号下的晶体管时，四个参数是与频率有关的复数，用起来很不方便。将晶体管内部各极间存在的电容效应包括在内，形成一个新等效电路，这就是混合 π 型等效电路，如图 2.7.3 所示。图中，$r_{bb'}$ 代表基区体电阻，$r_{b'e}$ 为发射区的体电阻与发射结的结电阻之和，$r_{b'c}$ 为集电区的体电阻与集电结的结电阻之和，$C_{b'e}$ 为发射结电

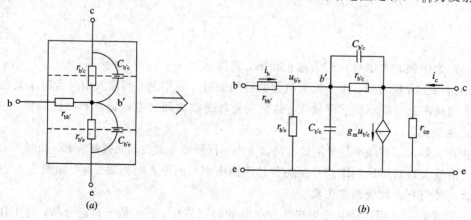

图 2.7.3　三极管的混合 π 型等效电路

（a）三极管等效电路；（b）混合 π 型等效电路

容，$C_{b'c}$ 为集电结电容。$u_{b'e}$ 为发射结上的交变电压，受控恒流源 $g_m u_{b'e}$ 表示了输入回路对输出回路的控制作用，其中 $g_m$ 表示单位的 $u_{b'e}$ 电压在集电极回路所引起的电流变化，称为跨导。

在图 2.7.3($b$) 中，因为集电结处于反向偏置，所以 $r_{b'c}$ 很大，可以看做开路，因而得到简化的混合 π 型等效电路如图 2.7.4($a$) 所示。$r_{ce}$ 通常比放大电路中集电极负载电阻 $R_c$ 大得多，可以看做开路，而在中频段可不计频率影响，故可以去掉 $C_{b'e}$ 和 $C_{b'c}$，最后得到如图 2.7.4($b$) 所示的等效电路。将其与图 2.7.4($c$) 所示简化等效电路相比较，并结合式 (2.3.12)，可有

$$r_{be} = r_{bb'} + r_{b'e} \approx r_{bb'} + (1+\beta)\frac{26}{I_{EQ}} \tag{2.7.4}$$

及

$$\beta i_b = g_m u_{b'e} = g_m i_b r_{b'e} \tag{2.7.5}$$

由上两式可得

$$r_{b'e} \approx (1+\beta)\frac{26}{I_{EQ}} \approx \frac{26\beta(\text{mV})}{I_{CQ}(\text{mA})} \tag{2.7.6}$$

$$g_m = \frac{\beta}{r_{b'e}} = \frac{\beta}{26\dfrac{\beta}{I_{CQ}}} = \frac{I_{CQ}}{26} \tag{2.7.7}$$

式 (2.7.6) 和式 (2.7.7) 表明，$r_{b'e}$、$g_m$ 等参数与工作点电流有关，$I_{CQ}$ 愈大，则 $r_{b'e}$ 愈小，$g_m$ 愈大。对于小功率管，$r_{b'b}$ 约为几十～几百欧姆，$r_{b'e}$ 为千欧姆数量级，$g_m$ 约为几十毫安/伏。$C_{b'c}$ 可以从手册上查到，$C_{b'e}$ 可按下式计算：

$$C_{b'e} \approx \frac{g_m}{2\pi f_T}$$

式中，$f_T$ 为三极管的特征频率，可从手册中查到。

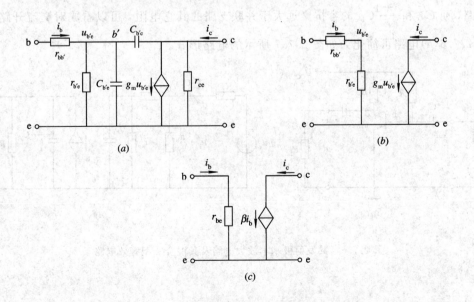

图 2.7.4  π 型等效电路与简化等效电路的关系

在进行电路分析时，我们希望把电路分为输入回路和输出回路，可用密勒效应[1]把图 2.7.4($a$)中 $C_{b'e}$ 等效为两个电容，如图 2.7.5 所示。一个电容在输入回路为

$$(1+k)C_{b'c} \tag{2.7.8}$$

另一个电容在输出回路为

$$\frac{k+1}{k}C_{b'c} \tag{2.7.9}$$

上两式中 $k=-\dfrac{u_{ce}}{u_{b'e}}$，设集电极负载为 $R_c$，则

$$k=\frac{g_m u_{b'e} R_c'}{u_{b'e}}=g_m R_c' \tag{2.7.10}$$

其中 $R_c'=R_c /\!/ r_{ce}$。

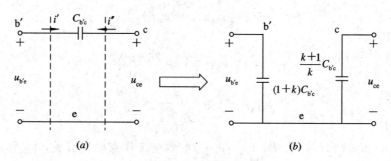

图 2.7.5　$C_{b'c}$ 的简化

### 2）共发射极放大电路的中频放大倍数

图 2.7.6($a$)所示的共发射极放大电路的混合 π 型等效电路如图 2.7.6($b$)所示，其中，$C_{b'e}'=C_{b'e}+(1+k)C_{b'c}$。在中频段 $C_1$ 的容抗远小于串联回路中的其它电阻，可以看成对交流短路，而 $C_{b'c}'$ 和 $\dfrac{k+1}{k}C_{b'c}$ 的容抗又远大于并联支路的其它电阻，可以看成对交流开路。所以图 2.7.6($b$)电路可简化为如图 2.7.7 所示的电路形式。

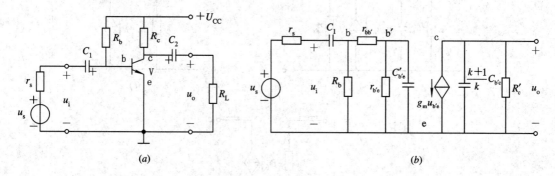

图 2.7.6　共发射极基本放大电路及其混合 π 型等效电路

---

①　参见童诗白主编《模拟电子技术基础》上册，第 126 页，人民教育出版社，1980 年。

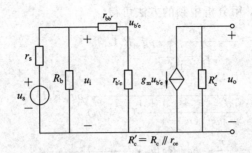

图 2.7.7　共发射极基本放大电路的中频段等效电路

在图 2.7.7 所示电路中，输入电阻

$$r_i = R_b \; // \; (r_{bb'} + r_{b'e}) \tag{2.7.11}$$

设

$$p = \frac{r_{b'e}}{r_{bb'} + r_{b'e}} \tag{2.7.12}$$

则

$$u_{b'e} = p u_i \tag{2.7.13}$$

$$u_o = - g_m u_{b'e} R_c' = - g_m p u_i R_c' \tag{2.7.14}$$

又 $u_i = \dfrac{r_i}{r_s + r_i} u_s$，所以

$$u_o = - \frac{r_i}{r_s + r_i} \cdot p g_m R_c' u_s$$

中频电压放大倍数

$$A_{usm} = \frac{u_o}{u_s} = - \frac{r_i}{r_s + r_i} p g_m R_c' \tag{2.7.15}$$

上式表明，中频电压放大倍数与频率无关。

**2. 放大器的低频段频率特性**

所谓低频段，是指工作频率已低到电容 $C_1$ 和 $C_2$ 的容抗不能再忽略的程度，在电路中共发射极电路的输入阻抗小，$C_1$ 的容抗不可忽略，而 $C_2$ 的容抗相对于输出电阻仍然可以忽略。

另外，$C_{b'e}'$ 和 $\dfrac{k+1}{k} C_{b'c}$ 的容抗大，仍可当作开路，所以，共射极放大电路低频段的等效电路可简化为如图 2.7.8 所示的电路。

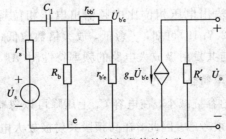

图 2.7.8　低频段等效电路

根据图 2.7.8 电路，用分析中频的方法可得

$$\dot{U}_o = -\frac{r_i}{r_s + r_i + \dfrac{1}{j\omega C_1}} pg_m R'_c \dot{U}_s$$

$$= -\frac{r_i}{\dfrac{j\omega C_1(r_s + r_i) + 1}{j\omega C_1(r_s + r_i)}(r_s + r_i)} pg_m R'_c \dot{U}_s$$

$$= -\frac{r_i}{r_s + r_i} pg_m R'_c \dot{U}_s \cdot \frac{1}{1 + \dfrac{1}{j\omega(r_s + r_i)C_1}}$$

时间常数

$$\tau_L = (r_s + r_i)C_1 \tag{2.7.16}$$

下限频率

$$f_L = \frac{1}{2\pi\tau_L} = \frac{1}{2\pi(r_s + r_i)C_1} \tag{2.7.17}$$

则低频放大倍数

$$\dot{A}_{usl} = A_{usm} \frac{1}{1 + \dfrac{1}{j\omega\tau_L}} = A_{usm} \frac{1}{1 + \dfrac{1}{j2\pi f\tau_L}} = A_{usm} \frac{1}{1 - j\dfrac{f_L}{f}} \tag{2.7.18}$$

由式(2.7.18)可得低频放大倍数与中频放大倍数的比

$$\frac{\dot{A}_{usl}}{A_{usm}} = \frac{1}{1 - j\dfrac{f_L}{f}} = \frac{1}{\sqrt{1 + \left(\dfrac{f_L}{f}\right)^2}} \angle \arctan\frac{f_L}{f} \tag{2.7.19}$$

上式又可用幅值和相移形式分别表示如下：

$$\frac{|\dot{A}_{usl}|}{A_{usm}} = \frac{1}{\sqrt{1 + \left(\dfrac{f_L}{f}\right)^2}}$$

$$\varphi_L = \arctan\frac{f_L}{f}$$

当 $\dfrac{|\dot{A}_{usl}|}{A_{usm}} = \dfrac{1}{\sqrt{2}}$，有

$$f = f_L$$

$$\arctan\frac{f_L}{f} = 45°$$

$f_L$ 为下限频率，$f = f_L$ 时输出电压相位比中频输出电压相位超前 45°，比输入电压滞后 135°。由式(2.7.18)和式(2.7.19)可知，$f$ 愈低，放大倍数愈低；时间常数愈大，$f_L$ 愈低，放大器低频响应愈好。这与共发射极放大电路的频率特性图(图 2.7.1)是一致的。

**3. 放大器的高频段频率特性**

在高频段，由于电容的容抗减小，在电容 $C_1$ 上压降可以忽略，但在并联支路的 $C_{b'c}$ 和 $C'_{b'e}$ 的影响变得突出了，必须考虑。因此，在高频段共射极放大电路的等效电路可简化为如图 2.7.9 所示的电路。

为了简化电路，先比较输入回路与输出回路的时间常数。对输入回路

$$\tau' = \{r_{b'e} \mathbin{/\!/} [r_{bb'} + (R_b \mathbin{/\!/} r_s)]\} C'_{b'e} \tag{2.7.20}$$

$C'_{b'e}$是根据密勒效应将$C_{b'e}$和$C_{b'c}$结合到输入回路的等效电容。

对输出回路

$$\tau'' = R'_c \frac{k+1}{k} C_{b'c}$$

一般情况下，$\tau' \ll \tau''$，所以相比之下$\dfrac{k+1}{k} C_{b'c}$可忽略，再利用戴维南定理将输入电路进行简化，则图 2.7.9 电路又可简化为如图 2.7.10 所示的电路。

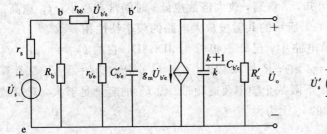

图 2.7.9　高频段等效电路

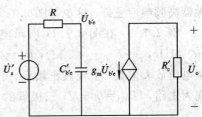

图 2.7.10　简化高频等效电路

图 2.7.10 中，

$$\dot{U}'_s = \frac{r_i}{r_s + r_i} p \dot{U}_s$$

$$R = r_{b'e} \mathbin{/\!/} [r_{bb'} + (r_s \mathbin{/\!/} R_b)]$$

$r_i$ 与 $p$ 的意义前面式(2.7.11)及(2.7.12)已说明。

又

$$\dot{U}_{b'e} = \frac{\dfrac{1}{j\omega C'_{b'e}}}{R + \dfrac{1}{j\omega C'_{b'e}}} \dot{U}'_s = \frac{1}{1 + j\omega R C'_{b'e}} \dot{U}'_s$$

则输出电压

$$\dot{U}_o = - g_m \dot{U}_{b'e} R'_c = - \frac{r_i}{r_s + r_i} p g_m R'_c \frac{1}{1 + j\omega R C'_{b'e}} \dot{U}_s$$

放大倍数

$$\dot{A}_{usm} = \frac{\dot{U}_o}{\dot{U}_s} = A_{usm} \frac{1}{1 + j\omega R C'_{b'e}}$$

时间常数

$$\tau_H = R C'_{b'e} \tag{2.7.21}$$

上限频率

$$f_H = \frac{1}{2\pi\tau_H} = \frac{1}{2\pi R C'_{b'e}} \tag{2.7.22}$$

则

$$\dot{A}_{ush} = \frac{\dot{U}_o}{\dot{U}_S} = A_{usm} \frac{1}{1 + j\omega RC'_{b'e}} = A_{usm} \frac{1}{1 + j\dfrac{f}{f_H}} \qquad (2.7.23)$$

$$\frac{\dot{A}_{ush}}{A_{usm}} = \frac{1}{1 + j\dfrac{f}{f_H}} = \frac{1}{\sqrt{1 + \left(\dfrac{f}{f_H}\right)^2}} \angle -\arctan\frac{f}{f_H} \qquad (2.7.24)$$

当 $\left|\dfrac{\dot{A}_{ush}}{A_{usm}}\right| = \dfrac{1}{\sqrt{2}}$，得

$$f = f_H$$

$f_H$ 为上限频率。$f = f_H$ 时，输出电压相位比中频输出电压相位滞后 45°，比输入电压滞后 225°，依(2.7.23)和(2.7.24)式可知，$f$ 愈高，放大倍数愈低；时间常数越小，$f_H$ 愈高，放大器高频响应愈好。这也与图 2.7.1 所示的共射极放大电路的频率特性相一致。

**例 2.7.1** 在图 2.7.11 所示电路中，已知三极管为 3DG8D，它的 $C_{b'c} = 4$ pF，$f_T = 150$ MHz，$\beta = 50$，$r_s = 2$ kΩ，$R_c = 2$ kΩ，$R_b = 220$ kΩ，$C_1 = 0.1$ μF；$U_{CC} = 5$ V。试计算中频电压放大倍数、上限截止频率、下限截止频率及通频带。设 $C_2$ 的容量足够大，对交流可视为短路，$U_{BEQ} = 0.6$ V；三极管的 $r_{ce}$ 无穷大。

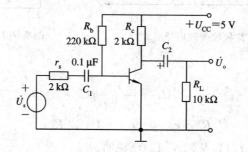

图 2.7.11 例 2.7.1 图

**解** （1）求静态工作点。

$$I_{BQ} = \frac{U_{CC} - U_{BEQ}}{R_b} = \frac{5 - 0.6}{220} = 0.02 \text{ mA} = 20 \text{ μA}$$

$$I_{CQ} = \beta I_{BQ} = 0.02 \times 50 = 1 \text{ mA}$$

$$U_{CEQ} = U_{CC} - I_c R_c = 5 - 1 \times 2 = 3 \text{ V}$$

（2）计算中频电压放大倍数 $A_{usm}$。

$$r_{b'e} \approx \frac{26\beta}{I_c} = \frac{26 \times 50}{1} = 1300 \text{ Ω}$$

$$r_{be} = r_{b'e} + r_{bb'} \approx 1.3 + 0.3 = 1.6 \text{ kΩ}$$

$$r_i = R_b \mathbin{/\mkern-5mu/} (r_{bb'} + r_{b'e}) \approx r_{bb'} + r_{b'e}$$
$$= 300 + 1300 = 1600 \text{ Ω} = 1.6 \text{ kΩ}$$

$$p = \frac{r_{b'e}}{r_{b'e} + r_{bb'}} = \frac{1.3}{1.6} = 0.81$$

$$R'_L = R_c \mathbin{/\mkern-5mu/} R_L = \frac{2 \times 10}{2 + 10} = 1.67 \text{ kΩ}$$

$$g_m = \frac{I_c}{26} = 0.0385 \text{ mA/mV} = 38.5 \text{ mA/V}$$

所以中频电压放大倍数

$$A_{usm} = -\frac{r_i}{r_s + r_i} p g_m R'_L = -\frac{1.6}{2+1.6} \times 0.81 \times 38.5 \times 1.67 = -23.1$$

（3）计算上限频率。

$$C_{b'e} \approx \frac{g_m}{2\pi f_T} = \frac{38.5 \times 10^{-3}}{2\pi \times 150 \times 10^6} = 41 \times 10^{-12} \text{ F} = 41 \text{ pF}$$

$$C'_{b'e} = C_{b'e} + (1+k)C_{b'c}$$

其中

$$k = g_m R'_L = 38.5 \times 1.67 = 64.3$$

所以

$$C'_{b'e} = 41 + (1+64.3) \times 4 = 302 \text{ pF}$$

$$R = r_{b'e} \text{ // } [r_{bb'} + (r_s \text{ // } R_b)]$$

其中

$$r_s \text{ // } R_b = \frac{r_s R_b}{r_s + R_b} = \frac{2 \times 220}{2 + 220} = 2 \text{ k}\Omega$$

$$r_{bb'} + (r_s \text{ // } R_b) \approx 0.3 + 2 = 2.3 \text{ k}\Omega$$

$$r_{b'e} = 1.3 \text{ k}\Omega$$

所以

$$R = \frac{1.3 \times 2.3}{1.3 + 2.3} = 0.83 \text{ k}\Omega$$

$$\tau_H = R C'_{b'e} = 0.83 \times 10^3 \times 302 \times 10^{-12} = 0.25 \times 10^{-6} \text{ s} = 0.25 \text{ } \mu s$$

所以上限频率

$$f_H = \frac{1}{2\pi \tau_H} = \frac{1}{2\pi \times 0.25 \times 10^{-6}} = 0.63 \times 10^6 \text{ Hz} = 0.63 \text{ MHz}$$

（4）计算下限频率。

$$\tau_L = (r_s + r_i)C_1 = (2+1.6) \times 10^3 \times 0.1 \times 10^{-6}$$
$$= 3.6 \times 10^{-4} \text{ s} = 0.36 \text{ ms}$$

所以下限频率

$$f_L = \frac{1}{2\pi \tau_L} = \frac{1}{2\pi \times 3.6 \times 10^{-4}} = 0.044 \times 10^4 \text{ Hz} \approx 440 \text{ Hz}$$

（5）计算通频带。

$$f_{BW} = f_H - f_L = 0.63 - 440 \times 10^{-6} \approx 0.63 \text{ MHz}$$

## 思 考 题

2.1 基本放大电路由哪些必不可少的部分组成？各元件有什么作用？

2.2 试画出 PNP 型三极管的基本放大电路，并注明电源的实际极性，以及各极实际电流方向。

2.3　在哪些情况下，工作点沿直流负载线移动？在哪些情况下，工作点沿交流负载线移动？实际上工作点有没有可能到达交流负载线的上顶端和下顶端？为什么？

2.4　什么是放大电路中的动态电阻，它与直流电阻和一般的交流电阻有什么区别和联系？它们的测量方法有什么不同？如何测量放大器的输入电阻和输出电阻？

2.5　如果没有三极管的输出特性曲线，如何检验放大电路的最大输出电压和动态范围？

2.6　有一只晶体管，当基极电流 $I_B$ 由 2 mA 增加到 5 mA 时，集电极电流 $I_C$ 从 100 mA 增加到 250 mA。

(1) 求 $I_B$＝2 mA、5 mA 时发射极电流的大小。

(2) 求 $I_B$ 从 2 mA 变到 5 mA 时，基极电流、集电极电流、发射极电流的增量 $\Delta I_B$、$\Delta I_C$、$\Delta I_E$。

2.7　某放大电路不带负载时，测出其输出电压为 1.5 V，而带上负载 $R_L$＝6.8 kΩ 时（设输入信号不变），输出电压变为 1 V，求输出电阻 $r_o$。又若放大电路的 $r_o$＝600 Ω，空载时输出电压为 2 V，问接上负载 $R_L$＝2.4 kΩ 时，输出电压降为多少（设输入信号不变）？

2.8　在下面的练习题题 2.2 图(a)中，若测得 $U_{CE}≈U_{CC}$，三极管工作在什么状态？应如何调节 $R_b$ 使三极管工作在放大状态？若测得 $U_{CE}≈0$，三极管又工作在什么状态？应如何调节 $R_b$ 使三极管工作在放大状态？

# 练 习 题

2.1　题 2.1 图(a)所示共发射极电路，三极管的输出特性如题 2.1 图(b)所示。

(1) 作出负载线。

(2) 若没有输入信号时，集电极电流为 2 mA，则偏置电流应为多少？

(3) 当输入信号电流为 $5×10^{-6}\sin\omega t$ (A)时，输出信号电流 $I_C$ 如何变化？

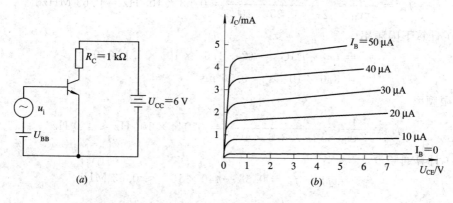

题 2.1 图

(a) 发射极接地放大电路；(b) 输出特性曲线

2.2　在如题 2.2 图(a)所示的晶体管放大电路中，已知 $U_{CC}$＝12 V，$R_c$＝3 kΩ，$R_b$＝226 kΩ，$R_L$＝3 kΩ，输出特性曲线如题 2.2 图(b)所示。设 $U_{BE}$＝0.7 V。

(1) 用图解法确定各静态值 $I_{BQ}$，$I_{CQ}$，$U_{CEQ}$；

（2）画出交流负载线，确定最大不失真输出电压幅值。

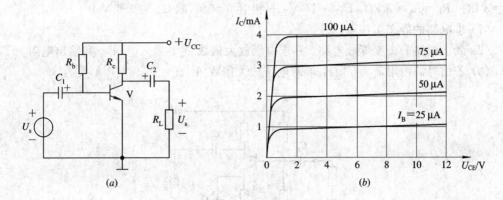

题 2.2 图

2.3 上题中各条件不变。

（1）如改变 $R_b$，使 $U_{CE}=3$ V，试用直流通路求 $R_b$ 的大小；如改变 $R_b$，使 $I_C=1.5$ mA，$R_b$ 又等于多少？并分别在特性曲线上作出静态工作点。

（2）若 $U_{CC}=10$ V，并要求 $U_{CE}=5$ V，$I_C=2$ mA，试求 $R_c$ 和 $R_b$ 的阻值。

（3）在调整工作点时，如不小心把 $R_b$ 调至零，这时三极管是否会损坏？为什么？如会损坏的话，电路可采取什么措施加以避免？

2.4 在如题 2.2 图（a）所示的晶体管放大电路中，设 $U_{CC}=12$ V，$R_c=2$ kΩ，$R_b=300$ kΩ，$R_L=2$ kΩ，三极管 $\beta=40$，$U_{BE}=0.7$ V。

（1）试求放大电路的静态工作点；

（2）画出电路的微变等效电路；

（3）求电路的电压放大倍数 $A_u$、输入电阻 $r_i$ 和输出电阻 $r_o$。

2.5 试判断题 2.5 图中各个电路能不能放大交流信号，为什么？

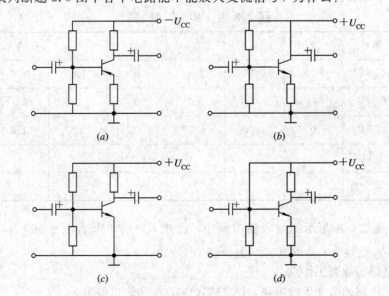

题 2.5 图

2.6 在题 2.6 图所示的分压式偏置电压放大电路中，已知 $R_{b1}=27$ kΩ，$R_{b2}=12$ kΩ，$R_e=3$ kΩ，$R_C=R_L=3$ kΩ，$U_{CC}=15$ V，三极管 $\beta=50$，取 $U_{BE}=0.6$ V。

（1）求电路的静态工作点。

（2）画出电路的微变等效电路，并求电压放大倍数 $A_u$、输入电阻 $r_i$ 和输出电阻 $r_o$。

（3）若信号源内阻 $r_s=1$ kΩ，求源电压放大倍数 $A_{us}$。

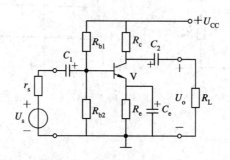

题 2.6 图

2.7 把题 2.6 图中的发射极交流旁路电容 $C_e$ 去掉。

（1）问电路的静态值是否会发生变化。

（2）画出电路的微变等效电路。

（3）计算电压放大倍数 $A_u$、输入电阻 $r_i$ 和输出电阻 $r_o$，并讨论发射极电阻 $R_e$ 对电压放大倍数的影响。

2.8 题 2.6 图所示分压式偏置电压放大电路中，设 $R_{b1}=105$ kΩ，$R_{b2}=15$ kΩ，$R_e=1$ kΩ，$R_C=R_L=5$ kΩ，$U_{CC}=12$ V。有六个同学在实验中用直流电压表测得三极管各极电压如题 2.8 表所示。请说明各电路的工作状态是否合适。如不合适，试分析可能出现了什么问题（如某元件开路或短路）。

题 2.8 表　实　验　数　据

| 组号 | 1 | 2 | 3 | 4 | 5 | 6 |
|---|---|---|---|---|---|---|
| $U_B/V$ | 1 | 0.75 | 1.4 | 0 | 1.5 | 1.4 |
| $U_E/V$ | 0 | 0 | 0.7 | 0 | 0 | 0.7 |
| $U_C/V$ | 0 | 0.3 | 8.5 | 12 | 12 | 4.3 |
| 工作状态 | | | | | | |
| 故障分析 | | | | | | |

2.9 在题 2.9 图所示的射极输出器中，已知 $R_b=420$ kΩ，$r_s=500$ Ω，$R_e=3$ kΩ，$R_L=3$ kΩ，$U_{CC}=12$ V，三极管 $\beta=80$，取 $U_{BE}=0.6$ V。

（1）求电路的静态工作点。

（2）画出电路的微变等效电路，并求输入电阻 $r_i$ 和输出电阻 $r_o$。

（3）计算从空载到接上 $R_L=6.2$ kΩ 电路的电压放大倍数的相对变化量 $(A_{uo}-A_{uL})/A_{uo}$。

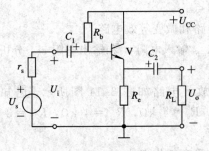

题 2.9 图

2.10 在题 2.10 图的射极输出器中，已知 $r_s = 50\ \Omega$，$R_{b1} = 100\ \text{k}\Omega$，$R_{b2} = 30\ \text{k}\Omega$，$R_e = 1\ \text{k}\Omega$，晶体管的 $\beta = 50$，$r_{be} = 1\ \text{k}\Omega$，试画出电路的微变等效电路，并求 $A_u$、$r_i$ 和 $r_o$。

2.11 在题 2.11 图中，$U_{CC} = 12\ \text{V}$，$R_c = 2\ \text{k}\Omega$，$R_e = 2\ \text{k}\Omega$，$R_b = 300\ \text{k}\Omega$，晶体管的 $\beta = 50$。电路有两个输出端。试求：（1）电压放大倍数 $A_{u1} = \dfrac{U_{o1}}{U_i}$ 和 $A_{u2} = \dfrac{U_{o2}}{U_i}$；（2）输出电阻 $r_{o1}$ 和 $r_{o2}$。

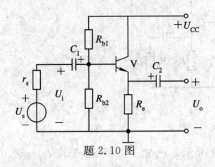

题 2.10 图

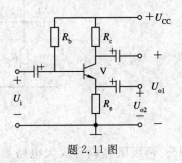

题 2.11 图

2.12 题 2.12 图是电压负反馈偏置电路，当温度变化引起静态工作点变化时，它能够将集电极电压 $U_{CE}$ 的变化情况反馈到输入端来，控制 $I_B$、$I_C$ 向相反的趋势变化，从而稳定静态工作点。图中，$U_{CC} = 9\ \text{V}$，$R_c = 1\ \text{k}\Omega$，$R_b = 200\ \text{k}\Omega$，三极管 $\beta = 50$，$U_{BE} = 0.7\ \text{V}$。

（1）求静态工作点 $Q$。

（2）若 $\beta$、$U_{CC}$、$U_{BE}$ 不变，要求 $U_{CE} = 5\ \text{V}$，$I_C = 1\ \text{mA}$，则 $R_c$、$R_b$ 应各为多少？

（3）试说明该电路稳定静态工作点的原理。

2.13 在题 2.13 图所示电路中，已知 $R_{b1} = 60\ \text{k}\Omega$，$R_{b2} = 20\ \text{k}\Omega$，$R_c = 3\ \text{k}\Omega$，$R_L = 3\ \text{k}\Omega$，$R_{e1} = 100\ \Omega$，$R_{e2} = 2\ \text{k}\Omega$，$U_{CC} = 16\ \text{V}$，三极管 $\beta = 50$，取 $U_{BE} = 0.7\ \text{V}$。

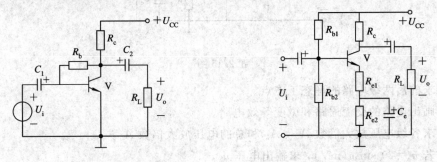

题 2.12 图          题 2.13 图

（1）求电路的静态工作点。

（2）画出电路的交流通路和微变等效电路。

（3）求电压放大倍数 $A_u$、输入电阻 $r_i$ 和输出电阻 $r_o$，分析电阻 $R_{e1}$ 对电压放大倍数 $A_u$ 和输入电阻 $r_i$ 的影响。

2.14　两级阻容耦合放大电路如题 2.14 图所示，已知 $U_{CC}=12$ V，$R_{b1}=30$ kΩ，$R_{b2}=20$ kΩ，$R_{b3}=300$ kΩ，$R_c=4$ kΩ，$R_{e1}=4$ kΩ，$R_{e2}=3$ kΩ，$R_L=1.5$ kΩ，三极管 $\beta_1=\beta_2=50$，取 $U_{BE}=0.6$ V。

（1）求前后两级电路的静态工作点。

（2）画出电路的交流通路和微变等效电路。

（3）求各级电压放大倍数 $A_{u1}$、$A_{u2}$ 和总的电压放大倍数 $A_u$。

（4）求放大电路总的输出电阻 $r_o$，体会输出级采用射极输出器的好处。

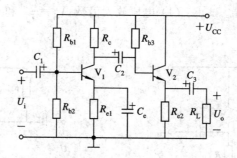

题 2.14 图

2.15　两级阻容耦合放大电路如题 2.15 图所示，已知 $U_{CC}=20$ V，$R_{b1}=820$ kΩ，$R_{b2}=62$ kΩ，$R_{b3}=33$ kΩ，$R_c=6.2$ kΩ，$R_{e1}=10$ kΩ，$R_{e2}=50$ Ω，$R_{e3}=5.6$ kΩ，$R_L=6.2$ kΩ，三极管 $\beta_1=60$，$\beta_2=50$，取 $U_{BE}=0.6$ V。

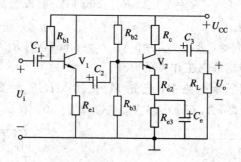

题 2.15 图

（1）求前后两级电路的静态工作点。

（2）画出电路的交流通路和微变等效电路。

（3）求各级电压放大倍数 $A_{u1}$、$A_{u2}$ 和总的电压放大倍数 $A_u$。

（4）若 $u_i=20\sin\omega t(\text{mV})$，求输出电压 $u_o$。

（5）求放大电路总的输入电阻 $r_i$，体会输入级采用射极输出器的好处。

2.16 题 2.16 图所示为三级放大电路。当输入电压 $U_i$ 为 15 μV、输出电压 $U_o$ 为 15 V 时，回答下列问题：

（1）总的增益 $G_v$ 是多少 dB?

（2）放大器 $AMP_3$ 的增益是多少 dB?

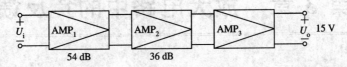

题 2.16 图

2.17 什么是频率失真? 某放大器的 $f_L = 100$ Hz，$f_H = 1$ MHz，现输入频率为 2 MHz 的正弦波，则输出信号波形有无失真? 若输入信号是由 100 kHz 和 2 MHz 两种频率分量组成的，则输出波形有无失真?

# 第 3 章　放大电路中的负反馈

在第 2 章中我们学过了一些基本的放大电路。这些电路尽管对信号有放大作用，但其性能往往不够理想。比如，实际使用的放大电路放大倍数应当非常稳定，其输入电阻有时要求非常大，有时要求非常小，其输出信号最好不随负载而变，等等。对于这些要求，前述基本放大电路一般是不能满足的。为此，必须在这些基本放大电路上加入负反馈。正确引入反馈可以大大改善电路的工作性能。实际上，几乎所有的实用放大器都带有反馈。因此，反馈问题是模拟电子技术中最重要的内容之一。

## 实训 3　负反馈放大器的性能

### （一）实训目的

（1）初步接触负反馈放大器，通过对有负反馈和无负反馈放大器性能的比较，体会负反馈改善放大器性能的作用。

（2）进一步提高焊接电路的水平。

（3）进一步熟悉几种常用测量仪器的使用。

（4）进一步掌握放大器性能的测试方法。

### （二）预习要求

（1）复习单级和多级放大器原理。

（2）课下在万能实验板上按实训电路图焊好电路。焊接时注意为改变元器件位置或用仪器测量留有足够的空间。（教师做重点指导）

（3）预习信号发生器、示波器、万用表的使用方法。

### （三）实训原理

#### 1. 反馈的概念

在放大器电路中，所谓反馈，就是把部分或全部输出信号经过一定的反馈网络引回到输入端形成反馈信号，与原输入信号叠加后作为输入信号去控制输出。这样做使得输出信号不仅与输入信号有关，还与输出信号有关。即所谓"输出本身影响输出"。

按照反馈的极性划分，反馈可分为正反馈和负反馈。在正反馈中，反馈信号和输入信号在输入端相加；在负反馈中，反馈信号和输入信号在输入端相减。这里我们首先接触负反馈电路，暂不涉及正反馈电路。

### 2. 无负反馈放大器的不足

前面两章中所讲的基本放大器中一般没有负反馈，因而放大的性能指标不够理想。主要表现在放大倍数不稳、输入电阻不符合要求、输出信号受负载变化的影响、非线性失真较大等。这些不足限制了基本放大器的使用。

### 3. 负反馈放大器改善电路性能

引入负反馈的放大器称为负反馈放大器。引入了负反馈后，可使放大器的很多性能得到改善，主要是提高电路的稳定性，改变电路的输入、输出电阻，改善电路的非线性失真，改善电路的频率特性等。因此，负反馈在各种放大器电路中应用十分广泛。

### 4. 实训电路

实训电路如实图 3.1 所示。实训中通过测量两级基本阻容放大器和负反馈放大器，对其性能参数进行比较，初步体会负反馈对于改善放大器各项性能所起的作用。为后面的理论课学习打下实际操作的基础。

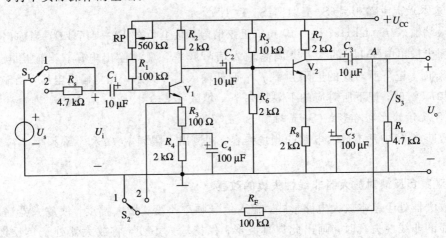

实图 3.1　负反馈放大电路

实图 3.1 中，电阻 $R_F$ 为反馈电阻，它的一端接在输出端（$A$ 点），另一端接在开关 $S_2$ 上。若 $S_2$ 接 1，则未加负反馈；若 $S_2$ 接 2，则输出信号经 $R_F$ 加到了输入端形成负反馈。在这里 $R_F$ 所起的反馈作用应是电压串联负反馈。除电压串联负反馈外，还有电流串联、电压并联、电流并联几种负反馈。我们暂不涉及这些负反馈类型，也不研究它们的具体含义，仅仅观测电压串联负反馈会产生哪些影响。

## （四）实训内容

将实图 3.1 电路接上 +12 V 直流稳压电源。

### 1. 测量电路的静态工作点

令输入信号为零，用万用表测量出 $V_1$ 与 $V_2$ 的基极、集电极、发射极电位 $U_{B1}$、$U_{C1}$、$U_{E1}$、$U_{B2}$、$U_{C2}$、$U_{E2}$ 值的大小，记录于自拟的数据表格中。调节 RP 使 $V_1$ 的集电极静态电流 $I_{C1}$ 为 1 mA 左右。

### 2. 测量基本放大器的放大倍数、输入电阻和输出电阻

（1）开关 $S_1$ 置"1"位置，把反馈网络从 $A$ 点断开，在输入端接低频信号发生器，输入

频率为 $f=1\text{ kHz}$、电压为 $U_i=10\text{ mV}$ 的正弦信号，从输出端分别测量不接负载电阻 $R_L$ 和接负载电阻 $R_L$ 两种情况下的输出电压 $U_o$、$U_{oL}$，计算出电压放大倍数 $A_u$、输出电阻 $r_o$（$=(U_o-U_{oL})R_L/U_{oL}$），填入实表 3.1 中。

（2）$S_1$ 置"2"位置，将 $R_s=4.7\text{ k}\Omega$ 接入回路，调节信号源电压，同时保持 $U_i=10\text{ mV}$ 不变，测出此时信号源电压 $U_s$ 值的大小，计算出输入电阻 $r_i$（$=U_iR_s/(U_s-U_i)$）值，填入实表 3.1 中。

**3. 测量电压串联负反馈放大器的放大倍数、输入电阻和输出电阻**

$S_1$ 置"1"位，将反馈网络从 $A$ 点接上，$S_2$ 置"2"位，便构成电压串联负反馈。使输入信号仍为 $f=1\text{ kHz}$、$U_i=10\text{ mV}$，按实训内容 2. 测量加了负反馈后的输入电压、无负载输出电压、有负载输出电压及信号源电压 $U_{if}$、$U_{of}$、$U_{oLf}$、$U_s$，并计算出有负反馈后的电压放大倍数、输出电阻及输入电阻 $A_{uf}$、$r_{of}$、$r_{if}$，填入实表 3.1 中。

**4. 测量基本放大电路与负反馈放大电路的频率特性**

1）基本放大电路形式（$S_1$ 置"1"，$S_2$ 置"1"）

输入端输入 $f=1\text{ kHz}$、$U_i=10\text{ mV}$ 正弦信号，接上负载 $R_L=4.7\text{ k}\Omega$，当输出波形不失真时测出输出电压 $U_{oL}$ 的大小。调高输入信号频率，观测输出电压，当输出电压降为 $0.707U_{oL}$ 时，记下所对应的上限频率 $f_H$；调低输入信号频率，观测输出电压，当输出电压降为 $0.707U_{oL}$ 时，记下所对应的下限频率 $f_L$，填入实表 3.1 中。

2）负反馈放大电路形式（$S_1$ 置"1"，$S_2$ 置"2"）

重复步骤 1）中基本放大电路的测量内容，即测出上限频率 $f_{Hf}$ 和下限频率 $f_{Lf}$，填入实表 3.1 中。

**5. 观察负反馈对放大器非线性失真的改善**

将放大器处于基本放大电路形式，输入信号频率不变，增大幅度，使放大器输出波形产生明显的非线性失真时，画出此失真波形；保持输入不变，将放大器处于负反馈形式，描下此时的输出波形，再适当增大输入信号，而维持输出电压幅值不变，以此分析非线性失真的改善程度。

**实表 3.1  放大电路的部分参数**

| 基本放大器 | $U_i$ | $U_o$ | $U_{oL}$ | $U_s$ | $A_u$ | $r_o$ | $r_i$ | $f_H$ | $f_L$ |
|---|---|---|---|---|---|---|---|---|---|
| 电压串联负反馈放大器 | $U_{if}$ | $U_{of}$ | $U_{oLf}$ | $U_s$ | $A_{uf}$ | $r_{of}$ | $r_{if}$ | $f_{Hf}$ | $f_{Lf}$ |

## （五）实训报告

（1）整理数据，完成表格。

（2）画出无反馈和有负反馈两种情况下的频率响应特性曲线。

（3）根据测量、观察的结果，总结出负反馈对放大器的哪些性能有影响，各是如何影响的。

## （六）思考题

经过实训，你是否产生了下列待解答的问题：

（1）负反馈分为哪些类型？如何划分和判断不同类型的负反馈？不同类型负反馈对放大器性能的影响是否相同？

（2）负反馈对放大器性能产生影响的具体原理是什么？如何进行分析？

（3）欲增大（或减小）放大器的输入电阻，应引入何种负反馈？欲增大（或减小）放大器的输出电阻，应引入何种负反馈？如何按要求在放大器中正确引入负反馈？

请带着上述问题参加后面的理论课学习，在学习中求得解答。

# 3.1 反馈的基本概念

## 3.1.1 集成运算放大器简介

为了使读者对反馈的概念更容易理解，我们将分立元件电路中的反馈与集成电路（主要是集成运算放大器）中的反馈同时进行介绍。为此，这里先简要介绍集成运算放大器（简称集成运放）。关于集成运放的详细讲解则留到第 4 章进行。

集成运放实质上是一个多级直接耦合的高电压放大倍数的放大器。由于在初期运算放大器主要是用于各种数学运算，故至今仍保留着这个名字。不过，随着电子技术特别是集成技术的迅速发展，集成运放的各项性能不断提高，其应用领域已远远超出了数学运算的范围。在控制、仪表、测量等领域，集成运放都发挥着十分重要的作用。

集成运放的内部电路随型号不同而不同，但其基本电路结构却有共同之处。集成运放的符号如图 3.1.1 所示，它有两个输入端：一个称为同相输入端，在符号图中标以"＋"号；另一个称为反相输入端，在符号图中标以"－"号。有一个输出端，在符号图中也标以"＋"号，但画在与输入端相对的另一侧。若将反相输入端接地，将输入信号加到同相输入端，则输出信号与输入信号极性相同；若将同相输入端接地，而将输入信号加到反相输入端，则输出信号与输入信号极性相反。集成运放的引脚除输入、输出端外，还有正、负电源端、调零端（有的运放未设调零端）等。

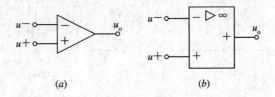

$(a)$        $(b)$

图 3.1.1 集成运算放大器

$(a)$ 以往用过的图形符号；$(b)$ 新标准的图形符号

在理想情况下，运放的输出电压与输入端的电压之差成正比，即

$$u_{\mathrm{o}} = A_{\mathrm{od}}(u_{-} - u_{+}) = A_{\mathrm{od}} u_{\mathrm{id}}$$

式中，$u_{id}=u_- - u_+$ 为两输入端之间的电压，称为差模输入电压（见第 4 章差动放大电路中有关内容）；$A_{od}$ 称为运放的开环差模电压放大倍数，或称开环增益。开环是指运放没有引入反馈；若引入反馈，则称为闭环。运放的 $A_{od}$ 很高，通常用分贝（dB）表示，即 $20\lg|A_{od}|$，其值一般可达 100 dB，高的可达 140 dB。

后面将会看到，由于运放具有同相和反相两个输入端，因而可以利用外加反馈网络获得正反馈和负反馈两种不同的反馈特性。由于运放的开环差模电压放大倍数很大，因而可以对其引入很深的负反馈，使放大器的性能得以改善，计算与调节也变得非常简单。

### 3.1.2　反馈的基本概念

所谓反馈，就是将放大电路输出回路信号的一部分或全部，通过反馈网络回送到输入回路从而影响（增强或削弱）净输入信号的过程。使净输入信号增强的为正反馈，使净输入信号削弱的为负反馈。这样，在反馈电路中，电路的输出不仅取决于输入，而且还取决于输出本身，因而就有可能使电路根据输出状况自动地对输出进行调节，达到改善电路性能的目的。

图 3.1.2 是在第 2 章已学过的两个放大电路。图 $(a)$ 为射极输出器，由图可知，三极管的净输入信号 $U_{be}=U_i-U_o$，此式说明，输出回路中的输出电压 $U_o$ 影响了净输入信号 $U_{be}$（由于 $U_{be}<U_i$，故 $U_o$ 是削弱了净输入信号）。图 $(b)$ 为静态工作点稳定电路，由图可知，$U_{be}=U_i-I_eR_e$，此式说明，输出回路中的电流 $I_e$ 影响了净输入信号 $U_{be}$（这里 $I_e$ 也是削弱了净输入信号）。可见，图 3.1.2 中两个电路中都存在着输出回路中信号（电压或电流）反送到输入回路，对净输入信号产生影响的情况，因而都存在着反馈，它们都是反馈放大器。反馈放大器也称闭环放大器；对应地，未引入反馈的放大器称为开环放大器。在反馈放大器中，将输出回路与输入回路相连接的中间环节称为反馈网络，一般由电阻电容元件组成。上图中 $R_e$ 是反馈网络。反馈的形成实际上就是通过反馈网络，将输出回路中的信号引回输入回路，以一定的形式与输入信号相叠加，将叠加后所得的信号作为净输入信号输入电路。

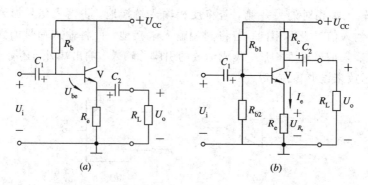

图 3.1.2　两种放大电路
$(a)$ 射极输出器；$(b)$ 静态工作点稳定电路

### 3.1.3　负反馈放大器的基本关系式

为了研究各种形式负反馈放大器的共同特点，我们可以把负反馈放大器抽象为图

3.1.3 所示的方框图形式。图中主要包括基本放大电路和反馈网络两大部分。若没有反馈网络，仅有基本放大电路，则该电路就是一个开环放大电路。有了反馈网络，该电路则为闭环放大电路。图中箭头表示信号的传递方向。在这里我们是按照理想情况来考虑的，即在基本放大电路中，信号是正向传递，而在反馈网络中，信号是反向传递。换句话说，输入信号只通过基本放大电路传向输出端，而忽略输入信号经反馈网络传向输出端的直通作用；反馈信号只通过反馈网络传向输入端，而忽略经基本放大电路传向输入端的内部反馈作用。这样做可以突出主要因素，使问题的处理更加简明清晰。

图 3.1.3 中，$\dot{X}_i$、$\dot{X}_o$、$\dot{X}_f$、$\dot{X}_d$ 分别表示放大器的输入量、输出量、反馈量及净输入量。这些量均为一般化的信号，它们可以是电压，也可以是电流。为了适用于更一般的情况，这里都用相量形式表示。$\dot{A}$ 是放大器的开环放大倍数，为

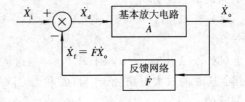

图 3.1.3　负反馈放大器的方框图

$$\dot{A} = \frac{\dot{X}_o}{\dot{X}_d} \qquad (3.1.1)$$

$\dot{F}$ 是反馈网络的反馈系数，为

$$\dot{F} = \frac{\dot{X}_f}{\dot{X}_o} \qquad (3.1.2)$$

符号 $\dot{X}_d$ 表示输入量 $\dot{X}_i$ 与反馈量 $\dot{X}_f$ 的叠加，其中＋、－号表示叠加关系，为

$$\dot{X}_d = \dot{X}_i - \dot{X}_f \qquad (3.1.3)$$

我们称输出量 $\dot{X}_o$ 与输入量 $\dot{X}_i$ 之比为该放大器的闭环放大倍数，用 $\dot{A}_f$ 表示，即

$$\dot{A}_f = \frac{\dot{X}_o}{\dot{X}_i} \qquad (3.1.4)$$

由(3.1.1)～(3.1.4)式可得

$$\dot{A}_f = \frac{\dot{X}_o}{\dot{X}_i} = \frac{\dot{X}_o}{\dot{X}_d + \dot{X}_f} = \frac{\dfrac{\dot{X}_o}{\dot{X}_d}}{1 + \dfrac{\dot{X}_f}{\dot{X}_o} \dfrac{\dot{X}_o}{\dot{X}_d}}$$

即

$$\dot{A}_f = \frac{\dot{A}}{1 + \dot{A}\dot{F}} \qquad (3.1.5)$$

此式即负反馈放大器放大倍数(即闭环放大倍数)的一般表达式，又称为基本关系式，它反映了闭环放大倍数与开环放大倍数及反馈系数之间的关系，在以后的分析中经常使用。

在(3.1.5)式中，量 $|1+\dot{A}\dot{F}|$ 是开环放大倍数与闭环放大倍数幅值之比，它反映了反馈对放大电路的影响程度，称做反馈深度，后面将要看到，反馈放大器的很多性能的变化都与反馈深度有关。关于(3.1.5)式及反馈深度，分下面几种情况予以讨论。

(1) 若 $|1+\dot{A}\dot{F}| > 1$，则 $|\dot{A}_f| < |\dot{A}|$，说明引入反馈后，放大倍数减小了。这种情况为负反馈。由(3.1.1)～(3.1.3)式有

$$\dot{X}_d = \dot{X}_i - \dot{X}_f = \dot{X}_i - \dot{F}\dot{X}_o = \dot{X}_i - \dot{F}\dot{A}\dot{X}_d$$

即

$$\dot{X}_d = \frac{\dot{X}_i}{1+\dot{A}\dot{F}} \tag{3.1.6}$$

此式说明，负反馈的作用使净输入量$|\dot{X}_d|$减小到无反馈时的$1/|1+\dot{A}\dot{F}|$，从而使放大倍数也下降$1/|1+\dot{A}\dot{F}|$。

负反馈的引入虽然减小了放大器的放大倍数，但是它却可以改善放大器其它很多性能，而这些改善一般是采用别的措施难以做到的。至于放大倍数的下降，可以通过增加放大电路的级数来弥补。

(2) 若$|1+\dot{A}\dot{F}|<1$，则$|\dot{A}_f|>|\dot{A}|$。这种情况为正反馈，反馈的引入加强了净输入信号。

(3) 若$|1+\dot{A}\dot{F}|=0$，则$|\dot{A}_f|\to\infty$。这就是说，即使没有输入信号，放大电路也有信号输出，这时的放大电路处于"自激"状态。除振荡电路外，自激状态一般情况下是应当避免或消除的。

(4) 若$|\dot{A}\dot{F}|\gg 1$，则

$$\dot{A}_f = \frac{\dot{A}}{1+\dot{A}\dot{F}} \approx \frac{1}{\dot{F}} \tag{3.1.7}$$

此式说明，当$|\dot{A}\dot{F}|\gg 1$时，放大器的闭环放大倍数仅由反馈系数来决定，而与开环放大倍数$\dot{A}$几乎无关。这种情况称为"深度负反馈"。因为反馈网络一般由$R$、$C$等无源元件组成，它们的性能十分稳定，所以反馈系数$\dot{F}$也十分稳定。因此，深度负反馈时，放大器的闭环放大倍数比较稳定。

还有一点必须说明，图3.1.3方框图及式(3.1.1)至(3.1.7)各式中，各个$\dot{X}$参量可以是电压，也可以是电流，而$\dot{A}$、$\dot{F}$、$\dot{A}_f$也不一定是电压放大倍数。在不同的反馈类型（反馈类型判别见3.2节）中，它们都有不同的含义。从输出回路看，分为电压反馈和电流反馈，电压反馈时，输出量用电压表示，$\dot{X}_o=\dot{U}_o$、$\dot{X}_f=\dot{F}\dot{U}_o$；电流反馈时，输出量用电流表示，$\dot{X}_o=\dot{I}_o$、$\dot{X}_f=\dot{F}\dot{I}_o$。从输入回路看，分为串联反馈和并联反馈，串联反馈时，输入量与反馈量以电压的方式叠加，输入量及反馈量均用电压表示；并联反馈时，输入量和反馈量以电流的方式叠加，输入量和反馈量则均用电流表示。现将经常用到的电压串联、电压并联、电流串联、电流并联这四种基本反馈类型中各参量的含义列于表3.1.1。

**表 3.1.1　四类基本反馈中各参量的含义**

| 反馈类型 | 输入量 $\dot{X}_i$ | 净输入量 $\dot{X}_d$ | 输出量 $\dot{X}_o$ | 反馈量 $\dot{X}_f$ | 开环放大倍数 $\dot{A}$ | 反馈系数 $\dot{F}$ | 闭环放大倍数 $\dot{A}_f$ |
|---|---|---|---|---|---|---|---|
| 电压串联 | $\dot{U}_i$ | $\dot{U}_d$ | $\dot{U}_o$ | $\dot{U}_f$ | $\dot{A}_u$ | $\dot{F}_u$ | $\dot{A}_{uf}$ |
| 电压并联 | $\dot{I}_i$ | $\dot{I}_d$ | $\dot{U}_o$ | $\dot{I}_f$ | $\dot{A}_r$ | $\dot{F}_g$ | $\dot{A}_{rf}$ |
| 电流串联 | $\dot{U}_i$ | $\dot{U}_d$ | $\dot{I}_o$ | $\dot{U}_f$ | $\dot{A}_g$ | $\dot{F}_r$ | $\dot{A}_{gf}$ |
| 电流并联 | $\dot{I}_i$ | $\dot{I}_d$ | $\dot{I}_o$ | $\dot{I}_f$ | $\dot{A}_i$ | $\dot{F}_i$ | $\dot{A}_{if}$ |

表中，$\dot{A}$、$\dot{F}$、$\dot{A}_f$的下标$u$、$r$、$g$、$i$分别表示电压放大倍数、电阻传输系数、电导传输系数和电流放大倍数。其中，$\dot{A}_r$、$\dot{F}_r$、$\dot{A}_{rf}$的量纲与电阻的量纲相同，单位为欧姆($\Omega$)，$\dot{A}_g$、

$\dot{F}_g$、$\dot{A}_{gf}$ 的量纲与电导的量纲相同，单位为西门子（S），而 $\dot{A}_u$、$\dot{F}_u$、$\dot{A}_{uf}$、$\dot{A}_i$、$\dot{F}_i$、$\dot{A}_{if}$ 则为无量纲量。无论哪种类型的反馈，同一种反馈的 $\dot{X}_i$、$\dot{X}_f$、$\dot{X}_d$ 总是同量纲的，而乘积 $\dot{A}\dot{F}$ 总是无量纲的。

## 3.2 反馈的类型与判别

在反馈放大器中，不同类型的反馈具有不同的规律性，对电路性能的影响也各不相同。因此，必须首先对反馈进行分类，只有分类以后才能对反馈进行比较具体的研究，才能在实际工作中正确利用或处理反馈。在本节及以后的讨论中，如不特别标明，均设电路工作在中频区段，因而各参量用实数来表示，并用正、负号表明同相或反相的关系。

### 3.2.1 反馈的分类及判别

对反馈可以从不同的角度进行分类。按反馈的极性可分为正反馈和负反馈；按反馈信号与输出信号的关系可分为电压反馈和电流反馈；按反馈信号与输入信号的关系可分为串联反馈和并联反馈；按反馈信号的成分又可分为直流反馈和交流反馈。

**1. 正反馈与负反馈**

这是按照反馈的极性来分的。当输入量不变时，若输出量比没有反馈时变大了，即反馈信号加强了净输入信号，这种情况称为正反馈；反之，若输出量比没有反馈时变小了，即反馈信号削弱了净输入信号，这种情况称为负反馈。正反馈多用于振荡电路和脉冲电路，而负反馈多用于改善放大电路的性能。

判别反馈的正负通常采用瞬时极性法。这种方法是先假定输入信号为某一瞬时极性（一般设为对地为正的极性），然后再根据各级输入、输出之间的相位关系（对分立元件放大器：共射反相，共集、共基同相；对集成运放：$U_o$ 与 $U_-$ 反相，与 $U_+$ 同相），依次推断其它有关各点受瞬时输入信号作用所呈现的瞬时极性（用（＋）或（↑）表示升高，（－）或（↓）表示降低），最后看反馈到输入端的作用是加强了还是削弱了净输入信号。使净输入信号加强的为正反馈，削弱的为负反馈。

图 3.2.1 为几个反馈电路，我们现在用瞬时极性法来判别它们反馈的极性。(a)图中 $R_f$ 为反馈元件，当输入信号瞬时极性为"＋"时（图中以⊕标出），输入电流 $I_i$ 将增加，根据共射电路集基相位相反的关系，$U_i$ 极性为"＋"，即 $V_1$ 管的 $b$ 极极性为"＋"，使 $V_1$ 管的 c 极为"－"（图中以⊖标出），即 $V_2$ 管的 b 极为"－"，从而使 $V_2$ 管的 c 极为"＋"，经 $C_2$ 的输出端电位为"＋"，流经 $R_f$ 的反馈电流 $I_f$ 减少，而净输入电流 $I_d$ 则增加了，所以为正反馈放大器。(b)图所示电路中，$R_e$ 为反馈元件。当输入信号瞬时极性为"＋"时，三极管 V 的基极电流及集电极电流瞬时增加，使发射极电位瞬时为"＋"，结果使净输入信号 $U_{be}$ 被削弱了，因而为负反馈放大器。(c)图为运放组成的放大电路，$R_f$ 为反馈元件。当输入电压 $U_i$ 瞬时极性为"＋"时，即反相输入端为"＋"，根据运放的输入与输出之间的相位关系，输出端应与反相输入端反相，故应为"－"，经反馈电阻 $R_f$ 反馈到同相输入端亦为"－"，这样运放的净输入信号（$U_- - U_+$）被增加了，因此由 $R_f$ 构成的是正反馈放大电路。(d)图也是运放组成的放大电路，$R_f$ 为反馈元件。当输入电压 $U_i$ 瞬时极性为"＋"时，输入电流 $I_i$ 增加，由运放的输入与输出相位关系，输出端瞬时极性为"－"，因而使反馈电流 $I_f$ 增加，由

$I_i = I_d + I_f$ 可知，$I_f$ 的增加削弱了净输入电流 $I_d$（相当于从 $I_i$ 中分走了一个反馈电流），所以为负反馈电路。

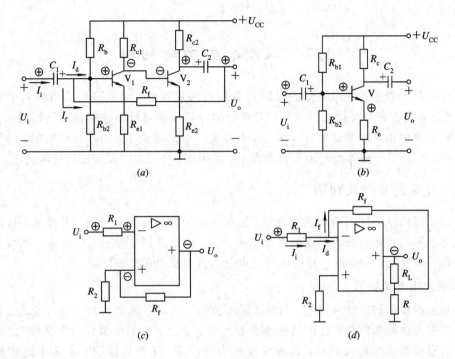

图 3.2.1　反馈极性的判别

其实，对于运放组成的放大电路来说，若反馈元件是从输出端反馈到反相输入端，则一定是负反馈；若反馈元件是从输出端反馈到同相输入端，则一定是正反馈。

**2. 交流反馈与直流反馈**

这是按照反馈信号的成分来划分的。放大电路中存在着直流分量和交流分量，反馈信号也是如此。若反馈的信号仅有交流成分，则仅对输入回路中的交流成分有影响，这就是交流反馈；若反馈的信号仅有直流成分，则仅对输入回路中的直流成分有影响，这就是直流反馈。

图 3.2.2 中，(a)图中反馈信号的交流成分被 $C_e$ 旁路掉，在 $R_e$ 上产生的反馈信号只有直流成分，因此是直流反馈。(b)图中反馈信号通道仅通交流，不通直流，因而为交流反

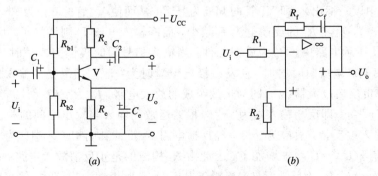

图 3.2.2　交流反馈与直流反馈

馈。若将(a)图中电容 $C_e$ 去掉，即 $R_e$ 不再并联旁路电容，则 $R_e$ 两端的压降既有直流成分，又有交流成分，因而是交直流反馈。

### 3. 电压反馈与电流反馈

这是按照反馈信号与输出信号之间的关系来划分的。若反馈信号与输出电压成正比，就是电压反馈；与输出电流成正比，就是电流反馈。从另一个角度说，看反馈是对输出电压采样还是对输出电流采样，对应地分别称为电压反馈和电流反馈。显然，作为采样对象的输出量一旦消失，则反馈信号也必然随之消失。

判断是电压反馈还是电流反馈的常用办法是负载电阻短路法(亦称输出短路法)。这种办法是假设将负载电阻 $R_L$ 短路，也就是使输出电压为零。此时若原来是电压反馈，则反馈信号一定随输出电压为零而消失；若电路中仍然有反馈存在，则原来的反馈应该是电流反馈。我们用这个方法判断图 3.2.3 所示电路为何种反馈。(a)图中反馈元件为 $C_f$。若将输出端短路，即令 $U_o=0$，则反馈信号不存在，因而是电压反馈。(b)图中，若将输出端短路，即令 $U_o=0$，但反馈依然存在，请注意，这里反馈信号是 $R$ 两端电压降 $U_f$，它并未因 $U_o$ 等于零而消失，因而是电流反馈。采用同样的办法也可判断出图 3.2.2 中(a)图为电流反馈，(b)图为电压反馈。

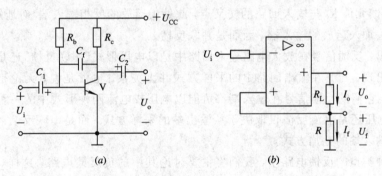

图 3.2.3　电压反馈与电流反馈

需要指出的是，在电流反馈电路中，由于直接对电流采样不方便，因而通常总是让被采样的电流通过一个小电阻，再对这个小电阻进行采样，把电阻两端电压反馈给输入回路，故称此小电阻为采样电阻。反馈信号在形式上是电压信号，但这个电压与流过小电阻的电流(这里是输出电流)成正比，因而实质上反馈信号与输出电流成正比，反馈信号取自输出电流。比如图 3.2.2(a)中，$R_e$ 为采样电阻。输出电流(这里是 $I_e$，约等于 $I_c$)流过 $R_e$ 产生压降 $U_f≈I_cR_e$，反馈信号 $U_f$ 与输出电流 $I_c$ 成正比，或者说反馈信号 $U_f$ 取自输出电流，因而是电流反馈。图 3.2.3(b)中，$R$ 是采样电阻。由于运放同相输入端的电流很小，因而流过 $R$ 的电流 $I_f$ 近似等于负载 $R_L$ 中的电流 $I_o$。$R$ 两端的电压 $U_f≈I_oR$，可见，加在同相输入端的反馈信号 $U_f$ 与输出电流 $I_o$ 成正比，或者说反馈信号取自输出电流，因而也是电流反馈。

### 4. 串联反馈与并联反馈

这是按照反馈信号在输入回路中与输入信号相叠加的方式不同来分类的。反馈信号反馈至输入回路，与输入信号有两种叠加方式：串联和并联。如果反馈信号与输入信号是串联接在基本放大器的输入回路中，则为串联反馈；如果反馈信号与输入信号是并联接在基本放大器的输入回路中，则为并联反馈。在串联反馈中，反馈信号与输入信号在输入回路中是以电压的形式相叠加的，而并联反馈中，反馈信号与输入信号则是以电流的形式相叠加的。因此，是以电压形式还是以电流形式相叠加，也是区分串联反馈与并联反馈的依据。

例如，在图 3.2.1(c) 中，反馈信号（$R_2$ 上的压降 $U_{R_2}$）与输入信号 $U_i$ 是以电压的形式相叠加，当然是串联连接（$U_{R_2}$ 与 $U_i$ 串接在输入回路中，$U_i - U_{R_2}$ 为净输入信号），因而是串联反馈；而 3.2.1(d) 图中，反馈信号（流过 $R_f$ 的电流 $I_f$）与输入信号 $I_i$ 是以电流的形式相叠加的，是并联连接（$I_f$ 并接在 $I_i$ 的输入端，$I_i - I_f = I_d$ 为净输入信号），因而是并联反馈。同样分析可得，图 3.2.1(a) 为并联反馈，(b) 为串联反馈。

为了区分是串联反馈还是并联反馈，我们还可以假设把输入回路中的反馈节点对地短路。对于串联反馈来说，这相当于反馈信号 $U_f = 0$，于是输入信号 $U_i$ 与净输入信号 $U_d$ 相等，输入信号仍然可加至基本放大电路中；而对于并联反馈，反馈节点对地短路将使输入信号随之也被短路，无法加至基本放大电路，以此便可判断是串联反馈还是并联反馈。图 3.2.2(a) 中，若将反馈节点（反馈元件 $R_e$ 在输入回路中的非"地"点，此处为三极管的 e 极）对地短路，也就是令 $R_e$ 两端电压 $U_{R_e}$（为反馈信号）为零，此时输入信号 $U_i$ 仍可加至三极管的输入端（输入信号 $U_i$ 与净输入信号 $U_{be}$ 相等），因而是串联反馈。图 3.2.2(b) 中，若将反馈节点（反馈元件 $R_f$ 与输入回路的交叉点，此处为运放的反相输入端）对地短路，则显然输入信号无法加入运放的输入端，因而是并联反馈。

需要指出，反馈信号在放大电路输入回路中是以电压形式（串联反馈）还是以电流形式（并联反馈）出现，与其在输出回路中的采样方式并无关系。也就是说，无论是电压反馈还是电流反馈，它们的反馈信号在输入端都可能以电压或电流两种形式中的一种与输入信号去叠加。是电压还是电流反馈仅取决于从输出端的采样方式，而是串联反馈还是并联反馈则仅取决于输入端的叠加方式。

上述各种类型的反馈电路中，我们将主要讨论其中的负反馈电路。这样，将输出端采样与输入端叠加两方面综合考虑，实际的负反馈放大器可以分为如下四种基本类型：电压串联负反馈、电压并联负反馈、电流串联负反馈和电流并联负反馈。

### 3.2.2 四种基本负反馈类型

为了对电压串联、电压并联、电流串联和电流并联四种基本负反馈的性能有更深的了解，下面将以具体反馈电路为例，对这些类型一一进行判断和分析。

**1. 电压串联负反馈**

电压串联负反馈的实际电路和连接方框图分别如图 3.2.4 中 (a) 图与 (b) 图所示。

图 (a) 中，$R_f$、$R_1$ 为反馈元件，它们构成的反馈网络在输出与输入之间建立起联系。从电路的输出端来分析，反馈信号是输出电压 $U_o$ 在 $R_f$、$R_1$ 组成的分压电路中 $R_1$ 上所分取的电压 $U_f$，反馈电压是输出电压 $U_o$ 的一部分。假设将输出短路，$U_o = 0$，则 $U_f = 0$，因此，这个反馈是电压反馈。以输入端来分析，反馈信号与输入信号相串联，它们是以电压的形式在输入回路中叠加的，即 $U_d = U_i - U_f$，假设把反馈节点（运放的反相输入端）对地短路，使 $U_f = 0$，输入信号仍能加入运放的同相输入端，因此，这是串联反馈。由瞬时极性法，设 $U_i$ 瞬时为"+"，根据运放的输入输出特性，则输出 $U_o$ 亦为"+"，反馈至反相输入端亦为

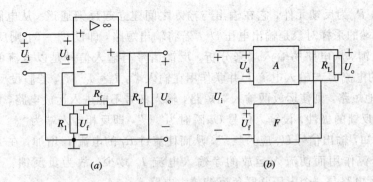

图 3.2.4　电压串联负反馈

(a) 电路图；(b) 方框图

"+"，这样，反馈的引入使运放的净输入信号 $U_d$ 减小，因而是负反馈。总起来讲，图 3.2.4(a)所示电路是一个电压串联负反馈放大电路。

电压负反馈具有稳定输出电压的作用。设输入信号 $U_i$ 不变，若负载电阻 $R_L$ 因某种原因减小使输出电压 $U_o$ 减少，则经 $R_f$、$R_1$ 分压所得反馈信号 $U_f$ 亦减小，结果使净输入信号 $U_d$ 增大($U_d = U_i - U_f$)，使 $U_o$ 增大，即抑制了 $U_o$ 的减少。这个稳压过程可表示如下：

$$R_L\!\downarrow \longrightarrow U_o\!\downarrow \longrightarrow U_f\!\downarrow \longrightarrow U_d\!\uparrow$$
$$U_o\!\uparrow$$

可见，引入电压负反馈后，因其它原因(这个原因不是输入电压的变化)导致输出电压变化的趋势因负反馈的自动调节作用而受到抑制，使输出电压基本稳定。

上述稳定输出电压的过程也说明，电压负反馈放大器具有恒压源的性质，而恒压源的内阻很小(理想情况下恒压源的内阻为 0)。这就是说，放大器的输出电阻因引入电压负反馈而减小了，这是电压负反馈的又一重要特点。

由于在输入回路中输入信号 $U_i$ 与反馈信号 $U_f$ 是串联叠加的，在 $U_i$ 不变时，$U_f$ 的引入使净输入信号 $U_d$ 减少，则使输入电流比无反馈时减小，也就是使输入电阻增大，因此，串联负反馈使放大器的输入电阻增大，这是串联负反馈的特性。

总起来讲，电压串联负反馈具有输入电阻大、输出电阻小、输出电压稳定的特点。

### 2. 电压并联负反馈

电压并联负反馈的实际电路和连接方框图，分别如图 3.2.5(a)和(b)所示。

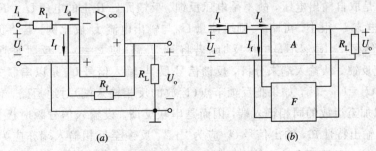

(a)　　　　　　　　　　(b)

图 3.2.5　电压并联负反馈

(a) 电路图；(b) 方框图

图(a)中，$R_f$ 为反馈元件，它在输出与输入之间建立起反馈通道。从电路的输出端来分析，在输出端的采样对象是输出电压 $U_o$。若将输出短路，即设 $U_o=0$，则反馈信号消失，因而是电压反馈。从电路的输入端来分析，反馈信号与输入信号是以电流的形式相叠加的，流过 $R_f$ 的电流 $I_f$ 与输入电流 $I_i$ 并联作用在输入端，$I_d=I_i-I_f$，若假设反馈节点（运放的反相端）对地短路，则使运放两输入端短路，输入信号不能进入运放电路，因而是并联反馈。为了判断反馈的极性，设输入信号 $U_i$ 瞬时为"＋"，即反相输入端为"＋"，由运放的输入、输出特性知，输出信号 $U_o$ 应为"－"，从而使流过 $R_f$ 的电流 $I_f$ 增加，在 $I_i$ 不变的条件下，因 $I_f$ 的分流作用而使流入运放的净输入电流 $I_d$ 减少，故为负反馈。总起来讲，图 3.2.5(a) 所示电路是一个电压并联负反馈放大电路。

同电压串联负反馈一样，电压并联负反馈既然是电压负反馈，因而也能稳定输出电压，减小输出电阻。

在输入回路中，由于输入信号 $I_i$ 与反馈信号 $I_f$ 是并联叠加的，相当于在输入回路中增加了一条并联支路。在净输入电流 $I_d$ 一定的前提下，由于 $I_f$ 的引入将使 $I_i$ 增加，也就是使输入电阻减小，这就是说，并联负反馈使放大器的输入电阻减小，这是并联负反馈的特性。

总起来讲，电压并联负反馈具有输入电阻小、输出电阻小、输出电压稳定的特点。

### 3. 电流串联负反馈

电流串联负反馈的实际电路和连接方框图分别如图 3.2.6(a) 与 (b) 所示。

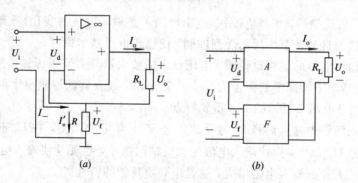

图 3.2.6　电流串联负反馈
(a) 电路图；(b) 方框图

图(a)中，$R$ 为反馈元件，在输出回路与输入回路间建立联系。从电路的输出端来分析，反馈量不是取自输出电压，故不是电压反馈。反馈元件 $R$ 上的电压 $U_f=RI'_o$，而 $I'_o\approx I_o$（运放的输入电流 $I_-$ 很小，可略），则反馈量 $U_f$ 与输出电流 $I_o$ 成比例。若将负载 $R_L$ 短路，$U_o=0$，$U_f$ 依然存在，显然不是电压反馈，若将 $R_L$ 开路（使 $I_o=0$），反馈便消失，所以，这个电路是电流反馈。从输入端来分析，反馈信号 $U_f$ 与输入信号 $U_i$ 是以串联方式在输入回路中叠加的，$U_d=U_i-U_f$，如果把反馈节点（运放的反相输入端）对地短路，使 $U_f=0$，输入信号仍可以加至运放的同相输入端，因而是串联反馈。设输入信号瞬时极性为"＋"，由运放的输入、输出特性知，输出信号 $U_o$ 应为"＋"，反馈至反相输入端亦应为"＋"，这样，反馈的引入使加在运放两个输入端之间的净输入信号 $U_d$ 减小，抵消了 $U_i$ 的增加，所以是负反馈。总起来讲，这个电路是电流串联负反馈放大电路。

电流负反馈具有稳定输出电流的作用。在输入电压 $U_i$ 一定时，若因某种原因（如负载电阻变小）使输出电流 $I_o$ 增大，则反馈信号 $U_f$ 增大，从而使运放的净输入信号 $U_d$ 减小，使输出电压 $U_o$ 减小，使 $I_o$ 减小，从而抑制了 $I_o$ 的增大。其稳流过程可表示如下：

$$R_L\!\downarrow\;\longrightarrow\;I_o\!\uparrow\;\longrightarrow\;U_f\!\uparrow\;\longrightarrow\;U_d\!\downarrow\;\longrightarrow\;U_o\!\downarrow$$
$$I_o\!\downarrow\;\longleftarrow$$

可见，引入电流负反馈后，由某种原因导致输出电流变化的趋势因负反馈的自动调节作用而受到抑制，使输出电流基本稳定。

上述稳定输出电流的过程也说明，电流负反馈放大器具有恒流源的性质，而恒流源的内阻很大（理想情况下，恒流源的内阻为∞）。这就是说，放大器的输出电阻因引入电流负反馈而增大了，这是电流负反馈的又一重要特点。

与电压串联负反馈相同，电流串联负反馈也是串联负反馈，也使放大器的输入电阻增大。

总起来讲，电流串联负反馈具有输入电阻大、输出电阻大、输出电流稳定的特点。

**4. 电流并联负反馈**

电流并联负反馈的实际电路和连接方框图分别如图 3.2.7($a$)和($b$)所示。

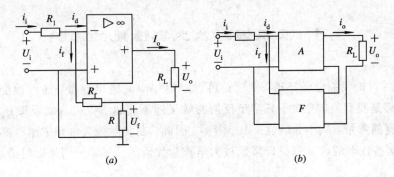

图 3.2.7　电流并联负反馈
($a$) 电路图；($b$) 方框图

图($a$)中，$R_f$ 是反馈元件，由它在输出与输入回路之间构成了反馈通路。从输出回路分析，将 $R_L$ 短路即令 $U_o=0$，反馈信号 $U_f$ 依然存在，故为电流反馈。从输入回路分析，若将反馈节点（运放的反相输入端）对地短路，运放的两个输入端将短路，信号无法进入运放，故为并联反馈。用瞬时极性法，可判断出为负反馈。因此，这个电路为电流并联负反馈。

电流并联负反馈具有输入电阻小、输出电阻大、输出电流稳定的特点。

最后还应指出，输入端的信号源内阻对于负反馈的反馈效果是有影响的。对于串联负反馈，例如图 3.2.4，反馈信号与输入信号以电压的形式叠加，$U_i=U_d+U_f$，若信号源内阻为 0，即为恒压源，则可使 $U_i$ 恒定，这样，$U_f$ 的增加量可全部转化为 $U_d$ 的减少量，此时反馈效果最强。若信号源内阻较大，则 $U_i$ 不恒定，这样，$U_f$ 的增加量仅有一部分转化为 $U_d$ 的减少量（另一部分则转化为 $U_i$ 的增加量），因而反馈效果就弱了，信号源内阻越大，反馈效果越弱。因此，串联负反馈应采用内阻小的电压源作为信号源。对于并联负反馈，例如

图 3.2.5，反馈信号与输入信号以电流的形式叠加，$I_i = I_d + I_f$，若信号源内阻为∞，即为恒流源，则可使 $I_i$ 恒定，这样，$I_f$ 的增加量可全部转化为 $I_d$ 的减少量，此时反馈效果最强。若信号源内阻较小，则 $I_i$ 不恒定，这样，$I_f$ 的增加量仅有一部分转化为 $I_d$ 的减少量（另一部分则转化为 $I_i$ 的增加量），因而反馈效果就弱了，信号源内阻越小，反馈效果越弱。因此，并联负反馈应采用内阻大的电流源作为信号源。

现将上述四类基本负反馈放大器的有关特性列于表 3.2.1，以便对照分析。

表 3.2.1　四类基本负反馈放大器特性表

| 反馈类型 | 在输入端的叠加方式 | 应采用的信号源类型 | 对输入电阻的影响 | 从输出端取样的信号类型 | 对输出信号的作用 | 对输出电阻的影响 |
|---|---|---|---|---|---|---|
| 电压串联 | $U_d = U_i - U_f$ | 内阻小的电压源 | 增大 | 电压 | 稳定输出电压 | 减小 |
| 电压并联 | $I_d = I_i - I_f$ | 内阻大的电流源 | 减小 | 电压 | 稳定输出电压 | 减小 |
| 电流串联 | $U_d = U_i - U_f$ | 内阻小的电压源 | 增大 | 电流 | 稳定输出电流 | 增大 |
| 电流并联 | $I_d = I_i - I_f$ | 内阻大的电流源 | 减小 | 电流 | 稳定输出电流 | 增大 |

# 3.3　负反馈对放大器性能的影响

由前面的讨论我们已经知道，负反馈可以稳定相应的输出变量，还可改变输入、输出电阻。这些都是我们所需要的。其实负反馈的效果还不止这些，引入负反馈还会使放大倍数稳定，展宽通频带，减小非线性失真，等等。因此，在实际放大电路中通常都要引入负反馈。当然，这些性能的改善都是以降低放大倍数为代价的。下面分别加以讨论。

## 3.3.1　提高放大倍数的稳定性

放大器的放大倍数是由电路元件的参数决定的。若元件老化或更换、电源不稳、负载变化或环境温度变化，则可能引起放大器的放大倍数变化。为此，通常都要在放大器中引入负反馈，用以提高放大倍数的稳定性。

负反馈之所以能够提高放大倍数的稳定性，是因为负反馈对相应的输出量有自动调节作用。比如，引入了电压串联负反馈，当放大倍数由于某种原因增大时，会使输出电压增大，反馈电压也随之增大，便使净输入电压减小，从而抑制了输出电压的增大，也就是稳定了放大倍数。

为了从数量上分析负反馈对放大倍数稳定性的贡献，我们将(3.1.5)式对 $A$ 求导，有

$$\frac{dA_f}{dA} = \frac{1}{(1 + AF)^2}$$

即

$$dA_f = \frac{dA}{(1 + AF)^2}$$

两边除以(3.1.5)式,得

$$\frac{\mathrm{d}A_\mathrm{f}}{A_\mathrm{f}} = \frac{1}{1+AF} \cdot \frac{\mathrm{d}A}{A} \tag{3.3.1}$$

上式表明,负反馈放大器的闭环放大倍数的相对变化量 $\mathrm{d}A_\mathrm{f}/A_\mathrm{f}$ 是开环放大倍数相对变化量 $\mathrm{d}A/A$ 的 $1/(1+AF)$,也就是说,负反馈的引入使放大器的放大倍数稳定性提高到了 $(1+AF)$ 倍。

例如,某负反馈放大器的 $A=10^4$,反馈系数 $F=0.01$,则可求出其闭环放大倍数

$$A_\mathrm{f} = \frac{A}{1+AF} = \frac{10^4}{1+10^4 \times 0.01} \approx 100$$

若因参数变化使 $A$ 变化 $\pm10\%$,即 $A$ 的变化范围为 $9000 \sim 11\,000$,则由(3.3.1)式可求出 $A_\mathrm{f}$ 的相对变化量为

$$\frac{\mathrm{d}A_\mathrm{f}}{A_\mathrm{f}} = \frac{1}{1+AF} \cdot \frac{\mathrm{d}A}{A} = \frac{1}{1+10^4 \times 0.01} \times (\pm10\%) = \pm0.1\%$$

即 $A_\mathrm{f}$ 的变化范围为 $99.9 \sim 100.1$。显然,$A_\mathrm{f}$ 的稳定性比 $A$ 的稳定性提高了约 100 倍(由 $10\%$ 变到 $0.1\%$)。负反馈越深,稳定性越高。

## 3.3.2　展宽通频带

无反馈时,由于电路中电抗元件的存在,以及寄生电容和晶体管结电容的存在,会造成放大器放大倍数随频率而变,使中频段放大倍数较大,而高频段和低频段放大倍数较小,放大电路的幅频特性如图 3.3.1 所示。图中 $f_\mathrm{H}$、$f_\mathrm{L}$ 分别为上限频率和下限频率,其通频带 $f_\mathrm{BW} = f_\mathrm{H} - f_\mathrm{L}$ 较窄。

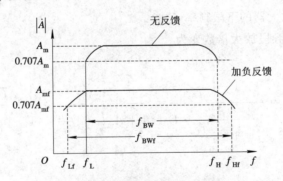

图 3.3.1　负反馈展宽通频带

加入负反馈后,利用负反馈的自动调整作用,就可以纠正放大倍数随频率而变的特性,使通频带展宽。具体过程就是,中频段由于放大倍数大,输出信号大,反馈信号也大,使净输入信号减少得较多,结果是中频段放大倍数比无负反馈时下降较多。而在高频和低频段,由于放大倍数小,输出信号小,而反馈系数不(随频率而)变,其反馈信号也小,使净输入信号减少的程度比中频段小,结果使高频和低频段放大倍数比无负反馈时下降较少。这样,从高、中、低频段总体考虑,放大倍数随频率的变化就因负反馈的引入而减小了,幅频特性变得比较平坦,相当于通频带得以展宽,如图 3.3.1 中所示。

以上对负反馈展宽通频带的原理作了定性分析。下面我们以一个单级阻容耦合放大器为例,来对频带展宽进行定量分析。

第 2 章讲述放大电路的频率特性时曾推导出单级阻容耦合放大器在高频段的放大倍数表达式(式 2.7.23))为下面的形式:

$$\dot{A}_H = \frac{\dot{A}_m}{1 + j\dfrac{f}{f_H}} \tag{3.3.2}$$

这是未引入反馈时的表达式,式中 $f_H$ 为无反馈时的上限频率, $\dot{A}_m$ 为无反馈时中频段的放大倍数。

引入负反馈后(设反馈系数不随频率而变),放大器在高频段的放大倍数为

$$\dot{A}_{Hf} = \frac{\dot{A}_H}{1 + \dot{A}_H \dot{F}} = \frac{\dfrac{\dot{A}_m}{1 + j\dfrac{f}{f_H}}}{1 + \dfrac{\dot{A}_m}{1 + j\dfrac{f}{f_H}} \cdot \dot{F}} = \frac{\dot{A}_m}{1 + \dot{A}_m \dot{F} + j\dfrac{f}{f_H}} = \frac{\dfrac{\dot{A}_m}{1 + \dot{A}_m \dot{F}}}{1 + j\dfrac{f}{(1 + \dot{A}_m \dot{F})f_H}}$$

$$\tag{3.3.3}$$

将上式与(3.3.2)式比较,可以看出,加反馈后上限频率变为

$$f_{Hf} = (1 + \dot{A}_m \dot{F})f_H \tag{3.3.4}$$

这就说明,加反馈后,放大器的上限频率为未加反馈时的 $(1 + \dot{A}_m \dot{F})$ 倍。

类似地,由式(2.7.18),无反馈时的低频放大倍数为

$$\dot{A}_L = \frac{\dot{A}_m}{1 - j\dfrac{f_L}{f}} \tag{3.3.5}$$

式中, $f_L$ 为无反馈时放大器的下限频率。

引入负反馈后,低频段放大倍数变为

$$\dot{A}_{Lf} = \frac{\dot{A}_L}{1 + \dot{A}_L \dot{F}} = \frac{\dfrac{\dot{A}_m}{1 - j\dfrac{f_L}{f}}}{1 + \dfrac{\dot{A}_m}{1 - j\dfrac{f_L}{f}} \cdot \dot{F}} = \frac{\dot{A}_m}{1 + \dot{A}_m \dot{F} - j\dfrac{f_L}{f}} = \frac{\dfrac{\dot{A}_m}{1 + \dot{A}_m \dot{F}}}{1 - j\dfrac{f_L}{(1 + \dot{A}_m \dot{F})f}}$$

$$\tag{3.3.6}$$

将上式与(3.3.5)式比较,可以看出,加反馈后下限频率变为

$$f_{Lf} = \frac{f_L}{1 + \dot{A}_m \dot{F}} \tag{3.3.7}$$

这就说明,加反馈后,放大器的下限频率为未加反馈时的 $1/(1 + \dot{A}_m \dot{F})$ 。

一般来说,放大器的上限频率远大于其下限频率,因而其通频带(等于上限频率与下限频率之差)就近似等于其上限频率的数值,则加反馈后的通频带为

$$f_{BWf} = f_{Hf} - f_{Lf} \approx f_{Hf} = (1 + \dot{A}_m \dot{F})f_H \approx (1 + \dot{A}_m \dot{F})f_{BW} \tag{3.3.8}$$

可见,加了负反馈以后,放大器的通频带展宽为原来的 $(1 + \dot{A}_m \dot{F})$ 倍。

应当说明,上述结论只对单级阻容耦合放大器有效。若含有多个 $RC$ 回路,则上述数量关系不成立。不过,负反馈可以展宽通频带的趋势是成立的。

### 3.3.3　减小非线性失真

由于放大电路中元件(如晶体管)具有非线性,因而会引起非线性失真。一个无反馈的放大器,即使设置了合适的静态工作点,但当输入信号较大时,仍会使输出信号波形产生非线性失真。引入负反馈后,这种失真可以减小。

图 3.3.2 为负反馈减小非线性失真示意图。图(a)中,输入信号 $x_i$ 为标准正弦波,经基本放大器放大后的输出信号 $x_o'$ 产生了前半周大、后半周小的非线性失真。若引入了负反馈,如图(b)所示,失真的输出波形反馈到输入端,在反馈系数不变的前提下,反馈信号 $x_f$ 也将是前半周大、后半周小,与 $x_o'$ 的失真情况相似。这样,失真了的反馈信号 $x_f$ 与原输入信号 $x_i$ 在输入端叠加,产生的净输入信号 $x_d = x_i - x_f$ 就会是前半周小、后半周大的波形。这样的净输入信号经基本放大器放大后,由于净输入信号的"前半周小、后半周大"与基本放大器的"前半周大、后半周小"二者相互补偿,因而可使输出的波形前后两半周幅度趋于一致,接近原输入的标准正弦波,从而减小了非线性失真。

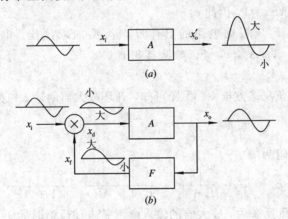

图 3.3.2　负反馈减小非线性失真

(a) 无反馈;(b) 有反馈

这里应当说明,负反馈能够减小放大器的非线性所产生的非线性失真,而不能减小输入信号本身所固有的失真。而且,负反馈只是"减小"而不是"完全消除"非线性失真。

### 3.3.4　改变输入电阻和输出电阻

在前面的讨论中我们已经可以看到,负反馈可以影响放大器的输入电阻和输出电阻,影响的情况与反馈的类型有关。

**1. 对输入电阻的影响**

我们在 3.2.2 小节中已经指出,对输入电阻的影响随反馈信号在输入回路中叠加方式的不同而不同。串联负反馈使输入电阻增大,并联负反馈使输入电阻减小。那么,增大或减小了多少呢?下面对此作一分析。

1)串联负反馈

图 3.3.3 是串联负反馈方框图。由图可知,开环放大器的输入电阻为

$$r_i = \frac{\dot{U}_d}{\dot{I}_i}$$

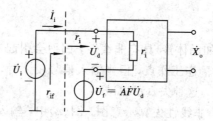

图 3.3.3 串联负反馈方框图

反馈放大器的输入电阻为

$$r_{if} = \frac{\dot{U}_i}{\dot{I}_i} = \frac{\dot{U}_d + \dot{U}_f}{\dot{I}_i} = \frac{\dot{U}_d + \dot{F}\dot{X}_o}{\dot{I}_i} = \frac{\dot{U}_d + \dot{A}\dot{F}\dot{U}_d}{\dot{I}_i}$$

$$= (1 + \dot{A}\dot{F})\frac{\dot{U}_d}{\dot{I}_i} = (1 + \dot{A}\dot{F})r_i \qquad (3.3.9)$$

上式表明,引入串联负反馈后,放大器的输入电阻是未加反馈时的$(1+\dot{A}\dot{F})$倍。特别是在深度负反馈时,$|1+\dot{A}\dot{F}|\gg1$,因此 $r_{if}\gg r_i$。

应当指出,$\dot{A}$ 及 $\dot{F}$ 应根据电路的具体反馈类型加以确定。电压反馈时,$\dot{A}=\dot{A}_u$,$\dot{F}=\dot{F}_u$;电流反馈时,$\dot{A}=\dot{A}_g$,$\dot{F}=\dot{F}_r$(参见表 3.1.1)。

2)并联负反馈

图 3.3.4 为并联负反馈方框图。由图可知,开环放大器的输入电阻为

$$r_i = \frac{\dot{U}_i}{\dot{I}_d}$$

反馈放大器的输入电阻为

$$r_{if} = \frac{\dot{U}_i}{\dot{I}_i} = \frac{\dot{U}_i}{\dot{I}_d + \dot{I}_f} = \frac{\dot{U}_i}{\dot{I}_d(1 + \dot{A}\dot{F})} = \frac{r_i}{(1 + \dot{A}\dot{F})} \qquad (3.3.10)$$

上式说明,引入并联负反馈后,放大器的输入电阻是未加反馈时的 $1/(1+\dot{A}\dot{F})$。特别是当深度负反馈时,$|1+\dot{A}\dot{F}|\gg1$,因此 $r_{if}\ll r_i$。

同样,上式 $\dot{A}$ 与 $\dot{F}$ 也要根据电路的具体反馈类型加以确定。电压反馈时,$\dot{A}=\dot{A}_r$,$\dot{F}=\dot{F}_g$;电流反馈时,$\dot{A}=\dot{A}_i$,$\dot{F}=\dot{F}_i$(参见表 3.1.1)。

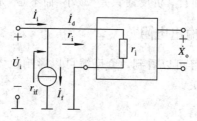

图 3.3.4 并联负反馈方框图

**2. 对输出电阻的影响**

负反馈对输出电阻的影响随反馈信号在输出回路中的采样方式不同而不同。电压负反馈使输出电阻减小,电流负反馈使输出电阻增大。下面进行数量分析。

1)电压负反馈

图 3.3.5(a)是电压负反馈的方框图。按照输出电阻的定义,求输出电阻 $r_{of}$ 时应去掉输

入信号(即令 $\dot{X}_i = 0$),断开负载电阻(即令 $R_L = \infty$),在输出端向放大器施加一个电压 $\dot{U}$,则 $\dot{U}$ 与它为放大器所提供的电流 $\dot{I}$ 的比值就是输出电阻 $r_{of}$。

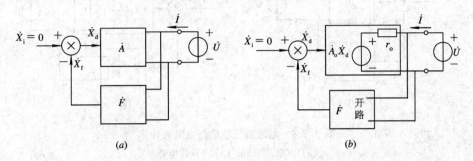

$$(a) \qquad\qquad\qquad\qquad (b)$$

图 3.3.5  电压负反馈输出电阻的计算
(a) 方框图;(b) (a)的等效电路

为了计算 $\dot{U}$ 与 $\dot{I}$ 的比值,需要用戴维南定理对此方框图中的开环放大器作等效处理。开环放大器对它自己的输出端而言,应等效为一个电压源,该电压源的内阻即为开环放大器的输出电阻 $r_o$,该电压源的电压即为开环放大器输出端上的开路电压,也就是负载开路时的输出电压。因此,这个开路电压应等于开环放大器的输入信号 $\dot{X}_d$ 与放大倍数 $\dot{A}_o$ 的乘积 $\dot{A}_o\dot{X}_d$,这里 $\dot{A}_o$ 为开环放大器负载开路时的放大倍数。等效后的电路如图 3.3.5(b)所示。由于理想情况下,反馈网络只从输出端上获取输出信号(这里是电压),而对开环放大器没有负载效应,故反馈网络的输入端为开路。

在图 3.3.5(b)等效电路的输入端,$\dot{X}_d = \dot{X}_i - \dot{X}_f = -\dot{X}_f$,在等效电路的输出端,有

$$\dot{U} = \dot{I}r_o + \dot{A}_o\dot{X}_d = \dot{I}r_o - \dot{A}_o\dot{X}_f = \dot{I}r_o - \dot{A}_o\dot{F}\dot{U}$$

所以

$$\dot{U} = \frac{\dot{I}r_o}{1 + \dot{A}_o\dot{F}}$$

$$r_{of} = \frac{\dot{U}}{\dot{I}} = \frac{r_o}{1 + \dot{A}_o\dot{F}} \qquad\qquad (3.3.11)$$

式(3.3.11)说明,加了电压负反馈后的输出电阻是未加反馈时的 $1/(1 + \dot{A}_o\dot{F})$。特别是在深度负反馈时,$|1 + \dot{A}_o\dot{F}| \gg 1$,因此,$r_{of} \ll r_o$。

上式中,$\dot{A}_o$ 及 $\dot{F}$ 应根据电路的具体反馈类型加以确定。串联反馈时,$\dot{A}_o = \dot{A}_{ou}$,$\dot{F} = \dot{F}_u$,并联反馈时,$\dot{A}_o = \dot{A}_{or}$,$\dot{F} = \dot{F}_g$(参见表 3.1.1)。

2) 电流负反馈

图 3.3.6(a)是电流负反馈的方框图。我们也是在去掉输入信号的前提下,在输出端向放大器施加一个外加电压 $\dot{U}$,求出 $\dot{U}$ 为放大器所提供的电流 $\dot{I}$,则 $\dot{U}$ 与 $\dot{I}$ 的比值就是输出电阻 $r_{of}$。

为了计算 $\dot{U}$ 与 $\dot{I}$ 的比值,需要用诺顿定理对方框图中的开环放大器作等效处理。对开环放大器本身的输出端而言,应将其等效为一个电流源,该电流源的内阻即为开环放大器的输出电阻 $r_o$,该电流源的电流即为开环放大器输出端的短路电流,也就是负载短路时的输出电流。因此,这个短路电流应等于开环放大器的输入信号 $\dot{X}_d$ 与放大倍数 $\dot{A}_s$ 的乘积 $\dot{A}_s\dot{X}_d$,这里 $\dot{A}_s$ 为开环放大器负载短路时的放大倍数。等效后的电路如图 3.3.6(b)所示。

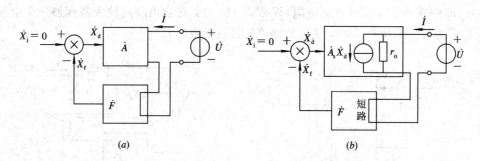

图 3.3.6　电流负反馈输出电阻的计算

(a) 方框图；(b) (a)的等效电路

由于理想情况下，反馈网络只从输出端获取输出信号（这里是电流），而对开环放大器没有负载效应，故反馈网络的输入端为短路。

在图 3.3.6(b)等效电路的输入端，有 $\dot{X}_d = \dot{X}_i - \dot{X}_f = -\dot{X}_f$。在其输出端，有

$$\dot{U} = (\dot{I} - \dot{A}_s \dot{X}_d)r_o = (\dot{I} + \dot{A}_s \dot{X}_f)r_o = (\dot{I} + \dot{A}_s \dot{F}\dot{I})r_o = (1 + \dot{A}_s \dot{F})\dot{I}r_o$$

所以

$$r_{of} = \frac{\dot{U}}{\dot{I}} = (1 + \dot{A}_s \dot{F})r_o \tag{3.3.12}$$

此式说明，加了电流负反馈后的输出电阻是未加反馈时的$(1 + \dot{A}_s \dot{F})$倍。特别是在深度负反馈时，$|1 + \dot{A}_s \dot{F}| \gg 1$，因而 $r_{of} \gg r_o$。

同样，上式中的 $\dot{A}_s$ 及 $\dot{F}$ 也应根据电路的具体反馈类型加以确定。串联反馈时，$\dot{A}_s = \dot{A}_{sg}$，$\dot{F} = \dot{F}_r$，并联反馈时，$\dot{A}_s = \dot{A}_{si}$，$\dot{F} = \dot{F}_i$（参见表 3.1.1。）

# 3.4　深度负反馈放大器的估算

负反馈放大器的计算，一般是计算闭环放大倍数和闭环电压放大倍数。根据负反馈放大器的基本关系式，只要把开环放大倍数和反馈系数求出来，就可按照基本关系式求出闭环放大倍数。然而，只要电路稍微复杂点，这种计算就相当麻烦。为此，我们常常利用深度负反馈的近似公式进行估算，以使分析计算过程大为简化。当然，能够用于估算的电路必须满足深度负反馈的条件：$|1 + \dot{A}\dot{F}| \gg 1$（或 $|\dot{A}\dot{F}| \gg 1$）。在实际应用电路中，特别是随着集成运放及各种集成模拟器件日益广泛的应用，这个条件经常容易得到满足，因而，本节所讲的深度负反馈放大器的近似估算具有很高的实用价值。

由深度负反馈的条件：$|1 + \dot{A}\dot{F}| \gg 1$ 或 $|\dot{A}\dot{F}| \gg 1$，有

$$\dot{A}_f = \frac{\dot{A}}{1 + \dot{A}F} \approx \frac{1}{\dot{F}} \tag{3.4.1}$$

$$\dot{X}_i = \dot{X}_d + \dot{X}_f = \dot{X}_d + \dot{A}\dot{F}\dot{X}_d \approx \dot{A}\dot{F}\dot{X}_d = \dot{X}_f \tag{3.4.2}$$

$$\dot{X}_d = \dot{X}_i - \dot{X}_f \approx 0 \tag{3.4.3}$$

(3.4.1)～(3.4.3)式是深度负反馈放大器的重要特点。(3.4.1)式说明，只要求出反馈系数 $\dot{F}$，就可以直接求出闭环放大倍数 $\dot{A}_f$；(3.4.2)、(3.4.3)式说明，深度负反馈放大器的反馈量近似等于输入量，而净输入量近似为 0。这些特点使我们对各种深度负反馈放大器的分析计算变得十分简单。当然，(3.4.1)～(3.4.3)式只是一般化公式，对于不同类型的

负反馈电路，式中各参量有着不同的具体含义。下面我们就以常用的四种基本负反馈放大器为例，具体说明这种估算方法。计算中设集成运放的开环增益趋近于∞，分立元件的$|1+\dot{A}\dot{F}|\gg 1$，即各个负反馈均满足深度负反馈的条件，并设电路工作在中频区段。

**1. 电压串联负反馈**

图 3.4.1 为电压串联深度负反馈电路。其中(a)图由集成运放组成，(b)图由分立元件组成。

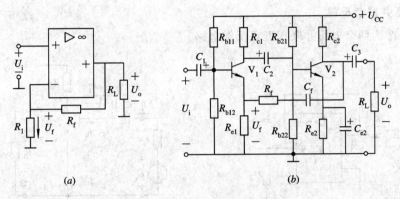

图 3.4.1　电压串联负反馈电路

在图 3.4.1(a)中，输出电压 $U_o$ 经 $R_f$、$R_1$ 分压后加到输入回路上，因流入运放反相输入端的电流一般极小，可以忽略，故有

$$U_f = \frac{R_1}{R_1 + R_f} U_o$$

反馈系数为

$$F = \frac{U_f}{U_o} \approx \frac{R_1}{R_1 + R_f}$$

因满足深度负反馈，故闭环放大倍数为

$$A_f \approx \frac{1}{F} \approx \frac{R_1 + R_f}{R_1}$$

由表 3.1.1 知，电压串联负反馈闭环放大倍数就是闭环电压放大倍数，所以闭环电压放大倍数为

$$A_{uf} = A_f \approx \frac{R_1 + R_f}{R_1} \tag{3.4.4}$$

图 3.4.1(b)中，输出电压 $U_o$ 经 $R_f$、$R_{e1}$ 分压后加到第一级的输入回路，作为整个放大器的反馈电压，忽略 $V_1$ 的发射极电流在 $R_{e1}$ 上的压降（这个压降属于第一级的局部反馈电压，相对整个放大器的反馈来说一般可以忽略），有

$$U_f \approx \frac{R_{e1}}{R_{e1} + R_f} U_o$$

反馈系数为

$$F = \frac{U_f}{U_o} \approx \frac{R_{e1}}{R_{e1} + R_f}$$

因满足深度负反馈，故闭环放大倍数为

$$A_f \approx \frac{1}{F} \approx \frac{R_{e1} + R_f}{R_{e1}}$$

同样，其闭环电压放大倍数即为其闭环放大倍数，即

$$A_{uf} = A_f \approx \frac{R_{e1} + R_f}{R_{e1}} \tag{3.4.5}$$

(3.4.4)式与(3.4.5)式说明，引入深度负反馈后，电路的放大倍数只与反馈电阻值有关，而与基本放大器的内部参数及负载无关。

**2. 电压并联负反馈**

图 3.4.2 为两个电压并联深度负反馈电路。

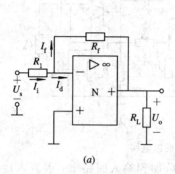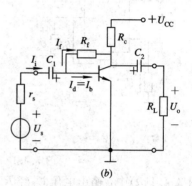

图 3.4.2　电压并联负反馈电路

图 3.4.2(a)为集成运放组成的电路，因流入反相输入端的电流很小，可以忽略，即 $I_d \approx 0$，$I_i \approx I_f$。

因 $I_d \approx 0$，故有 $U_- = I_d r_i \approx 0$，有

$$I_f = \frac{U_- - U_o}{R_f} \approx -\frac{U_o}{R_f}$$

即

$$I_i \approx -\frac{U_o}{R_f}$$

闭环放大倍数为

$$A_f = A_{rf} = \frac{U_o}{I_i} = -R_f$$

在深度并联负反馈时，放大器的输入电阻 $r_{if} \to 0$，故

$$I_i = \frac{U_s}{R_1 + r_{if}} \approx \frac{U_s}{R_1}$$

所以，闭环电压放大倍数为

$$A_{uf} = \frac{U_o}{U_s} \approx -\frac{R_f}{R_1} \tag{3.4.6}$$

图 3.4.2(b)所示为分立元件组成的单级放大电路。通常 $I_b \ll I_f$，故有 $I_i \approx I_f$。通常 $U_b \ll U_o$，故有

$$I_i \approx I_f = \frac{U_b - U_o}{R_f} \approx -\frac{U_o}{R_f}$$

闭环放大倍数为

$$A_f = A_{rf} = \frac{U_o}{I_i} = -R_f$$

由于满足深度负反馈，晶体管放大器的输入电阻近似为 0，故

$$I_i = \frac{U_s}{r_s + r_{if}} \approx \frac{U_s}{r_s}$$

因此，闭环电压放大倍数为

$$A_{uf} = \frac{U_o}{U_s} = -\frac{R_f}{r_s} \tag{3.4.7}$$

在并联负反馈时，信号源内阻（($a$)图中为 $R_1$，($b$)图中为 $r_s$）越大，反馈效果越好。因此，在求闭环电压放大倍数时，若还像串联负反馈那样把 $U_i$ 看做输入信号，实际上就相当于认为信号源内阻为零。而信号源内阻为零，并联反馈效果就消失了。所以，对并联负反馈（电压并联负反馈或电流并联负反馈）都应以有内阻的信号源为基础，其闭环电压放大倍数应为源电压放大倍数，即 $U_o/U_s$，而不是 $U_o/U_i$。

**3. 电流串联负反馈**

图 3.4.3 为电流串联深度负反馈放大电路。

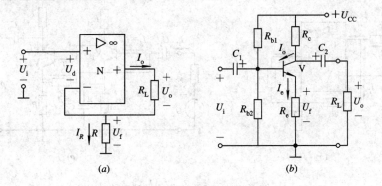

图 3.4.3　电流串联负反馈电路

图($a$)的集成运放电路满足深度负反馈，则有

$$U_i \approx U_f,\ U_d \approx 0$$

$$I_R \approx I_o = \frac{U_o}{R_L}$$

而

$$U_f = I_R R$$

闭环放大倍数为

$$A_f = A_{gf} = \frac{I_o}{I_i} \approx \frac{I_R}{U_f} = \frac{1}{R}$$

又

$$U_i = U_f = \frac{RU_o}{R_L}$$

故闭环电压放大倍数为

$$A_{uf} = \frac{U_o}{U_i} = \frac{R_L}{R} \tag{3.4.8}$$

图 3.4.3($b$)为分立元件组成的放大器，输出量 $I_o \approx I_e$，而 $U_f = I_e R_e$，所以

$$U_f = I_o R_e$$

满足深度负反馈，$U_i \approx U_f$，故

$$U_i \approx I_o R_e$$

故闭环放大倍数为

$$A_f = A_{gf} = \frac{I_o}{U_i} = \frac{1}{R_e}$$

闭环电压放大倍数则为

$$A_{uf} = \frac{U_o}{U_i} = \frac{-I_o R_L'}{U_i} = -\frac{R_L'}{R_e} \tag{3.4.9}$$

式中，$R_L' = R_L /\!/ R_c$。

应当说明，式(3.4.9)中的 $R_L'$ 不等于图 3.4.3(b)中的 $R_L$，而应等于 $R_L$ 与 $R_c$ 的并联，其原因是，输出电流 $I_o (= I_c \approx I_e)$ 是流经 $R_L$ 与 $R_c$ 并联后的总负载 $R_L'$ 的，只有 $-I_o R_L'$ 才与 $U_o$ 相等。而 $-I_o R_L \neq U_o$。

**4. 电流并联负反馈**

图 3.4.4 为电流并联深度负反馈放大电路。

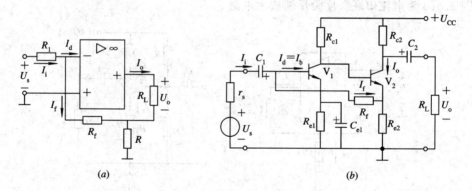

$(a)$ $\qquad\qquad\qquad\qquad$ $(b)$

图 3.4.4　电流并联负反馈电路

图 3.4.4(a)为运放组成的放大电路，并满足深度负反馈条件，故有

$$I_i \approx I_f, \quad I_d \approx 0$$

考虑到运放两输入端之间电位近似相等，即 $U_- \approx U_+ = 0$，再利用分流公式，有

$$I_f = -I_o \frac{R}{R + R_f}$$

反馈系数为

$$F = \frac{I_f}{I_o} = -\frac{R}{R + R_f}$$

闭环放大倍数为

$$A_f = \frac{1}{F} = -\frac{R + R_f}{R}$$

再由

$$I_i = \frac{U_s - U_-}{R_1} \approx \frac{U_s}{R_1}$$

可有

$$\frac{U_s}{R_1} = -I_o \frac{R}{R+R_f} = -\frac{U_o}{R_L} \cdot \frac{R}{R+R_f}$$

闭环电压放大倍数为

$$A_{uf} = \frac{U_o}{U_s} = -\frac{(R+R_f)R_L}{R_1 R} \tag{3.4.10}$$

图 3.4.4($b$)为两级晶体管放大电路,满足深度负反馈时,$I_d = I_b \approx 0$,$I_i \approx I_f$,$U_b \approx U_{e1} = 0$,则由分流公式有

$$I_f = -I_{e2} \frac{R_{e2}}{R_{e2}+R_f} = -I_o \frac{R_{e2}}{R_{e2}+R_f}$$

故反馈系数为

$$F = \frac{I_f}{I_o} = -\frac{R_{e2}}{R_{e2}+R_f}$$

闭环放大倍数为

$$A_f = A_{if} = \frac{1}{F} = -\frac{R_{e2}+R_f}{R_{e2}}$$

又

$$I_o = \frac{-U_o}{R_L /\!/ R_{c2}} = -\frac{U_o}{R_L'}$$

其中 $R_L' = R_L /\!/ R_{c2}$,则

$$I_f = \frac{U_o}{R_L'} \cdot \frac{R_{e2}}{R_{e2}+R_f}$$

再由

$$I_i = \frac{U_s - U_b}{r_s} \approx \frac{U_s}{r_s}$$

有

$$\frac{U_s}{r_s} = \frac{U_o}{R_L'} \cdot \frac{R_{e2}}{R_{e2}+R_f}$$

所以闭环电压放大倍数为

$$A_{uf} = \frac{U_o}{U_s} = \frac{(R_{e2}+R_f)R_L'}{r_s R_{e2}} \tag{3.4.11}$$

在上述四种反馈类型的计算中,除电压串联负反馈之外,其它三种类型的闭环放大倍数都不是闭环电压放大倍数。正如我们所分析推导的那样,若求电压放大倍数,则应按照 (3.4.6)~(3.4.11)式进行估算。

深度负反馈的近似估算方法简便,计算电压放大倍数比较方便。如果不满足深度负反馈条件,这种估算的误差较大。这时可用方框图法进行计算,有关方框图计算法请参阅有关资料。

再有,对于深度负反馈放大器的输入、输出电阻,并不能像放大倍数那样简单地作近似估算。不过,在理想情况下,$|1+AF| \to \infty$,由(3.3.9)、(3.3.10)、(3.3.11)及(3.3.12)式可以认为:

深度串联负反馈时，输入电阻 $r_{if} \rightarrow \infty$；

深度并联负反馈时，输入电阻 $r_{if} \rightarrow 0$；

深度电压负反馈时，输出电阻 $r_{of} \rightarrow 0$；

深度电流负反馈时，输出电阻 $r_{of} \rightarrow \infty$。

# *3.5　负反馈放大器的稳定问题

前面曾经指出，当负反馈放大器的反馈深度 $|1+\dot{A}\dot{F}|=0$ 时，闭环放大倍数趋于无穷大，这时我们称放大器产生了自激。自激破坏了放大器的稳定性。本节对此作一讨论。

**1. 自激现象及其产生条件**

一个放大器在没有输入信号时也会有信号输出，这个放大器就产生了自激。自激也叫自激振荡，此时，使放大器的输入信号为零，在输出端仍可用示波器观察到输出信号波形。放大器产生自激会妨碍正常信号的放大，使工作状态不稳定，因而应设法消除或避免。

前面已经指出，当负反馈放大器满足 $|1+\dot{A}\dot{F}|=0$ 时会产生自激，因此，$|1+\dot{A}\dot{F}|=0$（或 $\dot{A}\dot{F}=-1$）就是产生自激的条件。

下面我们来分析产生自激的物理过程。设放大器满足 $|1+\dot{A}\dot{F}|=0$ 且有一个净输入信号 $\dot{X}_d$，必然会有输出信号 $\dot{X}_o=\dot{A}\dot{X}_d$，这个输出信号又会产生反馈信号 $\dot{X}_f=\dot{F}\dot{X}_o$。这个反馈信号与输入信号叠加得到新的净输入信号 $\dot{X}_d'=\dot{X}_i-\dot{X}_f$，当没有输入信号即 $\dot{X}_i=0$ 时，$\dot{X}_d'=-\dot{X}_f=-\dot{A}\dot{F}\dot{X}_d$，由于满足 $\dot{A}\dot{F}=-1$，所以 $\dot{X}_d'=\dot{X}_d$。可见，经过一个反馈循环后，净输入信号维持不变。当然，这个新的净输入信号又经放大、反馈，放大、反馈，……不论循环多少次，仍维持原来的净输入信号不变，这样，输出端也就始终维持有 $\dot{X}_o=\dot{A}\dot{X}_d$ 的输出不变。而输入端并未外加输入信号（$\dot{X}_i=0$），所以，这就是在没有输入的情况下产生输出的过程，就是自激过程。

产生自激的条件 $\dot{A}\dot{F}=-1$ 可以分为两条：

自激的振幅条件

$$|\dot{A}\dot{F}|=1 \tag{3.5.1}$$

自激的相位条件

$$\arctan(\dot{A}\dot{F})=\pm(2n+1)\pi \tag{3.5.2}$$

实际上，在满足式(3.5.2)相位条件后，$|\dot{A}\dot{F}|>1$ 也会使放大器自激，且其输出信号的幅度会增加，直到为电路元件的非线性所限制不再增加为止。因此，产生自激的条件应是

$$|\dot{A}\dot{F}|\geqslant1 \tag{3.5.3}$$

$$\arctan(\dot{A}\dot{F})=\pm(2n+1)\pi \tag{3.5.4}$$

只要同时满足上述两个条件，放大电路就会产生自激。比如，在阻容耦合放大器中，虽然其中频区段的附加相移为 0，但高频段或低频段则存在附加相移，当附加相移达到 $\pm\pi$ 的奇数倍时，原来的负反馈变成了正反馈，反馈不是削弱而是增强了净输入信号，此时若再满足振幅条件，便会产生自激。

**2. 自激的消除**

避免产生自激保证负反馈放大器稳定工作的办法，就是设法破坏其自激振荡的条件，

使两个条件都不发生或不同时发生。

图 3.5.1 给出了自激与稳定两种状态下 $\dot{A}\dot{F}$ 的波特图。其中 $(a)$ 图为产生自激的情况。从 $(a)$ 图可以看出，当相移 $\varphi=\arctan(\dot{A}\dot{F})$ 为 $-\pi$ 时，$|\dot{A}\dot{F}|\geqslant1$（即 $20\lg|\dot{A}\dot{F}|\geqslant0$ dB），两个条件同时满足。而 $(b)$ 图为稳定状态，由图可见，当对数幅频值 $20\lg|\dot{A}\dot{F}|=0$ dB，相移 $\varphi$ 还未达到 $-\pi$；当 $\varphi$ 达到 $-\pi$ 时，$20\lg|\dot{A}\dot{F}|<0$ dB。消除自激就是设法使电路处于图 3.5.1$(b)$ 的稳定状态，使 $\varphi=\pm\pi$ 和 $20\lg|\dot{A}\dot{F}|\geqslant0$ 不能同时满足。

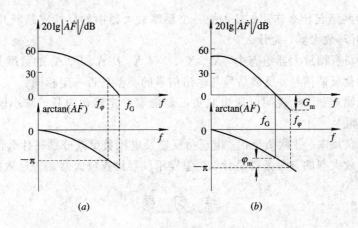

图 3.5.1  $\dot{A}\dot{F}$ 的频率特性
$(a)$ 产生自激的情况；$(b)$ 不产生自激的情况

一般多采用补偿电容 $C$ 或 $RC$ 补偿电路来改变电路的频率特性，以消除自激。图 3.5.2 为几个主要用于高频消振的电路形式。图 $(a)$ 为电容补偿；图 $(b)$ 为 $RC$ 补偿，它比电容补偿的高频衰减小，可以改善带宽。图 $(c)$ 与 $(d)$ 为反馈补偿，它们的元件数值可比前两种补偿取得小。补偿元件的数值可通过实验确定。

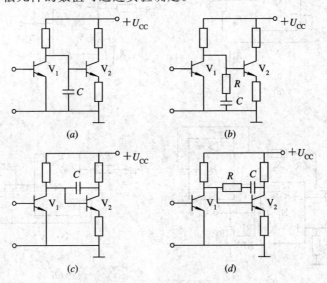

图 3.5.2  消除自激的电路

3.1 什么叫正反馈、负反馈，电压反馈、电流反馈，串联反馈、并联反馈？如何区分这些不同类型的反馈？

3.2 为了使反馈的作用能充分发挥，串联反馈和并联反馈各对信号源内阻 $r_s$ 有什么要求？

3.3 反馈网络起什么作用？是否把一个反馈放大器中的反馈支路断开就构成了这个反馈放大器的开环放大器，为什么？

3.4 四种负反馈放大器组态中，$\dot{X}_i$、$\dot{X}_o$、$\dot{X}_f$、$\dot{X}_d$ 及 $\dot{A}$、$\dot{F}$、$\dot{A}_f$ 的量纲分别是什么？

3.5 什么是反馈信号？反馈信号与输出信号的类型是否一定相同？

3.6 试从物理意义上说明电压串联负反馈能够稳定输出电压、减小输出电阻、增大输入电阻的道理。

3.7 串联负反馈、并联负反馈、电压负反馈及电流负反馈分别在什么情况下采用？

3.8 反馈放大器的自激条件是什么？怎样用仪器检查放大器是否自激？

# 练 习 题

3.1 给定题 3.1 图所示电路，

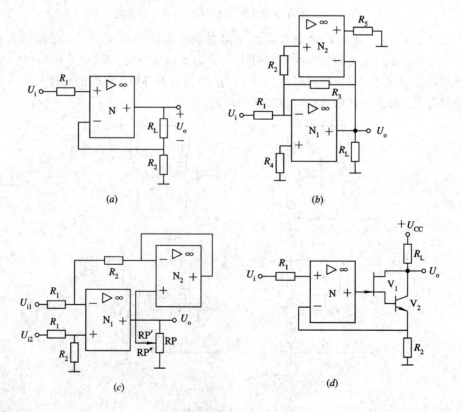

题 3.1 图

（1）找出反馈元件（或支路）；

（2）判断各电路的反馈组态。

3.2 判断题 3.2 图各电路的反馈组态。

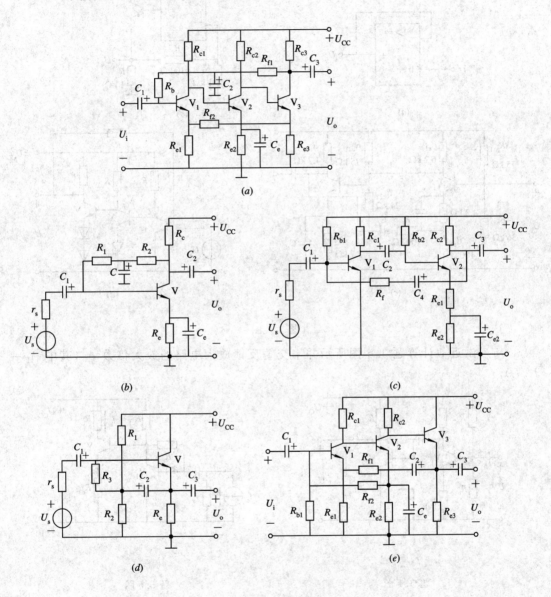

题 3.2 图

3.3 判断题 3.3 图各电路的反馈组态。在深度负反馈条件下，近似计算它们的电压放大倍数或求电压放大倍数近似计算表达式（设电容值均足够大）。

3.4 在题 3.4 图所示电路中，前后两级中分别有本级串联反馈及本级并联反馈，故称为串并交替的反馈放大电路。试证明在深度反馈及 $R_{c1} \ll r_{if2}$ 的条件下有

$$A_{uf} \approx \frac{R_f}{R_{e1}}$$

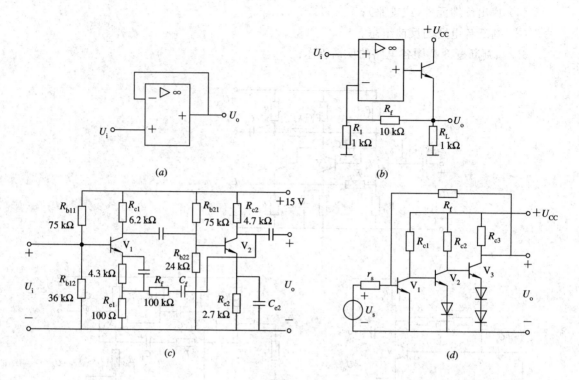

题 3.3 图

3.5 试近似计算题 3.5 图所示并串交替反馈放大电路的放大倍数 $A_{if}$（其中 $A_{if} = I_o/I_s$）。

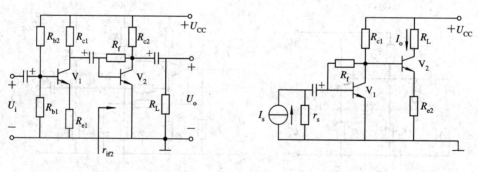

题 3.4 图          题 3.5 图

3.6 若要求放大器的闭环增益为 40 dB，并希望基本放大器的放大倍数变化 10% 时，闭环放大倍数的变化限制在 0.5% 之内，问基本放大器的增益 $A$ 应选多大，这时反馈系数 $F$ 应为多少。

3.7 由单级负反馈电路级联而成多级负反馈电路的方式可有题 3.7 图所示四种。从得到更好的反馈效果来考虑，这些级联方式中哪些是合理的？哪些不合理？（可以从前级输出电阻是否更好地满足后级对信号源内阻的要求来分析。）

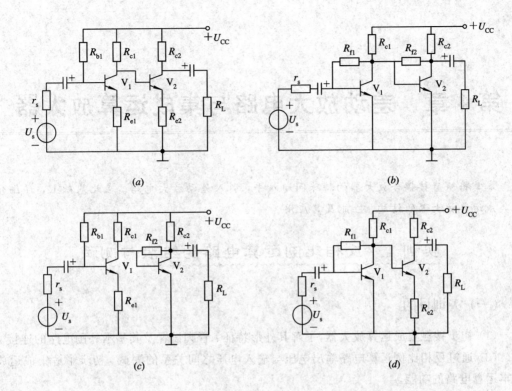

(a)                              (b)

(c)                              (d)

题 3.7 图

3.8　在题 3.8 图中欲实现下列要求,应分别引入什么负反馈(在图中添加元件)?

(1) 希望稳定各级静态工作点。

(2) 希望加入信号后,$I_{c3}$ 基本不受 $R_{c3}$ 变化的影响。

(3) 希望 $R_L$ 变化时输出电压 $U_o$ 基本不变。

(4) 希望输入端向信号源索取电流较小。

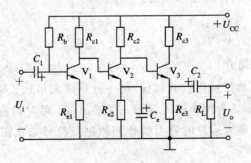

题 3.8 图

# 第4章　差动放大电路与集成运算放大器

本章将从直接耦合放大器的特殊问题入手，引入差动放大电路。在此基础上，详细介绍集成运算放大器的结构、性能及其应用。

## 实训 4　反相比例运算电路的组装与测试

### （一）实训目的

（1）初步接触集成运算放大器，了解其外形特征、管脚设置及其基本外围电路的连接。

（2）通过反相比例运算电路输出电压与输入电压之间关系的测试，初步了解集成运放基本运算电路的功能。

（3）进一步熟练示波器的使用，练习使用双踪示波器测量直流及正弦交流电压，以及对两路信号进行对比。

### （二）预习要求

（1）复习前一章中有关集成运放及其引入负反馈的有关内容。

（2）提前熟悉双踪示波器的使用方法。

### （三）实训原理

#### 1. 集成运算放大器简介

集成运算放大器（简称集成运放或运放）是一种高放大倍数、高输入阻抗、低输出阻抗的直接耦合多级放大器，具有两个输入端和一个输出端，可对直流信号和交流信号进行放大。本实训所用 LM741 集成运放的外引脚排列顺序及符号如实图 4.1 所示。它有 8 个管脚，各管脚功能如图注所示。

集成运放是本教材中头一个集成电子器件，其内部结构比较复杂。不过，我们暂时可以不去了解其内部电路，只要掌握其外围电路的接法就可以了。

#### 2. 负反馈的引入

由第 3 章可知，放大器引入负反馈后，可以改善很多性能。集成运放若不接负反馈或接正反馈，只要有一定的输入信号（即使是微小的输入信号），输出端就会达到最大输出值（即饱和值），运放的这种工作状态称为非线性工作状态。非线性工作状态常用在电压比较器和波形发生器等电路中，这里暂不考虑。集成运放引入负反馈后，就可工作于线性状态。

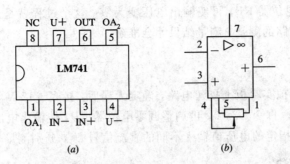

(a)                          (b)

2—反相输入端；3—同相输入端；6—输出端；4—电源电压负端；
7—电源电压正端；1、5—调零端；8—无用

实图 4.1　LM741 的管脚排列及序号

(a) 外引脚排列顺序；(b) 符号

线性状态时，输出电压 $U_o$ 与输入电压 $U_i$ 之间的运算关系仅取决于外接反馈网络与输入端的外接阻抗，而与运算放大器本身参数无关。这一点大家在实训中要充分体会。

**3. 反相比例运算电路**

依外接元件连接的不同，集成运放可以构成比例放大、加减法、微分、积分等多种数学运算电路。本实训只进行其中一种运算——反相比例运算的练习。

反相比例运算电路如实图 4.2 所示。输入信号 $U_i$ 从反相输入端输入，同相输入端经电阻接地。这个电路的输出与输入之间有如下关系：

$$U_o = -\frac{R_f}{R_1}U_i$$

即输出电压与输入电压成比例，比例系数仅与外接电阻 $R_f$、$R_1$ 有关，与运放本身的参数无关。同相端所接 $R_2$、$R_3$ 称为平衡电阻，其作用是避免由于电路的不平衡而产生误差。

若使 $R_f = R_1$，$U_o = -U_i$，此时电路称为反相器，即输出电压与输入电压大小相等而极性相反。

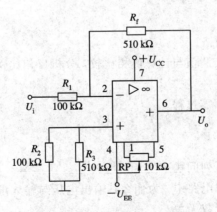

实图 4.2　反相比例运算电路

**4. 调零问题**

由于集成运放一般都存在失调电压和失调电流，因而会影响运算精度。比如，反相比例运算电路中，输入电压 $U_i = 0$ V 时，输出电压 $U_o$ 不为零，而是一个很小的非零数。此时

调整 1、5 脚连接的电位器 RP，可使输出电压变为零。这个过程就是运放的调零。调零之后再进行各种运算电路的测量，测量结果才会准确。

### （四）实训内容

按实图 4.2 在模拟实验板上搭建电路，确定无误后，接入 $\pm12$ V 直流稳压电源。首先对运放电路进行调零，即令 $U_i = 0$，再调整调零电位器 RP，使输出电压 $U_o = 0$。

（1）按实表 4.1 指定的电压值输入不同的直流信号 $U_1$，分别测量对应的输出电压 $U_O$，并计算出电压放大倍数。

（2）将输入信号 $U_i$ 改为 $f = 1$ kHz、幅值为 200 mV 的正弦交流信号，用示波器观察输入、输出信号的波形，分析其是否满足上述反相比例关系。

（3）把 $R_1$、$R_2$ 换成 51 kΩ，其余条件不变，重复上述（1）、（2）步的内容。

（4）把 $R_1$、$R_2$、$R_3$、$R_f$ 均换成 100 kΩ，其余条件不变，重复上述（1）、（2）步的内容。

**实表 4.1　反相比例运算电路参数**

| $U_i$/mV | $R_1 = 100$ kΩ | | | $R_1 = R_2 = 51$ kΩ | | | $R_1 = R_2 = R_3 = R_f = 100$ kΩ | | |
| --- | --- | --- | --- | --- | --- | --- | --- | --- | --- |
| | $U_o$ 计算值 | $U_o$ 实测值 | $A_u$ 实测值 | $U_o$ 计算值 | $U_o$ 实测值 | $A_u$ 实测值 | $U_o$ 计算值 | $U_o$ 实测值 | $A_u$ 实测值 |
| 100 | | | | | | | | | |
| 200 | | | | | | | | | |
| 300 | | | | | | | | | |
| −100 | | | | | | | | | |

### （五）实训报告

（1）整理数据，完成表格。

（2）根据测量结果将实测值与计算值相比较，分析反相比例运算电路是否符合相应的运算关系。

（3）总结集成运放的调零过程。

### （六）思考题

经过实训，你肯定对下列问题产生了兴趣：

（1）在集成运放的运算电路中，为什么其输出电压与输入电压之间的关系仅由外接元件决定，而与运放本身的参数无关？

（2）按照反相比例运算关系，加大比例系数是否可使输出电压无限增大？这显然不会。那么，增大到什么程度就不再增大了呢？

（3）运放两个输入端为什么要"平衡"？

后续理论课很快便会使这些问题得到解决。

# 4.1 差动放大电路

## 4.1.1 直接耦合放大中的特殊问题

在实际应用中,对于信号的放大,一般都采用多级放大电路,以达到较高的放大倍数。多级放大电路中,各级之间的耦合方式有三种,即阻容耦合、变压器耦合和直接耦合。对于频率较高的交流信号进行放大时,常采用阻容耦合或变压器耦合。但是,在生产实际中,需要放大的信号往往是变化非常缓慢的信号,甚至是直流信号。对于这样的信号,不能采用阻容耦合或变压器耦合,而只能采用直接耦合方式。

所谓直接耦合,就是放大器前级输出端与后级输入端以及放大器与信号源或负载直接连接起来,或者经电阻等能通过直流的元件连接起来。由于直接耦合放大器可用来放大直流信号,所以也称为直流放大器。在集成电路中要制作耦合电容和电感元件相当困难,所以后来发展起来的集成电路(如集成运算放大器),其内部电路都采用直接耦合方式。实际上,直接耦合放大器不仅能放大直流信号,也能放大交流信号。因此,随着集成电路的发展,直接耦合放大器正得到越来越广泛的应用。

然而,在多级放大器中采用直接耦合存在两个特殊问题必须加以解决。一是级间直流量的相互影响问题,二是零点漂移问题。

图 4.1.1(a)是一个简单的直接耦合放大器,后级输入端($V_2$ 的基极)直接接在前级的输出端($V_1$ 的集电极)。在这种电路中就存在前后级间直流量的相互影响问题。首先,两级放大器的静态工作点是相互影响的。当 $V_1$ 的静态工作点发生偏移时,这个偏移量会经过 $V_2$ 放大,使 $V_2$ 的静态工作点发生更大的偏移。其次,由于 $V_1$ 的集电极与 $V_2$ 的基极为同一电位,因而 $V_1$ 的 $U_{CE1}$ 受到 $V_2$ 的 $U_{BE2}$ 的钳制而只有 0.7 V 左右,致使信号电压的动态范围很小。为了克服这一不足,可在 $V_2$ 发射极接电阻,使 $V_2$ 的发射极电位升高,则其基极($V_1$ 的集电极)电位也可升高。如图 4.1.1(b)所示。不过,若采用图 4.1.1(b)所示电路,后级的集电极电位逐级高于前级的集电极电位,经过几级耦合之后,末级的集电极电位便会接近电源电压,这实际上也限制了放大器的级数。

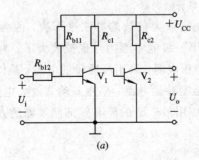 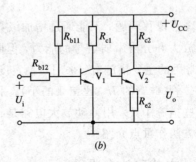

图 4.1.1 简单的直接耦合放大器

所谓零点漂移,就是当输入信号为零时,输出信号不为零,而是一个随时间漂移不定的信号。零点漂移简称为零漂。产生零漂的原因有很多,如温度变化、电源电压波动、晶体管参数变化等。其中温度变化是主要的，因此零漂也称为温漂。在阻容耦合放大器中，由于电容有隔直作用，因而零漂不会造成严重影响。但是，在直接耦合放大器中，由于前级的零漂会被后级放大，因而将会严重干扰正常信号的放大和传输。比如，图 4.1.1 所示直接耦合电路中，输入信号为零时（即 $\Delta U_i = 0$），输出端应有固定不变的直流电压 $U_o = U_{CE2}$。但是由于温度变化等原因，$V_1$、$V_2$ 的静态工作点会随之改变，于是使输出端电压发生变化，也就是有了输出信号。特别是 $V_1$ 工作点的变化影响最大，它会像信号一样直接耦合到 $V_2$，并被 $V_2$ 放大。因此，直接耦合放大器的第一级工作点的漂移对整个放大器的影响是最严重的。显然，放大器的级数越多，零漂越严重。由于零漂的存在，我们将无法根据输出信号来判断是否有信号输入，也无法分析输入信号的大小。

对于级间直流量的相互影响问题，一般采用降低前级输出电压、抬高后级发射极电位、采用 NPN 与 PNP 组合电路等方法加以解决。除图 4.1.2(b) 之外，图 4.1.2(a) 亦为抬高后级发射极电位的直接耦合电路，图 4.1.2(b) 则为 NPN 管与 PNP 管组合的直接耦合电路。在图 4.1.2(a) 中，由于二极管 $V_D$ 的静态电阻大，静态电流流过时产生的压降大，故可有效地提高 $V_2$ 的发射极电位；但二极管的动态电阻小，故信号电流流过时产生的压降小，因而对信号的负反馈作用小，不会引起放大倍数显著下降。这里是利用了非线性元件的静态电阻与动态电阻不相等的特性来适应直接耦合放大器对静态和动态参数的不同要求的。而图 4.1.2(b) 所示电路则没有这种作用。在图 4.1.2(b) 中，由于 $V_1$、$V_2$ 两管所需的电压极性相反，$V_1$ 的集电极电位比基极电位高，$V_2$ 的集电极电位比基极电位低，这样的两个管子配合使用，两级电路便都能得到合适的工作电压。

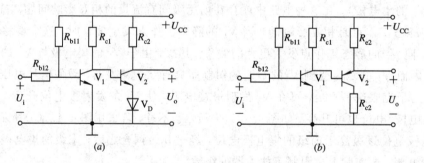

图 4.1.2 直接耦合放大器

对于零点漂移问题，不能通过增加级数、提高放大倍数的办法来解决，因为这样做虽然提高了放大和分辨微弱信号的能力，但同时第一级的零漂信号也被放大了。为了减小零点漂移，常用的主要措施有：采用高稳定度的稳压电源；采用高质量的电阻、晶体管，其中晶体管选硅管（硅管的 $I_{CBO}$ 比锗管的小）；采用温度补偿电路；采用差动式放大电路，等等。在上述这些措施中，采用差动放大电路是目前应用最广泛的能有效抑制零漂的方法。下面将对这种方法作重点介绍。

## 4.1.2 基本差动放大器

### 1. 工作原理

图 4.1.3 是基本的差动放大器，它由两个完全相同的单管放大器组成。由于两个三极管

$V_1$、$V_2$ 的特性完全一样，外接电阻也完全对称相等，两边各元件的温度特性也都一样，因此两边电路是完全对称的。输入信号从两管的基极输入，输出信号则从两管的集电极之间输出。

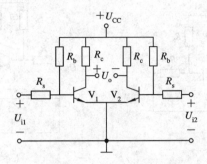

图 4.1.3　基本差动放大器

静态时，输入信号为零，即 $U_{i1}=U_{i2}=0$，由于电路左右对称，即 $I_{C1}=I_{C2}$，$I_{C1}R_c=I_{C2}R_c$ 或 $U_{C1}=U_{C2}$，故输出电压为 $U_o=U_{C1}-U_{C2}=0$。

当电源波动或温度变化时，两管集电极电位将同时发生变化。比如，温度升高会引起两管集电极电流同步增加，由此使集电极电位同步下降。考虑到电路的对称性，两管集电极电位的减少量必然相等，即 $\Delta U_{C1}=\Delta U_{C2}$，于是输出电压为 $u_o=(U_{C1}-\Delta U_{C1})-(U_{C2}-\Delta U_{C2})=0$。由此可见，尽管每只管子的零漂仍然存在，但两管的漂移信号（$\Delta U_{C1}$、$\Delta U_{C2}$）在输出端恰能互相抵消，使得输出端不出现零点漂移，从而使零漂受到了抑制。这就是差动放大器抑制零点漂移的基本原理。

由上述分析可知，差动放大电路是利用两边电路相同的零漂互相抵消的办法来抑制输出端零漂的。显然，两边电路的对称性将直接影响这种抵消的效果。电路对称性越好，这种抵消效果越好，对零漂的抑制能力越强。为了减小零漂，应尽量提高电路的对称程度。在集成运放等集成电路中，其输入级采用差动放大形式，由于集成工艺上可实现很高的电路对称性，因而其抑制零漂的能力都很强。

**2. 共模信号与差模信号**

差动放大器的输入信号可以分为两种，即共模信号和差模信号。在放大器的两输入端分别输入大小相等、极性相同的信号即 $U_{i1}=U_{i2}$ 时，这种输入方式称为共模输入，所输入的信号称为共模（输入）信号。共模输入信号常用 $U_{ic}$ 来表示，即 $U_{ic}=U_{i1}=U_{i2}$。在共模输入时，输出电压与输入共模电压之比称为共模电压放大倍数，用 $A_c$ 表示。在放大器的两输入端分别输入大小相等、极性相反的信号，即 $U_{i1}=-U_{i2}$ 时，这种输入方式称为差模输入，所输入的信号称为差模输入信号。差模输入信号常用 $U_{id}$ 来表示，即

$$U_{i1}=\frac{1}{2}U_{id}$$

$$U_{i2}=-\frac{1}{2}U_{id}$$

在差模输入时，输出电压与输入差模电压之比称为差模电压放大倍数，用 $A_d$ 表示。差动放大器的两种输入方式如图 4.1.4 所示。

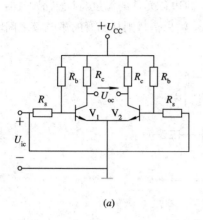
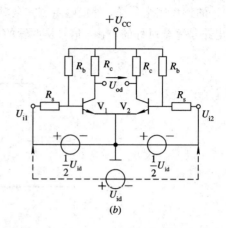

$(a)$ $\qquad\qquad\qquad\qquad$ $(b)$

图 4.1.4 差动放大器的输入方式

$(a)$ 共模输入；$(b)$ 差模输入

由图 4.1.4$(a)$可以看出，当差动放大器输入共模信号时，由于电路对称，其输出端的电位 $U_{c1}$ 和 $U_{c2}$ 的变化也是大小相等、极性相同，因而输出电压 $U_{oc}$ 保持为零。可见，在理想情况下（电路完全对称），差动放大器在输入共模信号时不产生输出电压，也就是说，理想差动放大器的共模电压放大倍数为零，或者说，差动放大器对共模信号没有放大作用，而是有抑制作用。实际上，上述差动放大器对零漂的抑制作用就是它抑制共模信号的结果。因为当温度升高时，两个晶体管的电流都要增大，这相当于在两个输入端加上了大小相等、极性相同的共模信号。换句话说，产生零漂的因素可以等效为输入端的共模信号。显然，$A_c$ 越小，对零漂的抑制作用越强。

由图 4.1.4$(b)$可以看出，当差动放大器输入差模信号 $\left(U_{i1} = \dfrac{1}{2}U_{id}, U_{i2} = -\dfrac{1}{2}U_{id}\right)$ 时，由于电路对称，其两管输出端电位 $U_{c1}$ 和 $U_{c2}$ 的变化也是大小相等、极性相反。若某个管集电极电位升高 $\Delta U_c$，则另一个管集电极电位必然降低 $\Delta U_c$。设两管的电压放大倍数均为 $A$（两管对称，参数相同），则两管输出端电位增量分别为

$$\Delta U_{c1} = \Delta U_c = \frac{1}{2}U_{id}A$$

$$\Delta U_{c2} = -\Delta U_c = -\frac{1}{2}U_{id}A$$

差动放大器总的输出电压为

$$U_{od} = \Delta U_{c1} - \Delta U_{c2} = 2\Delta U_c = U_{id}A$$

差模电压放大倍数为

$$A_d = \frac{U_{od}}{U_{id}} = A \qquad\qquad\qquad (4.1.1)$$

式(4.1.1)表明，差动放大器的差模电压放大倍数等于组成该差动放大器的半边电路的电压放大倍数。

由单管共射放大器的电压放大倍数计算式(式(2.2.5)、(2.3.17))，有

$$A_d = A = -\frac{\beta R_c}{r_{be}} \cdot \frac{R_b \mathbin{/\mkern-5mu/} r_{be}}{R_s + R_b \mathbin{/\mkern-5mu/} r_{be}}$$

一般 $R_b \gg r_{be}$，于是

$$A_d = A \approx -\frac{\beta R_c}{R_s + r_{be}} \tag{4.1.2}$$

应当说明，当两管的输出端（即集电极）间接有负载 $R_L$ 时，上式应为

$$A_d = -\frac{\beta R_L'}{R_s + r_{be}}$$

其中 $R_L' = R_c /\!/ R_L/2$。这里 $R_L' \neq R_c /\!/ R_L$，其原因是由于两管对称，集电极电位的变化等值反相，而与两集电极相连的 $R_L$ 的中点电位不变，这点相当于交流地电位。因而对每个单管来说，负载电阻（输出端对地间的电阻）应是 $R_L$ 的一半，即 $R_L/2$，而不是 $R_L$。

差动放大器对共模信号无放大，对差模信号有放大，这意味着差动放大器是针对两输入端的输入信号之差来进行放大的，输入有差别，输出才变动，即为"差动"。在更一般的情况下，两个输入信号电压既非共模，又非差模，而是任意的两个信号，这种情况称为不对称输入。不对称输入信号可以视为差模信号与共模信号的合成。分析这类信号时，可先将它们分解成共模信号和差模信号，然后再去处理。其中差模信号是两个输入信号之差。

上述放大器的输入回路经过两个管子的发射结和两个电阻 $R_s$，故输入电阻为

$$r_{id} = 2(R_s + r_{be}) \tag{4.1.3}$$

放大器的输出端经过两个 $R_c$，故输出电阻为

$$R_o \approx 2R_c \tag{4.1.4}$$

### 3. 共模抑制比

如上所述，差动放大器的输入信号可以看成一个差模信号与一个共模信号的叠加。对于差模信号，我们要求放大倍数尽量地大；对于共模信号，我们希望放大倍数尽量地小。为了全面衡量一个差动放大器放大差模信号、抑制共模信号的能力，我们引入一个新的量——共模抑制比，用来综合表征这一性质。

共模抑制比 $K_{CMRR}$ 的定义为

$$K_{CMRR} = \left| \frac{A_d}{A_c} \right| \tag{4.1.5}$$

有时用对数形式表示

$$K_{CMRR} = 20 \lg \left| \frac{A_d}{A_c} \right| \, dB \tag{4.1.6}$$

这个定义表明，共模抑制比愈大，差动放大器放大差模信号（有用信号）的能力越强，抑制共模信号（无用信号）的能力也越强。也就是说，共模抑制比越大越好。共模抑制比是实际放大电路的一项重要技术指标。理想情况下 $K_{CMRR} \to \infty$，一般差放电路的 $K_{CMRR}$ 为 $40 \sim 60$ dB，高质量的可达 120 dB。

在实际的差放电路中，当输入的共模电压超过某一值时，其共模抑制比会下降，甚至不能正常工作，为此，对输入共模电压的大小必须加以限制。在共模抑制比不低于规定值的条件下，允许输入的最大共模电压称为共模输入电压范围。

### 4.1.3 实际差动放大器

#### 1. 带射极公共电阻的差动放大器

上述基本差动放大器是利用电路两侧的对称性抑制零漂等共模信号的。但是它还存在两方面的不足。首先，各个管子本身的工作点漂移并未受到抑制。若要其以单端输出（也叫不对称输出），则其"两侧对称，互相抵消"的优点就无从体现了；另外，若每侧的漂移量都比较大，此时要使两侧在大信号范围内做到完全抵消也相当困难。针对上述不足，我们引入了带射极公共电阻的差动放大器，如图 4.1.5 所示。

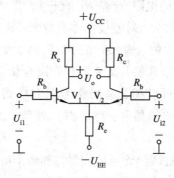

图 4.1.5　带射极公共电阻的差动放大器

带射极公共电阻 $R_e$ 的差放电路也叫长尾式差动放大器。接入公共电阻 $R_e$ 的目的是引入直流负反馈。比如，当温度升高时，两管的 $I_{C1}$ 和 $I_{C2}$ 同时增大，由于有了 $R_e$，便有以下负反馈过程：

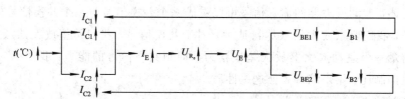

可见，这个负反馈过程与第 2 章讨论过的静态工作点稳定电路的工作原理是一样的，都是利用电流负反馈改变三极管的 $U_{BE}$ 从而抑制 $I_C$ 的变化。显然，$R_e$ 越大，则负反馈作用越强，抑制温漂的效果越好。然而，若 $R_e$ 过大，会使其直流压降也过大，由此可能会使静态电流值下降。为了弥补这一不足，图 4.1.5 中在 $R_e$ 下端引入了负电源 $U_{EE}$，用来补偿 $R_e$ 上的直流压降，从而保证了放大器的正常工作。

下面我们对图 4.1.5 所示电路作动态分析。首先将输入信号分解为共模信号 $U_{ic}$ 和差模信号 $U_{id}$ 两部分，再分别说明 $R_e$ 对这两种信号放大倍数有何影响。对于共模输入信号，由于电路对称，两管的射极电流 $I_E$（约等于集电极电流 $I_C$）变化量大小相等、极性相同（即同增同减），$\Delta I_{E1} = \Delta I_{E2} = \Delta I_E$，使流过 $R_e$ 的总电流变化量为 $2\Delta I_E$，这个电流变化量在 $R_e$ 上产生的电压变化量（$2\Delta I_E R_e$）构成负反馈信号，可使共模放大倍数降低。可见，$R_e$ 对共模信号具有负反馈作用，能够抑制共模信号的输出。这个抑制过程实际上就是上述抑制零漂的过程。

对于差模信号，$R_e$ 却没有抑制作用。当输入差模信号时，两管的电流 $I_E$ 变化量数值相等，但极性相反，一个管 $I_E$ 增加，另一个管 $I_E$ 减少，即 $\Delta I_{E1}=-\Delta I_{E2}$，因而流过 $R_e$ 的总电流不变，$R_e$ 上的电压降便不改变。这样，对差模信号而言，$R_e$ 上没有信号压降，如同短路一般。当然，不起负反馈作用，也就不会影响差模放大倍数。

具有射极电阻 $R_e$ 的差动放大器，既利用电路的对称性使两管的零漂在输出端互相抵消，又利用 $R_e$ 对共模信号的负反馈作用来抑制每个管自身的零漂。由于这种放大器对零漂具有双重抑制作用，所以它的零漂比未接入 $R_e$ 的基本形式差动放大器要小得多。而且，由于每侧的漂移都减小了，信号可以从单端输出。

**例 4.1.1** 在图 4.1.5 电路中，$R_b=5\ \text{k}\Omega$，$R_c=10\ \text{k}\Omega$，$R_e=10\ \text{k}\Omega$，$U_{CC}=U_{EE}=12\ \text{V}$，两管电流放大倍数均为 $\beta=50$。试计算：

（1）静态工作点；

（2）差模电压放大倍数；

（3）输入、输出电阻。

**解** （1）计算静态工作点。静态时，无信号输入，$U_{i1}=U_{i2}=0$。设单管的发射极电流为 $I_{EQ}$，则 $R_e$ 上流过电流为 $2I_{EQ}$。对单管的基极回路可列出如下关系：

$$I_{BQ}R_b+U_{BE}+2I_{EQ}R_e-U_{EE}=0$$

又由

$$I_{EQ}=(1+\beta)I_{BQ}$$

所以

$$I_{BQ}=\frac{U_{EE}-U_{BE}}{R_b+2(1+\beta)R_e} \tag{4.1.7}$$

代入数据得

$$I_{BQ}=\frac{12-0.7}{5+2\times(1+50)\times10}=0.011\ \text{mA}=11\ \mu\text{A}$$

$$I_{CQ}=\beta I_{BQ}=50\times0.011=0.55\ \text{mA}$$

$$U_{CEQ}=U_{CC}+U_{EE}-I_{CQ}R_c-2I_{EQ}R_e$$

$$=12+12-0.55\times10-2\times0.55\times10=7.5\ \text{V}$$

（2）计算差模电压放大倍数。图 4.1.6 为图 4.1.5 所示电路的差模输入交流通路。由于差模信号在 $R_e$ 上没有压降，故将其视为交流短路。所以，其差模电压放大倍数的计算与未引入 $R_e$ 时基本差动放大器差模电压放大倍数的计算相同，也由式（4.1.2）计算。

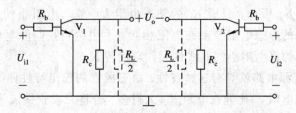

图 4.1.6　图 4.1.5 所示电路的交流通路

在未接电阻 $R_L$ 时，

$$A_d = -\frac{\beta R_c}{R_b + r_{be}}$$

式中

$$r_{be} = 300 + \beta \frac{26}{I_C} = 300 + 50 \times \frac{26}{0.55} = 2666 \ \Omega \approx 2.7 \ k\Omega$$

所以

$$A_d = -\frac{50 \times 10}{5 + 2.7} = -65$$

若接有负载电阻 $R_L$（如图 4.1.6 中虚线所示），则有

$$A_d = -\frac{\beta R_L'}{R_b + r_{be}}$$

式中

$$R_L' = R_c /\!/ (R_L/2)$$

（3）计算输入、输出电阻。差模输入电阻及输出电阻的计算也与基本差放电路相同，即可分别由（4.1.3）式和（4.1.4）式计算。

由（4.1.3）式，差模输入电阻为

$$r_{id} = 2(R_b + r_{be}) = 2 \times (5 + 2.7) = 15.4 \ k\Omega$$

由（4.1.4）式，输出电阻为

$$r_o \approx 2R_c = 2 \times 10 = 20 \ k\Omega$$

应当说明，这里计算的差模电压放大倍数及输出电阻都是对双端输出来说的。双端输出即从两个管的集电极之间输出信号。后面还会看到单端输出的情况，即从一个管子的集电极与地之间输出信号，单端输出时的差模电压放大倍数及输出电阻不能用（4.1.2）式及（4.1.4）式计算。

**2. 带恒流源的差动放大器**

从上述分析中可以看到，欲提高电路的共模抑制比，射极公共电阻 $R_e$ 越大越好。不过，$R_e$ 大了之后，维持相同工作电流所需的电源电压 $U_{EE}$ 的值也必须相应增大。显然，使用过高的电源电压是不合适的。此外，$R_e$ 值过大时直流能耗也大。

为了解决这个矛盾，我们先对 $R_e$ 的作用从动态和静态两个角度作一分析。从加强对共模信号的负反馈作用考虑，只要求 $R_e$ 的动态电阻值大，而不是要求其静态电阻值大。因为当 $R_e$ 的动态电阻值大时，当其流过的电流 $I_{R_e}$ 有微小变化 $\Delta I_{R_e}$ 时，便会在 $R_e$ 上产生较大的电压变化 $\Delta I_{R_e} \cdot R_e$，从而产生强烈的负反馈。从减小电源电压 $U_{EE}$ 及降低直流压降考虑，要求 $R_e$ 的静态电阻小。所以，只要 $R_e$ 的动态电阻大、静态电阻小就可以解决上述矛盾。不过，普通线性电阻的静态电阻与动态电阻相同，无法达到我们的要求。为此，我们要选用一种动态电阻大、静态电阻小的非线性元件来代替 $R_e$。

晶体三极管恒流源电路就具有这种特性。由三极管的输出特性曲线可知，在放大区工作时，三极管的动态电阻 $r_{ce}$ 比静态电阻 $R_{CE}$ 大得多。若将三极管接成第 2 章所学过的工作点稳定电路，如图 4.1.7 所示，则由于存在电流负反馈，其输出电流 $I_C$ 基本恒定，故这种电路称为恒流源电路。从集电极与地之间看进去，恒流源电路的输出电阻比三极管本身的动态电阻 $r_{ce}$ 要大得多。

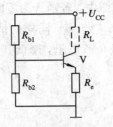

图 4.1.7　晶体管恒流源电路

正因为恒流源电路输出电阻很大，因此用它代替图 4.1.5 中的 $R_e$ 是相当理想的。图 4.1.8 所示即带恒流源的差动放大器。图 $(b)$ 是图 $(a)$ 的简化表示图。

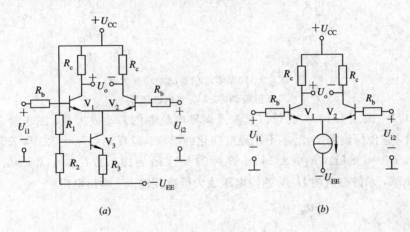

$(a)$　　　　　　　　　　　　　　　　$(b)$

图 4.1.8　带恒流源的差动放大器

在图 4.1.8 电路中，$V_3$ 是一个恒流源，它能维持自身集电极电流 $I_{C3}$ 恒定。而 $I_{C3} = I_{C1} + I_{C2}$，所以 $I_{C1}$ 与 $I_{C2}$ 也就保持恒定，它们不能同时增加或同时减少，也就是不随共模信号的增减而变化，这就大大抑制了共模信号。这种抑制作用相当于用恒流源的很大的输出电阻(严格来讲，恒流源的输出电阻为 $\infty$)对共模信号引入了很强的负反馈。而对于差模信号，则不受 $I_{C3}$ 恒定的影响，因为当差模信号使一侧管的集电极电流 $I_{C1}$ 增大时，另一侧管的集电极电流 $I_{C2}$ 必将减少同样的值，两者互相抵消，恰与 $I_{C3}$ 恒定相符。也就是说，恒流源的恒流性质对于差模信号是起不到负反馈作用的。

对于图 4.1.8 所示电路静态工作点的计算，一般是先计算 $V_3$ 的静态值，再由此计算 $V_1$、$V_2$ 的静态值。在计算电路的交流量时，应将恒定电压源 $U_{CC}$、$U_{EE}$ 视为短路，恒流源视为开路，$V_3$ 的集电极可视为交流地电位，于是图 4.1.8 电路的差模交流通路与图 4.1.6 相同，并可用 (4.1.2)、(4.1.3)、(4.1.4) 式来分别计算 $A_d$、$r_{id}$、$r_o$ 等交流量。

**3. 失调与调零**

理想情况下，加在差动放大器两输入端的信号电压为零时，(双端)输出电压也应为零。但实际的差放电路，两侧的管子特性和阻值参数等不可能完全对称，因而输入为零时输出可能不为零，这种情况称为放大器失调。为了弥补电路不对称造成的失调，往往在差放电路中引入调零电路，以电路形式上的不平衡来抵消元件参数的不对称。调零电路分为射极调零和集电极调零，如图 4.1.9 所示。图中电位器 RP 为调零电位器，调节 RP 的滑动端位置，可使输出为零。比如，(a)图中，若输入为零时输出 $U_o$ 为正，则可将 RP 的滑动端向左移动，使 $I_{c1}\uparrow$，$I_{c2}\downarrow$，便使 $U_o$ 趋于零。同样的情况，若发生在(b)图，则应将电位器中点向右移动，以增加 $V_1$ 的集电极负载电阻，降低其集电极电位，使 $U_o$ 降为零。

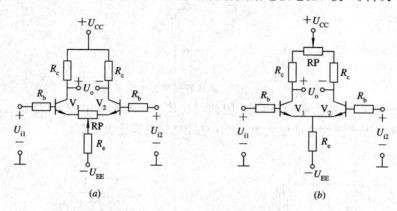

图 4.1.9 加调零电位器的差动放大器

(a) 射极调零；(b) 集电极调零

**例 4.1.2** 图 4.1.10(a)为带恒流源及调零电位器的差动放大器，二极管 $V_D$ 的作用是温度补偿，它使恒流源 $I_{C3}$ 基本不受温度变化的影响。设 $U_{CC}=U_{EE}=12$ V，$R_c=100$ kΩ，$R_P=200$ Ω，$R_1=6.8$ kΩ，$R_2=2.2$ kΩ，$R_3=33$ kΩ，$R_b=10$ kΩ，$U_{BE3}=U_{V_D}=0.7$ V，各管的 $\beta$ 值均为 72，求静态时的 $U_{C1}$，差模电压放大倍数及输入、输出电阻。

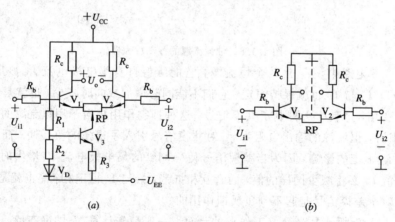

图 4.1.10 例 4.1.2 的图

(a) 差放电路；(b) 交流通路

**解** (1) 静态分析。由 $R_1$ 与 $R_2$ 的分压关系有

$$U_{R_2}+U_{V_D}=\frac{U_{CC}+U_{EE}-U_{V_D}}{R_1+R_2}R_2+U_{V_D}$$

$$=\frac{12+12-0.7}{6.8+2.2}\times 2.2+0.7\approx 6.4 \text{ V}$$

又

$$U_{R_3}=U_{R_2}+U_{V_D}-U_{BE3}=6.4-0.7=5.7 \text{ V}$$

所以

$$I_{C3}\approx I_{E3}=\frac{U_{R_3}}{R_3}=\frac{5.7}{33}\approx 0.173 \text{ mA}=173 \text{ }\mu\text{A}$$

$$I_{C1} = I_{C2} \approx \frac{I_{C3}}{2} = \frac{173}{2} = 86.5 \ \mu A$$

于是 $\qquad U_{C1} = U_{CC} - I_{C1}R_c = 12 - 0.0865 \times 100 = 3.35 \ V$

（2）求差模电压放大倍数及输入、输出电阻。图 4.1.10(b) 为 (a) 图的差模交流通路，图中 RP 中点（$V_3$ 的集电极）为交流电位的地。根据 (4.1.2) 式并考虑到电位器 RP 对放大倍数的影响，差模电压放大倍数为

$$A_d = -\frac{\beta R_c}{R_b + r_{be1} + (1+\beta)R_{RP}/2}$$

因为

$$r_{be1} = 300 + (1+\beta)\frac{26}{I_{C1}} = 300 + (1+72)\frac{26}{0.0865} \approx 22 \ k\Omega$$

故

$$A_d = -\frac{72 \times 100}{10 + 22 + 73 \times 0.1} \approx -183$$

差模输入电阻为

$$r_{id} = 2\left[R_b + r_{be1} + \frac{(1+\beta)R_{RP}}{2}\right] = 2(10 + 22 + 73 \times 0.1) = 78.6 \ k\Omega$$

输出电阻为

$$r_o = 2R_c = 2 \times 100 = 200 \ k\Omega$$

## 4.1.4  差动放大器的几种接法

前面所讨论的差动放大器，信号都是从两个管的基极输入，从两个管的集电极输出，这种方式称为双端输入、双端输出。此外，根据不同需要，输入信号也可以从一个管的基极和地之间输入（即单端输入），输出信号也可以从一个管的集电极和地之间输出（即单端输出）。因此，差动放大器可以有以下四种接法。

**1. 双端输入、双端输出**

前述图 4.1.3、图 4.1.5 均为这种接法。其电压放大倍数计算式见 (4.1.2) 式，输入、输出电阻计算式见 (4.1.3)、(4.1.4) 式。

**2. 双端输入、单端输出**

这种接法如图 4.1.11(a) 所示。由图可见，输出信号 $U_o$ 只从一个管子（$V_1$）的集电极与地之间引出，因而 $U_o$ 只有双端输出时的一半，电压放大倍数 $A_d$ 也只有双端输出时的一半，即

$$A_d = \frac{1}{2}A = -\frac{\beta R_c}{2(R_b + r_{be})} \qquad (4.1.8)$$

输入电阻不随输出方式而变，而输出电阻变为

$$r_o \approx R_c \qquad (4.1.9)$$

双端输入、单端输出接法常用于将差动信号转换为一端接地的信号，以便与后面的放大级共地。

由于信号只从一侧输出，未能利用差动电路两侧对称、输出端共模电压互相抵消的特性，只是借助于 $R_e$ 的负反馈作用来抑制共模信号，因此，这种电路的共模抑制比要低于双

端输出电路，零漂也比双端输出的大。这种电路若要提高共模抑制比、减小零漂，则主要应增大 $R_e$，或采用恒流源电路来代替 $R_e$。

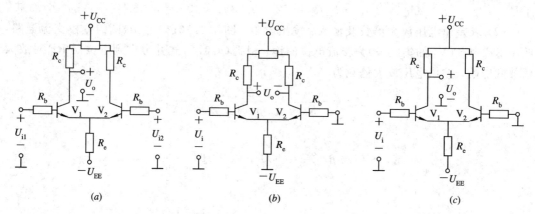

图 4.1.11　差动放大器的不同接法

（$a$）双端输入、单端输出；（$b$）单端输入、双端输出；（$c$）单端输入、单端输出

### 3. 单端输入、双端输出

这种接法如图 4.1.11（$b$）所示。信号只从一只管子（这里是 $V_1$）的基极与地之间输入，而另一只管子的基极接地。表面看来，似乎两管不是工作在差动状态。但是，若将发射极公共电阻 $R_e$ 换成恒流源，那么，$I_{c1}$ 的任何增加都将等于 $I_{c2}$ 的减少，也就是说，输出端电压的变化情况将和差动输入（即双端输入）时一样。此时，$V_1$、$V_2$ 的发射极电位 $U_e$ 将随着输入电压 $U_i$ 而变，变化量为 $U_i/2$，于是，$V_1$ 管的 $U_{be1}=U_i-U_i/2=U_i/2$，$V_2$ 管的 $U_{be2}=0-U_i/2=-U_i/2$，故还是属于差动输入。即使 $R_e$ 不是由恒流源代替，只要 $R_e$ 足够大，上述结论仍然成立。这样，单端输入就与双端输入的情况基本一样。电压放大倍数，输入、输出电阻的计算也与双端输入相同。实际上，$V_2$ 的输入信号是原输入信号 $U_i$ 通过发射极电阻 $R_e$ 耦合过来的，$R_e$ 在这里起到了把 $U_i$ 的一半传递给 $V_2$ 的作用。

单端输入、双端输出的接法可把单端输入信号转换成双端输出信号，作为下一级的差动输入，以便更好地利用差动放大的特点。这种接法还常用于负载是两端悬浮（任何一端都不能接地）且要求输出正、负对称性好的情况。例如，电子示波器就是将单端信号放大后，双端输出送到示波管的偏转板上的。

### 4. 单端输入、单端输出

这种接法如图 4.1.11（$c$）所示，它既具有（$a$）图单端输出的特点，又具有（$b$）图单端输入的特点。它的 $A_d$、$r_o$ 的计算与双端输入、单端输出的情况相同，可用（4.1.8）式及（4.1.9）式计算。这种接法与第 2 章所讲的单管基本放大电路不同，其主要优点是抑制零漂的能力比单管基本放大电路强，而且通过改变输入或输出端的位置，可以得到同相或反相输出。输入、输出在同一侧（如图 4.1.11（$c$）中那样均在 $V_1$ 一侧）的为反相放大输出，若由 $V_1$ 基极输入而由 $V_2$ 集电极输出，则变为同相输出。

总起来讲，差动放大器的几种接法中，只有输出方式对差模放大倍数和输出电阻有影响，也就是说，不论何种输入方式，只要是双端输出，其差模放大倍数就等于单管放大倍数，输出电阻就等于 $2R_e$；只要是单端输出，差模放大倍数及输出电阻均减少一半。另外，输入方式对输入电阻也无影响。

## 4.2 集成运算放大器基础

### 4.2.1 集成运算放大器概述

　　运算放大器实质上是一个具有很高放大倍数的多级直接耦合放大器。由于它最初主要用作模拟计算机的运算放大，故至今仍保留这个名字。利用集成工艺，将运算放大器的所有元件集成制作在一块硅片上，再封装在管壳内便制作成集成运算放大器。集成运算放大器简称集成运放。随着电子技术的飞速发展，集成运放的各项性能指标不断提高，目前它的应用已大大超出数学运算的范畴。使用集成运放，只需另加少数几个外部元件，就可以方便地实现很多电路功能。集成运放是模拟电子技术中的核心器件之一。

　　实际的集成运放有许多不同的型号，每种型号的内部线路都不相同，但从电路的总体结构上看却大致一样，都是由输入级、中间放大级、输出级和偏置电路四部分组成，如图4.2.1所示。输入级一般采用具有恒流源的双输入端差分放大电路，其目的是减小放大电路的零点漂移，提高输入阻抗。中间放大级的主要作用是电压放大，使整个集成运放具有足够高的电压放大倍数。输出级一般采用射级输出器和互补对称电路，有些还附加有过载保护电路，其目的是实现与负载的匹配，使电路具有较强的带负载能力。偏置电路的作用是为上述各级电路提供稳定合适的偏置电流，稳定各级的静态工作点，其一般由恒流源电路组成。

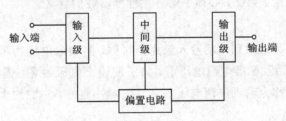

图 4.2.1　集成运放的内部结构框图

　　$\mu$A741 与 LM324 是较常用的集成运放芯片，其中 $\mu$A741 是单运放，即在一个芯片上制作了一个运放；LM324 是四运放，即在一个芯片上制作了四个电路形式完全相同且相互独立的运放。图 4.2.2 所示为 $\mu$A741、LM324 集成运算放大器的外形和管脚图。

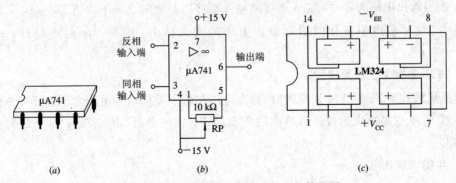

图 4.2.2　$\mu$A741、LM324 的外形与管脚图

（$a$）$\mu$A741 外形简图；（$b$）$\mu$A741 管脚接线图；（$c$）LM324 管脚图

运放 $\mu$A741 共有 8 个管脚，各管脚的用途分别说明如下：

（1）输入/输出端：管脚 2 和 3 为两个输入端，管脚 6 为输出端。其中管脚 2 为反相输入端，由此端与参考端之间输入信号时，6 端的输出信号与输入信号反相（或极性相反）；管脚 3 为同相输入端，由此端与参考端之间输入信号时，6 端的输出信号与输入信号同相（或极性相同）。运算放大器输入端的极性对于运算放大器的使用极为重要，不可搞错。

（2）电源端：管脚 7 与 4 为外接电源端，为运算放大器提供直流电源。运算放大器通常采用双电源供电方式，7 脚接正电源组的正极，4 脚接负电源组的负极，使用时绝对不可接错。

（3）调零端：管脚 1 和 5 为调零端，由此两端外接调零补偿电位器。集成运算放大器的输入级虽为差分电路，但其电路参数及晶体管特性不可能完全对称，因而当输入信号为零时，输出信号一般不为零。调节调零电位器，可使输入信号为零时输出信号也为零。

四运放 LM324 是由四个独立而性能相同的高增益、内部有频率补偿的运放组成的一个集成电路芯片。这个四运放是特意为较宽的单电源供电而设计的，但也可以用于正负双电源供电的场合。单电源电压范围为 3～30 V，双电源电压范围为 $\pm 5$～$\pm 15$ V。

### 4.2.2　集成运放的基本技术指标

衡量集成运放质量好坏的技术指标很多，基本指标有 10 项左右。实用中可通过器件手册直接查到各种型号运放的技术指标。不过，并不是一种运放的所有各项技术指标都是最优的，往往各有侧重。即使是同一型号的组件在性能上也存在一定的分散性，因而使用前常需要进行测试和筛选。为此，必须了解各项性能参数的含义。

**1. 输入失调电压 $U_{OS}$**

实际的集成运放难以做到差动输入级完全对称，当输入电压为零时，输出电压并不为零。规定在室温（25℃）及标准电源电压下，为了使输出电压为零，需在集成运放两输入端额外附加的补偿电压称为输入失调电压 $U_{OS}$。$U_{OS}$ 越小越好，一般约为 0.5～5 mV。

**2. 输入失调电流 $I_{OS}$**

$I_{OS}$ 是当运放输出电压为零时，两个输入端的偏置电流之差，$I_{OS} = |I_{B1} - I_{B2}|$。它是由内部元件参数不一致等原因造成的。$I_{OS}$ 越小越好，一般为 1 nA～10 $\mu$A。

**3. 输入偏置电流 $I_B$**

$I_B$ 是当输出电压为零时，流入运放两输入端静态基极电流的平均值 $I_B = (I_{B1} + I_{B2})/2$。该值越小，信号源内阻变化时引起输出电压的变化越小，因此，$I_B$ 越小越好，一般为 1 nA～100 $\mu$A。

**4. 开环差模电压放大倍数 $A_{od}$**

集成运放在开环时（无外加反馈时）输出电压与输入差模信号电压之比称开环差模电压放大倍数 $A_{od}$。它是决定运放运算精度的重要因素，常用分贝（dB）表示，目前最高值可达 140 dB 以上。

**5. 共模抑制比 $K_{CMRR}$**

$K_{CMRR}$ 是差模电压放大倍数与共模电压放大倍数之比，即 $K_{CMRR} = |A_{od}/A_{oc}|$，其含义与差动放大器中所定义的 $K_{CMRR}$ 相同，高质量的运放 $K_{CMRR}$ 可达 160 dB。

**6. 输入失调电压温漂 $dU_{OS}/dt$ 和输入失调电流温漂 $dI_{OS}/dt$**

在规定的工作温度范围内，输入失调电压对温度的变化率称为输入失调电压温漂，用以表征 $U_{OS}$ 受温度变化的影响程度，一般为 $1 \sim 50 \ \mu V/℃$，好的可达 $0.5 \ \mu V/℃$。

在规定的工作温度范围内，输入失调电流对温度的变化率称为输入失调电流温漂，用以表征 $I_{OS}$ 受温度变化的影响程度，一般为 $1 \sim 5 \ nA/℃$，好的可达 $pA/℃$ 数量级。

**7. 最大共模输入电压 $U_{Icmax}$**

$U_{Icmax}$ 是在线性工作范围内集成运放所能承受的最大共模输入电压。超过此值，集成运放的共模抑制比、差模放大倍数等会显著下降。

**8. 最大差模输入电压 $U_{Idmax}$**

$U_{Idmax}$ 是运放同相端和反相端之间所能承受的最大电压值。输入差模电压超过 $U_{Idmax}$ 时，可能使输入级的管子反向击穿。

**9. 差模输入电阻 $r_{id}$**

$r_{id}$ 是集成运放在开环时，输入电压变化量与由它引起的输入电流的变化量之比，即从输入端看进去的动态电阻。一般为 $M\Omega$ 数量级，以场效应管为输入级的可达 $10^4 \ M\Omega$。

**10. 开环输出电阻 $r_o$**

$r_o$ 是集成运放开环时，从输出端向里看进去的等效电阻。其值越小，说明运放的带负载能力越强。

除上述这些指标外，集成运放还有最大输出电压、最大输出电流、带宽、单位增益带宽、静态功耗等技术指标。还应说明，随着技术的改进，近些年来，各种专用型集成运放也不断问世，如高阻型（输入电阻高）、高压型（输出电压高）、大功率型（输出功率高达十几瓦）、低功耗型（静态功耗低，如 $1 \sim 2 \ V$、$10 \sim 100 \ \mu A$）、低漂移型（温漂小）、高速型（过渡时间短、转换率高）等。通用型集成运放价格便宜，容易购买；专用型集成运放则可满足一些特殊要求。有关具体器件的详细资料，须参看生产厂家提供的产品说明。

## 4.3 集成运算放大器的应用

随着近代集成运算放大器的发展，运算放大器的应用越来越广。除了早期的运算范畴之外，集成运放还广泛应用于各种模拟信号及脉冲信号的测量、处理、产生及变换等方面。本节首先讨论基本运算放大器的电路形式、工作特点和分析方法，在此基础上再介绍集成运放在信号处理、波形产生、测量放大等方面的应用。

### 4.3.1 理想运算放大器的条件及特点

在分析集成运放构成的应用电路时，将集成运放看成理想运算放大器，可以使分析大大简化。

理想运算放大器应当满足以下各项条件：

开环差模电压放大倍数 $A_{od} = \infty$；

差模输入电阻 $r_{id} = \infty$；

输出电阻 $r_{\text{o}}=0$；

输入偏置电流 $I_{\text{B1}}=I_{\text{B2}}=0$；

共模抑制比 $K_{\text{CMRR}}=\infty$；

失调电压、失调电流及它们的温漂均为 0；

上限频率 $f_{\text{H}}=\infty$。

尽管理想运放并不存在，但由于实际集成运放的技术指标比较理想，在具体分析时将其理想化一般是允许的。这种分析计算所带来的误差一般不大，只是在需要对运算结果进行误差分析时才予以考虑。本书除特别指出外，均按理想运放对待。

在分析运放应用电路时，还须了解运放是工作在线性区还是非线性区，只有这样才能按照不同区域所具有的特点与规律进行分析。

**1. 线性区**

集成运放工作在线性区时，其输出信号和输入信号之间有以下关系成立：

$$U_{\text{o}} = A_{\text{od}}(U_+ - U_-) \tag{4.3.1}$$

由于一般集成运放的开环差模增益都很大，因此，都要接有深度负反馈，使其净输入电压减小，这样才能使其工作在线性区。理想运放工作在线性区时，可有以下两条重要特点：

① 由于 $A_{\text{od}}=\infty$，而输出电压 $U_{\text{o}}$ 总为有限值，则由式 (4.3.1) 有

$$U_+ - U_- = \frac{U_{\text{o}}}{A_{\text{od}}} = 0$$

即

$$U_+ = U_- \tag{4.3.2}$$

这就是说，集成运放工作在线性区时，其两输入端电位相等，这一特点称为"虚短"。

② 由于集成运放的开环差模输入电阻 $r_{\text{id}}=\infty$，输入偏置电流 $I_{\text{B}}=0$，当然不会向外部电路索取任何电流，因此其两个输入端的电流都为零，即

$$I_{\text{i}+} = I_{\text{i}-} = 0 \tag{4.3.3}$$

这就是说，集成运放工作在线性区时，其两个输入端均无电流，这一特点称为"虚断"。

一般实际的集成运放工作在线性区时，其技术指标与理想条件非常接近，因而上述两条特点是成立的。

**2. 非线性区**

由于集成运放的开环增益 $A_{\text{od}}$ 很大，当它工作于开环状态（即未接深度负反馈）或加有正反馈时，只要有差模信号输入，哪怕是微小的电压信号，集成运放都将进入非线性区，其输出电压立即达到正向饱和值 $U_{\text{om}}$ 或负向饱和值 $-U_{\text{om}}$。此时，(4.3.1)式不再成立。理想运放工作在非线性区时，有以下两条特点：

① 只要输入电压 $U_+$ 与 $U_-$ 不相等，输出电压就饱和。因此有

$$\begin{cases} U_{\text{o}} = U_{\text{om}} & U_+ > U_- \\ U_{\text{o}} = -U_{\text{om}} & U_+ < U_- \end{cases} \tag{4.3.4}$$

而 $U_+ = U_-$ 是正、负两种饱和状态的转换点。

② 虚断仍然成立，即

$$I_{\text{i}+} = I_{\text{i}-} = 0$$

综上所述，在分析具体的集成运放应用电路时，可将集成运放按理想运放对待，判断它是否工作在线性区。一般来说，集成运放引入了深度负反馈时，将工作在线性区。在此基础上，可运用上述线性区或非线性区的特点分析电路的工作原理，使分析工作大为简化。

### 4.3.2 基本运算放大器

基本运算放大器包括反相输入放大器和同相输入放大器，它们是构成各种复杂运算电路的基础，是最基本的运算放大器电路。

**1. 反相输入放大器**

反相输入放大器又称为反相比例运算电路，其基本形式如图 4.3.1 所示。输入信号 $U_i$ 经 $R_1$ 加至集成运放的反相输入端。$R_f$ 为反馈电阻，将输出电压 $U_o$ 反馈至反相输入端，形成深度的电压并联负反馈。

1) "虚地"的概念

在反相输入放大器中，集成运放工作于线性状态，因而有 $U_+ = U_-$ 及 $I_{i+} = I_{i-} = 0$，即 $R_2$ 中无电流，其两端无电压降，故 $U_+ = 0$，亦即 $U_- = 0$。这说明，反相输入端虽未直接接地，但其电位也为地电位，因此称它为"虚地"。虚地是反相输入放大器的重要特征。

2) 电压放大倍数（比例系数）

在图 4.3.1 中，

$$I_f = \frac{U_- - U_o}{R_f} = -\frac{U_o}{R_f}$$

$$I_i = \frac{U_i - U_-}{R_1} = \frac{U_i}{R_1}$$

考虑到 $I_{i-} = 0$，故

$$I_i = I_f$$

所以

$$\frac{U_i}{R_1} = -\frac{U_o}{R_f}$$

即

$$U_o = -\frac{R_f}{R_1}U_i$$

或

$$A_{uf} = \frac{U_o}{U_i} = -\frac{R_f}{R_1} \tag{4.3.5}$$

上式表明，集成运放的输出电压与输入电压相位相反，大小成比例关系。比例系数（即电压放大倍数）等于外接电阻 $R_f$ 与 $R_1$ 之比值，显然与运放本身的参数无关。因此，只要选用不同的 $R_f$、$R_1$ 电阻值，便可方便地改变比例系数。而且，只要选用优质的精密电阻使这两个电阻值精确、稳定，即使放大器本身的参数发生一些变化，$A_{uf}$ 的值还是非常精确、稳定的。输出电压与输入电压相位相反体现在(4.3.5)式中的负号上。特别当 $R_f = R_1$ 时，

$A_{uf} = -1$，即输出电压与输入电压大小相等，相位相反，因此称此时的电路为反相器。

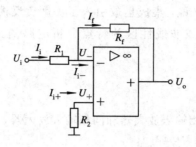

图 4.3.1　反相输入放大器

图 4.3.1 中，同相输入端接入电阻 $R_2$ 的目的是为了保持运放电路静态平衡。集成运放的输入级均为差动放大器，而差动放大器两边电路参数应当对称。静态时，集成运放的输入信号电压与输出电压均为零，此时电阻 $R_1$ 与 $R_f$ 相当于并联地接在运放反相输入端与地之间，这个并联电阻相当于差动输入级一个三极管的基极电阻。为了使差动输入级的两侧对称，在运放同相端与地之间也接入了一个电阻 $R_2$，并使 $R_2 = R_1 /\!/ R_f$，这样便可使电路达到静态平衡，所以 $R_2$ 被称为平衡电阻。

3）输入、输出电阻

由于反相输入端为虚地($U_- = 0$)，所以反相输入放大器的输入电阻为

$$r_{if} = \frac{U_i}{I_i} = R_1 \qquad (4.3.6)$$

设 $r_o$ 为集成运放开环时的输出电阻(其值不会很大)，则图 4.3.1 中电压负反馈使闭环输出电阻降低为

$$r_{of} = \frac{1}{1 + A_{od}F} r_o$$

其中，反馈系数 $F = R_1/(R_1 + R_f)$，$A_{od} \to \infty$，所以可有

$$r_{of} \approx 0$$

## 2. 同相输入放大器

同相输入放大器又称为同相比例运算电路，其基本形式如图 4.3.2 所示。输入信号 $U_i$ 经 $R_2$ 加至集成运放的同相端。$R_f$ 为反馈电阻，输出电压经 $R_f$ 及 $R_1$ 组成的分压电路，取 $R_1$ 上的分压作为反馈信号加到运放的反相输入端，形成了深度的电压串联负反馈。$R_2$ 为平衡电阻，其值应为 $R_2 = R_1 /\!/ R_f$。

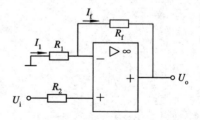

图 4.3.2　同相输入放大器

1）电压放大倍数（比例系数）

由图 4.3.2 可以列出

$$I_1 = \frac{0 - U_-}{R_1} = -\frac{U_-}{R_1}$$

$$I_f = \frac{U_- - U_o}{R_f}$$

由虚断有

$$I_{i+} = I_{i-} = 0$$

故

$$I_1 = I_f$$

即

$$-\frac{U_-}{R_1} = \frac{U_- - U_o}{R_f}$$

再由虚短及 $I_{i+} = 0$，有

$$U_- = U_+ = U_i$$

所以

$$-\frac{U_i}{R_1} = \frac{U_i - U_o}{R_f}$$

经整理得电压放大倍数为

$$A_{uf} = \frac{U_o}{U_i} = 1 + \frac{R_f}{R_1} \tag{4.3.7}$$

上式表明，集成运放的输出电压与输入电压相位相同，大小成比例关系。比例系数（即电压放大倍数）等于 $1+R_f/R_1$，此值与运放本身的参数无关。输出电压与输入电压相位相同体现在式(4.3.7)中的 $(1+R_f/R_1)$ 为正值上。

作为同相输入放大器的特例，我们令 $R_f=0$（即将反馈电阻短路）或（和）$R_1=\infty$（即将反相输入端电阻开路），则由式(4.3.7)可得 $A_{uf}=1$。这表明，$U_o=U_i$，输出电压与输入电压相等。我们称这种电路为电压跟随器。这种电压跟随器比第 2 章讨论的射极输出器（也是电压跟随器）性能强得多，它的输入电阻很高，输出电阻很低，"跟随"性能很稳定。

2）输入、输出电阻

同相输入放大器是一个电压串联负反馈电路，理想情况下，输入电阻为无穷大，即 $r_{if} \approx \infty$，而输出电阻为零，即 $r_o \approx 0$。即使考虑到实际参数，输入电阻仍然很大，输出电阻仍然很低。

应当指出，在同相输入放大器中，"虚短"仍然成立，但因反相端不为地电位，因此不再有虚地存在。由于两输入端都不为地，使得集成运放的共模输入电压值较高。

以上两种基本运算放大器，无论是反相输入方式还是同相输入方式，输出信号总是通过反馈网络加到集成运放的反相输入端，以实现深度负反馈的。正是加了深度负反馈，才使得电压放大倍数仅取决于反馈电路和输入电路的元件值而与运放本身参数几乎无关；也正是由于电压负反馈，才使得电路的输出电阻很低，而输入电阻依反馈类型不同或很高（同相放大器）或很低（反相放大器）。

**例 4.3.1** 在图 4.3.1 中，已知 $R_1=10\text{ k}\Omega$，$R_f=500\text{ k}\Omega$，求电压放大倍数 $A_{uf}$、输入电阻 $r_{if}$ 及平衡电阻 $R_2$。

**解**
$$A_{uf} = -\frac{R_f}{R_1} = -\frac{500}{10} = -50$$
$$r_{if} = R_1 = 10\text{ k}\Omega$$

$$R_2 = R_1 \mathbin{/\mkern-5mu/} R_f = \frac{10 \times 500}{10 + 500} = 9.8 \text{ k}\Omega$$

### 4.3.3 集成运放在信号运算中的应用

集成运放使用不同的输入形式，外加不同的负反馈网络，可以实现多种数学运算。由于输入、输出量均为模拟量，所以信号运算统称为模拟运算。尽管数字计算机的发展在许多方面代替了模拟计算机，然而在许多实时控制和物理量的测量方面，模拟运算仍有其很大优势，所以，信号运算电路仍是集成运放应用的重要方面。

**1. 加法、减法运算**

1）加法运算

加法运算是指电路的输出电压等于各个输入电压的代数和。在图 4.3.1 所示的反相输入放大器中再增加几个支路便组成反相加法运算电路，如图 4.3.3 所示。图中，有三个输入信号加在了反相输入端。同相端的平衡电阻值为 $R_4 = R_1 \mathbin{/\mkern-5mu/} R_2 \mathbin{/\mkern-5mu/} R_3 \mathbin{/\mkern-5mu/} R_f$。反相加法运算电路也称反相加法器。

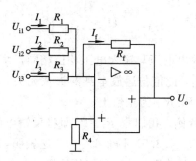

图 4.3.3 反相加法器

由虚地，有

$$U_- = U_+ = 0$$

则各支路中电流分别为

$$I_1 = \frac{U_{i1} - U_-}{R_1} = \frac{U_{i1}}{R_1}, \quad I_2 = \frac{U_{i2}}{R_2}, \quad I_3 = \frac{U_{i3}}{R_3}, \quad I_f = -\frac{U_o}{R_f}$$

由虚断，$I_{i-} = 0$，则

$$I_1 + I_2 + I_3 = I_f$$

即

$$\frac{U_{i1}}{R_1} + \frac{U_{i2}}{R_2} + \frac{U_{i3}}{R_3} = -\frac{U_o}{R_f}$$

变为

$$U_o = -\left( \frac{R_f}{R_1} U_{i1} + \frac{R_f}{R_2} U_{i2} + \frac{R_f}{R_3} U_{i3} \right) \tag{4.3.8}$$

可见，上式可以模拟这样的函数关系：

$$y = a_1 x_1 + a_2 x_2 + a_3 x_3$$

当 $R_1 = R_2 = R_3 = R$ 时，式(4.3.8)变为

$$U_o = -\frac{R_f}{R}(U_{i1} + U_{i2} + U_{i3}) \tag{4.3.9}$$

特别地，当 $R = R_f$ 时，

$$U_o = -(U_{i1} + U_{i2} + U_{i3}) \tag{4.3.10}$$

可见，输出电压与各个输入电压之和成比例（(4.3.9)式），特殊情况下，比例系数为 $-1$（(4.3.10)式），从而实现了加法运算。

由叠加原理也可得出上述结论。设仅有 $U_{i1}$ 输入时的输出电压为 $U_{o1}$，由图 4.3.3 可得

$$U_{o1} = -\frac{R_f}{R_1}U_{i1}$$

同样，当仅有 $U_{i2}$、$U_{i3}$ 输入时，对应的输出电压 $U_{o2}$、$U_{o3}$ 分别为

$$U_{o2} = -\frac{R_f}{R_2}U_{i2}, \quad U_{o3} = -\frac{R_f}{R_3}U_{i3}$$

这样，当 $U_{i1}$、$U_{i2}$、$U_{i3}$ 均输入时，其输出电压 $U_o$ 为

$$U_o = U_{o1} + U_{o2} + U_{o3} = -\left(\frac{R_f}{R_1}U_{i1} + \frac{R_f}{R_2}U_{i2} + \frac{R_f}{R_3}U_{i3}\right)$$

**例 4.3.2**　设计一个反相加法器，要求实现 $y = -(5x_1 + x_2 + 4x_3)$ 运算，且输入电阻不低于 10 kΩ。

**解**　将式 $y = -(5x_1 + x_2 + 4x_3)$ 与式（4.3.8）对照，可得下列关系：

$$\frac{R_f}{R_1} = 5, \frac{R_f}{R_2} = 1, \frac{R_f}{R_3} = 4$$

即

$$R_1 = \frac{R_f}{5}, R_2 = R_f, R_3 = \frac{R_f}{4}$$

依题意，输入电阻不低于 10 kΩ，故可选 $R_1 = 10$ kΩ，则 $R_f = 50$ kΩ，$R_2 = 50$ kΩ，$R_3 = 12.5$ kΩ，所设计的电路与图 4.3.3 相同，其中平衡电阻 $R_4$ 为

$$R_4 = R_1 \ // \ R_2 \ // \ R_3 \ // \ R_f = 4.545 \text{ kΩ}$$

2）减法运算

减法运算是指电路的输出电压与两个输入电压之差成比例，减法运算又称为差动比例运算或差动输入放大。图 4.3.4 即为减法运算电路。

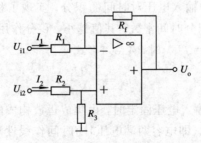

图 4.3.4　减法器

由图可见，运放的同相输入端和反相输入端分别接有输入信号 $U_{i1}$ 和 $U_{i2}$。从电路结构来看，它是由同相输入放大器和反相输入放大器组合而成。下面用叠加原理进行分析。

当 $U_{i2} = 0$、仅 $U_{i1}$ 单独作用时，该电路为反相输入放大器，其输出电压为

$$U_{o1} = -\frac{R_f}{R_1}U_{i1}$$

当 $U_{i1} = 0$、仅 $U_{i2}$ 单独作用时，该电路为同相输入放大器，其输出电压为

$$U_{o2} = \left(1 + \frac{R_f}{R_1}\right)U_+ = \left(1 + \frac{R_f}{R_1}\right)\frac{R_3}{R_2 + R_3}U_{i2}$$

这样，当 $U_{i1}$、$U_{i2}$ 同时作用时，其输出电压为 $U_{o1}$ 与 $U_{o2}$ 的叠加，即

$$U_o = U_{o1} + U_{o2} = \left(1 + \frac{R_f}{R_1}\right)\frac{R_3}{R_2 + R_3}U_{i2} - \frac{R_f}{R_1}U_{i1} \qquad (4.3.11)$$

特别地，当 $R_1 = R_2$，$R_3 = R_f$ 时

$$U_o = \frac{R_f}{R_1}(U_{i2} - U_{i1}) \qquad (4.3.12)$$

而当 $R_1 = R_f$ 时

$$U_o = U_{i2} - U_{i1} \qquad (4.3.13)$$

可见，输出电压与两个输入电压之差成比例（(4.3.12)式），特殊情况下，比例系数为 1（(4.3.13)式），从而实现了减法运算。

**2. 积分、微分运算**

1）积分运算

积分运算电路是模拟计算机中的基本单元，利用它可以实现对微分方程的模拟，能对信号进行积分运算。此外，积分运算电路在控制和测量系统中应用也非常广泛。

在图 4.3.1 所示反相输入放大器中，将反馈电阻 $R_f$ 换成电容 $C$，就成了积分运算电路，如图 4.3.5 所示。积分运算电路也称为积分器。

由于

$$U_- = 0, \quad i_1 = i_f = \frac{u_i}{R_1}$$

$$u_o = -u_C = -\frac{1}{C}\int i_f \, dt = -\frac{1}{C}\int i_1 \, dt$$

故

$$u_o = -\frac{1}{R_1 C}\int u_i \, dt \qquad (4.3.14)$$

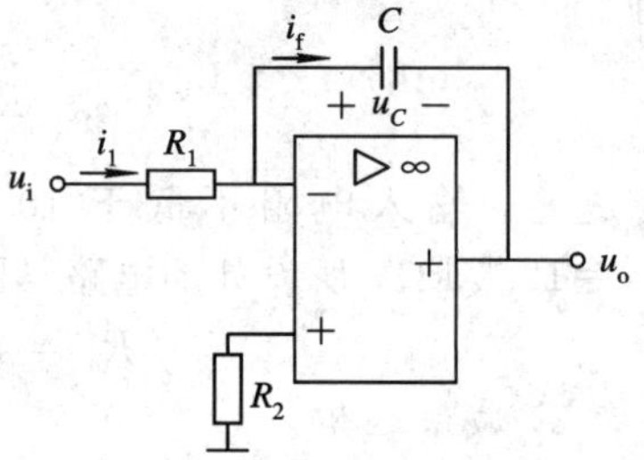

图 4.3.5　积分器

上式说明，输出电压为输入电压对时间的积分，实现了积分运算。式中负号表示输出与输入相位相反。$R_1 C$ 为积分时间常数，其值越小，积分作用越强，反之，积分作用越弱。

当输入电压为常数（$u_i = U_1$）时，(4.3.14)式变为

$$u_o = -\frac{U_1}{R_1 C}t \qquad (4.3.15)$$

由上式可以看出，当输入电压固定时，由集成运放构成的积分电路，在电容充电过程（即积分过程）中，输出电压（即电容两端电压）随时间作线性增长，增长速度均匀。而简单的 $RC$ 积分电路所能实现的则是电容两端电压随时间按指数规律增长，只在很小范围内可近似为线性关系。从这一点来看，集成运放构成的积分器实现了接近理想的积分运算。

**例 4.3.3** 在图 4.3.5 中，$R_1 = 20 \text{ k}\Omega$，$C = 1 \text{ }\mu\text{F}$，$u_i$ 为一正向阶跃电压，

$$u_i = \begin{cases} 0, & t < 0 \\ 1 \text{ V}, & t \geqslant 0 \end{cases}$$

运放的最大输出电压 $U_{om} = \pm 15 \text{ V}$，求 $t \geqslant 0$ 范围内 $u_o$ 与 $u_i$ 之间的运算关系，并画出波形。

**解** 由(4.3.15)式有

$$u_o = -\frac{U_1}{R_1 C} t = -\frac{1}{20 \times 10^3 \times 1 \times 10^{-6}} t = -50t$$

当 $u_o = U_{om} = -15$ V 时，

$$t = \frac{-15}{-50} = 0.3 \text{ s}$$

波形如图 4.3.6 所示。

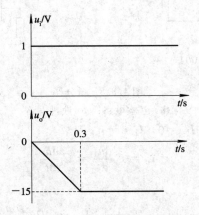

图 4.3.6　例 4.3.3 的波形图

　　计算结果表明，积分运算电路的输出电压受到运放最大输出电压 $U_{om}$ 的限制。当 $u_o$ 达到 $\pm U_{om}$ 后就不再增长。

　　利用积分电路可以模拟微分方程。这可用图 4.3.7 加以说明。图中，由虚短、虚断，有 $i_1 = i_f + i_C$，即

$$\frac{u_i}{R_1} = \left(-\frac{u_o}{R_f}\right) + \left(-C\frac{du_o}{dt}\right)$$

或

$$R_1 C \frac{du_o}{dt} + \frac{R_1}{R_f} u_o = -u_i$$

此式相当于一阶微分方程的一般式

$$ay' + by = f(x)$$

因此，用图 4.3.7 可模拟一阶微分方程。

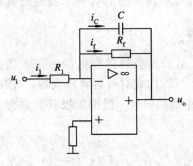

图 4.3.7　模拟一阶微分方程的电路

2) 微分运算

　　微分与积分互为逆运算。将图 4.3.5 中 $C$ 与 $R_1$ 位置互换，便构成微分电路，如图 4.3.8($a$)所示。微分电路也称微分器。

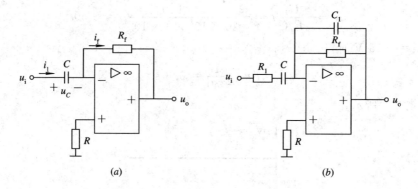

图 4.3.8 微分器

(a) 基本电路；(b) 改进电路

在图(a)中，由 $U_- = 0$，$I_{i-} = 0$，有 $i_1 = i_f$；又

$$i_1 = C \frac{\mathrm{d}u_c}{\mathrm{d}t} = C \frac{\mathrm{d}u_i}{\mathrm{d}t}$$

所以

$$u_o = -i_f R_f = -i_1 R_f = -R_f C \frac{\mathrm{d}u_i}{\mathrm{d}t} \tag{4.3.16}$$

可见，输出电压与输入电压对时间的微商成比例，实现了微分运算。式中负号表示输出与输入相位相反。$R_f C$ 为微分时间常数，其值越大，微分作用越强；反之，微分作用越弱。

微分电路是一个高通网络，对高频干扰及高频噪声反应灵敏，会使输出的信噪比下降。此外，电路中 $R$、$C$ 具有滞后移相作用，与运放本身的滞后移相相叠加，容易产生高频自激，使电路不稳定。因此，实用中常用图 4.3.8(b) 所示的改进电路。在此图中，$R_1$ 的作用是限制输入电压突变，$C_1$ 的作用是增强高频负反馈，从而抑制高频噪声，提高工作的稳定性。

**3. 对数、指数运算**

在控制系统和测量仪表中，经常遇到需要实现对数运算和指数运算的问题。将这两种运算电路适当组合，可组成具有不同功能的各种非线性运算电路（如乘法、除法等运算电路），因而应用十分广泛。

1）对数运算

我们知道，二极管的 PN 结或三极管的发射结的正向伏安特性具有指数关系，因此，用它们作为运放的反馈元件，可以构成对数运算放大器。对数运算电路如图 4.3.9 所示。

图 4.3.9(a)中，反馈元件是二极管。根据二极管特性方程，流过二极管的电流 $i_{V_D}$ 与其端电压 $u_{V_D}$ 之间关系为

$$i_{V_D} = I_S \left( e^{\frac{u_{V_D}}{U_T}} - 1 \right)$$

式中，$U_T = 26$ mV（常温下）称为温度的电压当量，$I_S$ 是二极管的反向饱和电流。当 $u_{V_D} \gg U_T$ 时，上式近似为

$$i_{V_D} \approx I_S e^{\frac{u_{V_D}}{U_T}}$$

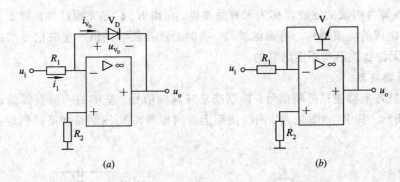

图 4.3.9 对数运算电路

(*a*) 二极管作对数元件；(*b*) 三极管作对数元件

或

$$u_{V_D} = U_T \ln \frac{i_{V_D}}{I_S} \tag{4.3.17}$$

再由 $u_o = -u_{V_D}$，$i_1 = i_{V_D}$，有

$$u_o = -U_T \ln \frac{i_1}{I_S} = -U_T \ln \frac{u_i}{R_1 I_S} \tag{4.3.18}$$

上式表明，输出电压与输入电压的对数成比例，从而实现了对数运算。

图 4.3.9(*b*) 中的反馈元件是三极管 V，其基极接地，与集电极虚地点近似同电位，相当于集电极和基极相连，因而也是接成二极管工作状态。三极管接成二极管，可获得较大的工作范围。

应当说明，无论是二极管还是三极管，其 $U_T$ 与 $I_S$ 都随温度而变，因而上述对数运算电路的温度特性较差，实际使用时应作温度补偿。

2）指数运算

指数运算是对数运算的逆运算。因此，将图 4.3.9 中三极管（或二极管）与电阻互换就成为指数运算电路，如图 4.3.10 所示。

由图可得

$$u_o = -R_f i_f = -R_f i_1 \approx -R_f I_S e^{\frac{u_i}{U_T}} \tag{4.3.19}$$

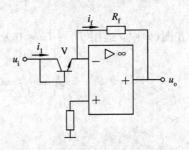

图 4.3.10 指数运算电路

可见，输出电压与输入电压的指数值成比例，从而实现了指数运算。

### 4.3.4　集成运放在信号处理中的应用

集成运放不仅可对信号进行运算，还可对信号进行处理，包括信号的滤波，信号幅度的比较与选择，信号的采样与保持等。本节对一些常用电路作一讨论。

**1. 有源滤波器**

滤波器或滤波电路是一种能使部分频率的信号通过，而将其余频率的信号加以抑制或衰减的装置。在信息处理、数据传送和抑制干扰等方面经常使用。由电阻、电容、电感（*R*、

$C$、$L$)等无源器件组成的滤波器称为无源滤波器，而由 $R$、$C$ 等无源器件再加上集成运放这个有源器件组成的滤波器称为有源滤波器。有源滤波器能够提供一定的信号增益和带负载能力，这是无源滤波器所不能做到的。

1）低通滤波器

低通滤波器能够通过低频信号，抑制或衰减高频信号。基本的一阶有源低通滤波器如图 4.3.11 所示。其中($a$)图是 $RC$ 网络接到运放同相端，($b$)图则是网络接到运放反相端。

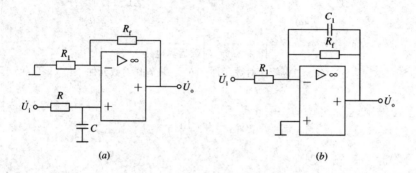

图 4.3.11　基本的一阶有源低通滤波器

在图($a$)中，运用 $I_{i+}=I_{i-}=0$ 和 $U_+=U_-$，可得输入、输出之间关系为

$$\dot{A}=\frac{\dot{U}_o}{\dot{U}_i}=\frac{1+\dfrac{R_f}{R_1}}{1+j\omega RC}=\frac{A_{uf}}{1+j\dfrac{\omega}{\omega_0}} \tag{4.3.20}$$

其中

$$\omega_0=\frac{1}{RC},\ A_{uf}=1+\frac{R_f}{R_1}$$

在图($b$)中，运用 $I_{i+}=I_{i-}=0$ 及虚地概念，可得输入、输出之间关系为

$$\dot{A}=\frac{\dot{U}_o}{\dot{U}_i}=-\frac{\dfrac{R_f}{R_1}}{1+j\omega R_f C_1}=-\frac{A_{uf}}{1+j\dfrac{\omega}{\omega_0}} \tag{4.3.21}$$

其中

$$\omega_0=\frac{1}{R_f C_1},\ A_{uf}=\frac{R_f}{R_1}$$

显然，(4.3.20)式与(4.3.21)式属同一种形式，且都与单级放大电路中的高频响应一致。

为了改善滤波效果，使输出信号在 $f>f_0$($f_0=\omega_0/2\pi$)时衰减得更快，可将上述滤波电路再加一级 $RC$ 低通电路，组成二阶低通滤波电路，如图 4.3.12($a$)所示。图中，第一个电容 $C$ 的一端接到运放的输出端，目的是引入反馈，使高频段幅度衰减更快，更接近理想特性。图 4.3.12($b$)画出了两种低通滤波器归一化的对数幅频特性曲线。由曲线可以看出，在 $f>f_0$ 时，二阶滤波(线 2)可提供 $-40$ dB/10 倍频程的衰减，而一阶滤波(线 1)的衰减速度为 $-20$ dB/10 倍频程，二阶滤波效果要好得多。

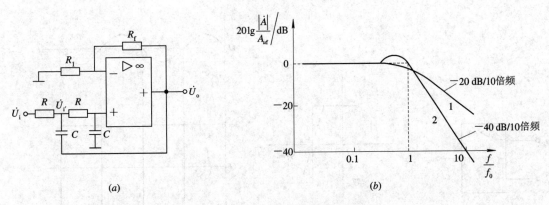

(a)
(b)

图 4.3.12　二阶有源低通滤波器

2）高通滤波器

高通滤波器能够通过高频信号，抑制或衰减低频信号。将低通滤波器中起滤波作用的电阻、电容位置互换，如图 4.3.13 所示，就成为高通滤波器。

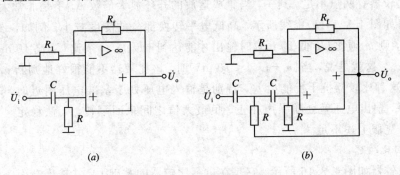

(a)
(b)

图 4.3.13　有源高通滤波器
(a) 一阶；(b) 二阶

## 2. 电压比较器

电压比较器的功能是将一个输入电压与另一个输入电压或基准电压进行比较，判断它们之间的相对大小，比较结果由输出状态反映出来。集成运放用作比较器时，工作于开环状态，只要两端输入电压有差别（差动输入），输出端就立即饱和。为了改善输入、输出特性，常在电路中引入正反馈。

电压比较器可分为单限比较器与滞回比较器。

1）单限比较器

图 4.3.14(a) 是一个简单的单限比较器电路图。图中，运放的同相输入端接基准电位（或称参考电位）$U_R$。被比较信号由反相输入端输入。集成运放处于开环状态。当 $u_i > U_R$ 时，输出电压为负饱和值 $-U_{om}$；当 $u_i < U_R$ 时，输出电压为正饱和值 $+U_{om}$。其传输特性如图 4.3.14(b) 所示。可见，只要输入电压在基准电压 $U_R$ 处稍有正负变化，输出电压 $u_o$ 就在负最大值到正最大值处变化。

作为特殊情况，若图 4.3.14 中 $U_R = 0\text{ V}$，即集成运放的同相端接地，则基准电压为 0 V，这时的比较器称为过零比较器。当过零比较器的输入信号 $u_i$ 为正弦波时，输出电压 $u_o$ 为正负宽度相同的矩形波，如图 4.3.15 所示。

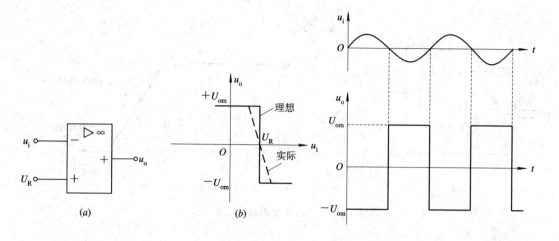

图 4.3.14 简单的单限比较器 　　　　图 4.3.15　过零比较器波形图

单限比较器有两点不足。其一，当集成运放的开环放大倍数 $A_{od}$ 不是非常大时，其传输特性曲线将如图 4.3.14(b) 虚线所示，高低电平转换部分的陡度减小。例如，设 $A_{od} = 10^3$，$U_{om} = 10 \text{ V}$，则 $u_i$ 须比 $U_R$ 低 10 mV 时输出才能达到 $+U_{om}$；$u_i$ 须比 $U_R$ 高 10 mV 时输出才能达到 $-U_{om}$。这就是说，当 $|u_i - U_R| < 10 \text{ mV}$ 时，该比较器不能很好地判断 $u_i$ 与 $U_R$ 的大小。其二，这种比较器抗干扰能力差，特别是输入电压处于基准电压附近时，若输入信号中混有噪声，输出电压就会随噪声在正、负最大值之间来回翻转，无法稳定。下面的滞回比较器就可克服上述不足。

2）滞回比较器

滞回比较器如图 4.3.16 所示。它是在过零比较器的基础上，从输出端引一个电阻分压支路到同相输入端，形成正反馈。这样，作为参考电压的同相端电压 $U_+$ 不再是固定的，而是随输出电压 $u_o$ 而变。图中 $V_{DZ}$ 是一对反向串联的稳压管（称双向稳压管），其在两个方向的稳压值 $U_{V_{DZ}}$ 相等，都等于一个稳压管的稳压值加上另一个稳压管的导通压降，这样，便把比较器的输出电压钳位于 $\pm U_{V_{DZ}}$ 值。

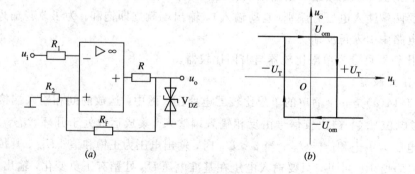

图 4.3.16　滞回比较器

当输出电压为正最大值 $+U_{V_{DZ}}$ 时，同相输入端的电压设为 $+U_T$，则有

$$+U_T = \frac{R_2}{R_2 + R_f}(+U_{V_{DZ}}) \tag{4.3.22}$$

此间，若保持 $u_i < +U_T$，输出则保持 $+U_{V_{DZ}}$ 不变。一旦 $u_i$ 从小逐渐加大到刚刚大于 $U_T$，则输出电压迅速从 $+U_{V_{DZ}}$ 跃变为 $-U_{V_{DZ}}$。

当输出电压为负最大值 $-U_{V_{DZ}}$ 时，同相输入端的电压为

$$\frac{R_2}{R_2 + R_f}(-U_{V_{DZ}}) = -U_T \tag{4.3.23}$$

此间，若保持 $u_i > -U_T$，输出则保持 $-U_{V_{DZ}}$ 不变。一旦 $u_i$ 从大逐渐减小到刚刚小于 $-U_T$，则输出电压迅速从 $-U_{V_{DZ}}$ 跃变为 $+U_{V_{DZ}}$。

由此可以看出，由于正反馈支路的存在，同相端电位受到输出电压的制约，使基准电压变为两个值：$+U_T$ 与 $-U_T$。其中 $+U_T$ 是输出电压从正最大到负最大跃变时的基准电压，而 $-U_T$ 是输出电压从负最大到正最大跃变时的基准电压。这使比较器具有滞回的特性，其传输特性曲线具有滞回曲线的形状，如图 4.3.16(b) 所示。我们把两个基准电压之差称为回差。显然，改变 $R_2$ 的值可以改变回差的大小。

图 4.3.16(a) 中，若同相端电阻 $R_2$ 不接地，改接到一个固定电压 $U_R$ 上，如图 4.3.17(a) 所示。此时两个基准电压也跟着改变。当输出电压为 $+U_{V_{DZ}}$ 时，基准电压（即同相端电压）为

$$U_{T1} = \frac{R_f}{R_2 + R_f}U_R + \frac{R_2}{R_2 + R_f}U_{V_{DZ}} \tag{4.3.24}$$

而当输出电压为 $-U_{V_{DZ}}$ 时，基准电压为

$$U_{T2} = \frac{R_f}{R_2 + R_f}U_R + \frac{R_2}{R_2 + R_f}(-U_{V_{DZ}}) \tag{4.3.25}$$

将 (4.3.24)、(4.3.25) 式与 (4.3.22)、(4.3.23) 式相比可知，加上固定电压 $U_R$ 之后，两个基准电压不再是大小相等、符号相反的两个数，与图 3.1.16(b) 对应的滞回曲线也要沿横轴方向移动 $\dfrac{R_f}{R_2 + R_f}U_R$ 的距离，如图 4.3.17(b) 所示。

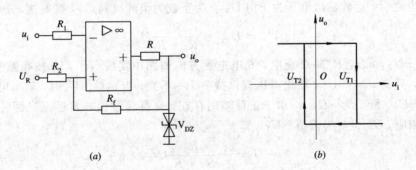

图 4.3.17 基准电压不对称的滞回比较器

从上述滞回比较器的传输特性可以看出，只要干扰信号的峰值小于半个回差，比较器就不会因干扰而误动作，从而提高了抗干扰能力。

## 4.3.5 集成运放在波形发生器中的应用

在模拟系统中常用的正弦波、矩形波、三角波、锯齿波等信号，都可以用集成运放来构成。用集成运放构成的波形发生器，电路简单、频率与幅度易于调节，因而应用很广。本

节只介绍非正弦波发生器，正弦波发生器则放在第 6 章振荡器中介绍。

**1．矩形波发生器**

在图 4.3.16 所示滞回比较器的基础上增加一条 $RC$ 负反馈支路，就构成一个矩形波发生器，如图 4.3.18($a$)所示。

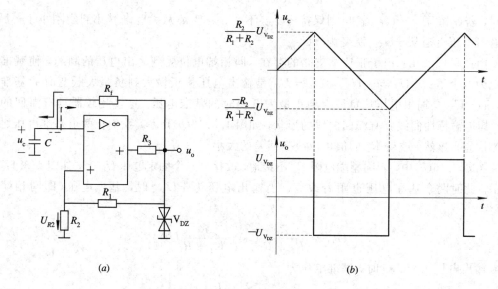

图 4.3.18　矩形波发生器
($a$) 电路图；($b$) 波形图

图中，$R_f$ 和 $C$ 组成负反馈支路，$R_1$ 和 $R_2$ 组成正反馈支路，$R_3$ 为限流电阻。电容 $C$ 的端电压 $u_c$ 为运放的反相输入端电压，而同相输入端电压(即比较器的基准电压 $U_T$)为电阻 $R_2$ 的端电压 $U_{R2}$。输出电压 $u_o$ 的极性如何变化则由 $u_c$ 与 $U_T$ 比较的结果来决定。

设通电之后，运放输出电压为正值 $U_{V_{DZ}}$(为正或为负纯属偶然)，则基准电压为

$$+U_T = U_{R_2} = \frac{R_2}{R_1 + R_2} U_{V_{DZ}}$$

此时 $u_c < +U_T$，$u_o$ 经 $R_f$ 向 $C$ 充电，充电电流方向如图中实线所示，$u_c$ 按指数规律上升。充电期间，只要 $u_c < +U_T$，输出电压就保持 $+U_{V_{DZ}}$ 不变。当 $u_c = +U_T$ 时，输出电压便开始翻转，由 $+U_{V_{DZ}}$ 跃变为 $-U_{V_{DZ}}$，由于正反馈的存在，使翻转过程非常迅速且翻转后得以保持。与此相应，$U_{R2}$ 也变为负值 $-U_T$，即

$$-U_T = -\frac{R_2}{R_1 + R_2} U_{V_{DZ}}$$

由于输出为负值，电容 $C$ 通过 $R_f$ 放电，放电电流方向如图中虚线箭头所示，$u_c$ 按指数规律下降。放电期间，只要 $u_c > -U_T$，输出电压就保持 $-U_{V_{DZ}}$ 不变。当 $u_c = -U_T$ 时，输出电压又开始翻转，由 $-U_{V_{DZ}}$ 跃变为 $+U_{V_{DZ}}$。此后，电容又充电，到 $u_c = +U_T$ 时，输出再一次翻转。这样，电容反复充电、放电，其端电压 $u_c$ 在 $\frac{R_2}{R_1 + R_2} U_{V_{DZ}}$ 与 $-\frac{R_2}{R_1 + R_2} U_{V_{DZ}}$ 之间来回渐变，形成三角波电压；而比较器的输出电压 $u_o$ 在 $+U_{V_{DZ}}$ 与 $-U_{V_{DZ}}$ 两值间来回翻转，形成矩形波电压，如图 4.3.18($b$)所示。

可以证明，矩形波的周期 $T$ 为

$$T = 2R_f C \ln\left(1 + 2\frac{R_2}{R_1}\right) \qquad (4.3.26)$$

频率 $f$ 为

$$f = \frac{1}{T} = \frac{1}{2R_f C \ln\left(1 + 2\dfrac{R_2}{R_1}\right)} \qquad (4.3.27)$$

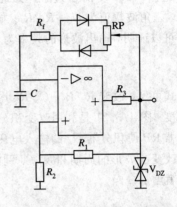

可见，矩形波的频率 $f$ 只与 $R_f C$ 及 $R_2/R_1$ 有关，而与输出电压的幅度无关。通常用调节 $R_f$ 的方法来调节频率。

改变电容 $C$ 的充电放电时间常数可以调节波形的占空比，如图 4.3.19 所示。图中，当 RP 动点上移时，充电时间常数大于放电时间常数，矩形波正波变宽，负波变窄；反之，负波变宽，正波变窄。

图 4.3.19　占空比可调的矩形波发生器

### 2. 方波—三角波发生器

图 4.3.20(a) 是一个方波—三角波发生器。图中，运放 $N_1$ 构成滞回比较器，产生方波输出；运放 $N_2$ 构成反相积分器，产生三角波。

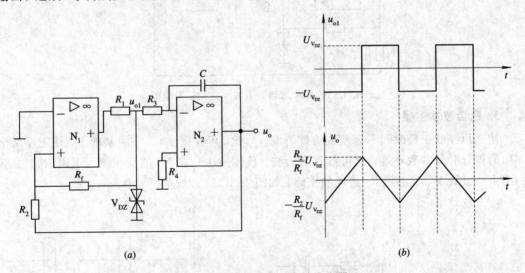

图 4.3.20　方波—三角波发生器

设 $N_1$ 输出电压为 $u_{o1}$，它也是 $N_2$ 的输入电压。受双向稳压管的钳制，$u_{o1}$ 只能取 $U_{V_{DZ}}$ 与 $-U_{V_{DZ}}$ 两个值。由图可以看出，滞回比较器 $N_1$ 的同相端电压 $u_+$ 由 $u_{o1}$ 和 $u_o$ 共同决定，即

$$u_+ = \frac{R_2}{R_2 + R_f}u_{o1} + \frac{R_f}{R_2 + R_f}u_o \qquad (4.3.28)$$

当 $u_+ > 0$ 时，$N_1$ 输出为正饱和值，即 $u_{o1} = +U_{V_{DZ}}$；当 $u_+ < 0$ 时，$N_1$ 输出为负饱和值，即 $u_{o1} = -U_{V_{DZ}}$。可见，$u_{o1}$ 为方波。

当 $u_{o1} = +U_{V_{DZ}}$ 时，积分器 $N_2$ 输入正电压，其输出电压 $u_o$ 将向负向变化，由式 (4.3.28) 知，$u_o$ 的这个变化同时引起 $u_+$ 也向负向变化。当 $u_o = -U_{V_{DZ}} R_2/R_f$ 时，$u_+$ 由正值降为 0，比较器 $N_1$ 翻转，输出电压 $u_{o1}$ 变为 $-U_{V_{DZ}}$。

然后，由于积分器 $N_2$ 输入负电压，其输出电压 $u_o$ 便向正向变化，同时使 $u_+$ 也向正向变化。当 $u_o=U_{V_{DZ}}R_2/R_f$ 时，$u_+$ 由负值升为 0，比较器 $N_1$ 再一次翻转，输出电压 $u_{o1}$ 变为 $+U_{V_{DZ}}$。

此后，又重复前述过程。如此周而复始，便得到方波 $u_{o1}$ 和三角波 $u_o$。方波幅值为 $U_{V_{DZ}}$，三角波幅值为 $U_{V_{DZ}}R_2/R_f$。如图 4.3.20($b$) 所示。

可以证明，输出波形的频率为

$$f = \frac{R_f}{4R_2R_3C} \tag{4.3.29}$$

由此式可见，改变 $R_f/R_2$、$C$、$R_3$ 均可改变波形频率，不过，改变 $R_f/R_2$ 会影响三角波的输出幅度。图 4.3.21 是利用改变积分器 $N_2$ 输入电压值的方法来改变输出频率的。调节图中电位器 RP 使积分器 $N_2$ 的输入电压发生变化，积分到一定电压所需的时间也随之改变，因而就改变了波形的周期和频率。例如，RP 的滑动端上移，$N_2$ 的被积电压增加，输出波形频率就增加。

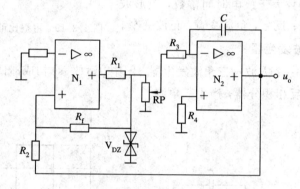

图 4.3.21　频率可调的方波—三角波发生器

### 3. 锯齿波发生器

使三角波的正反时间不等便成为锯齿波。为此，可在图 4.3.21 的基础上，使正反两个方向的积分时间常数不等，就可得到锯齿波。具体做法是在 $N_2$ 的反相输入电阻 $R_3$ 上并联一个由二极管 $V_D$ 与电阻 $R_5$ 组成的支路，如图 4.3.22($a$) 所示。图中，$R_5 \ll R_3$。

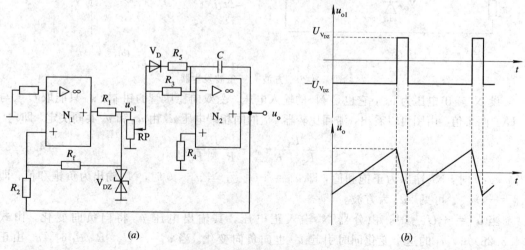

$(a)$　　　　　　　　　　　　　　$(b)$

图 4.3.22　锯齿波发生器

图 4.3.22(a)的工作原理与图 4.3.21 基本相同，只是附加二极管支路后使积分器 $N_2$ 正向积分与负向积分的速率明显不同。当 $u_{o1}$ 为 $-U_{V_{DZ}}$ 时，$N_2$ 正向积分，但此时二极管 $V_D$ 反偏而截止，二极管支路如同开路，正向积分时间常数为 $R_3C$；当 $u_{o1}$ 为 $+U_{V_{DZ}}$ 时，$N_2$ 负向积分，此时二极管 $V_D$ 正偏导通，负向积分时间常数为 $(R_3 /\!/ R_5)C$。由于 $R_5 \ll R_3$，使得电路的正向积分时间常数大，$u_o$ 缓慢上升，形成锯齿波正程，负向积分时间常数小，$u_o$ 快速下降，形成锯齿波的回程。在 $u_o$ 形成锯齿波的同时，$u_{o1}$ 成为矩形脉冲。它们的波形可见图 4.3.22(b)。

### 4.3.6　集成运放线性放大电路应用举例

#### 1. 测量放大器

一般来讲，对于测量放大器主要要求三个优良指标。一是放大倍数要高，只有这样才能对微弱信号放大到可以度量的程度；二是其输入阻抗要高，只有这样才能对被测对象影响最小；三是共模抑制比要高，只有这样才能抑制各种共模干扰，保证测量的准确和稳定。

测量放大器的通用电路如图 4.3.23 所示。放大器可分为前后两级。第一级是由两个完全对称的运放电路（$N_1$ 与 $N_2$）组成；第二级是一个运放 $N_3$ 构成的差动输入放大电路，其外接元件也完全对称。

由虚断可知，流过 $R_2$ 的电流与流过 $R_1$ 的电流应当相等，这里均设为 $I$，如图所示。再设 $N_1$、$N_2$ 输出端电压分别为 $U_{o1}$、$U_{o2}$，那么，

$$U_{o1} - U_{o2} = I(2R_2 + R_1)$$

由虚短可知，$N_1$ 的反相端电压 $U_{-1} = U_{i1}$，$N_2$ 的反相端电压 $U_{-2} = U_{i2}$，故 $R_1$ 中电流 $I$ 为

$$I = \frac{U_{-1} - U_{-2}}{R_1} = \frac{U_{i1} - U_{i2}}{R_1}$$

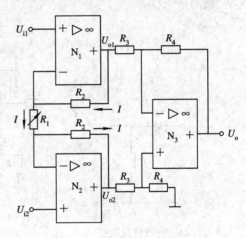

图 4.3.23　通用测量放大器

所以

$$U_{o1} - U_{o2} = \frac{U_{i1} - U_{i2}}{R_1}(2R_2 + R_1) = \left(1 + \frac{2R_2}{R_1}\right)(U_{i1} - U_{i2})$$

而 $U_{o1} - U_{o2}$ 即下一级差动输入放大器（$N_3$）的差模输入电压，故 $N_3$ 的输出电压（即测量放大器的输出电压）$U_o$ 为

$$U_o = -\frac{R_4}{R_3}(U_{o1} - U_{o2}) = \frac{R_4}{R_3}\left(1 + \frac{2R_2}{R_1}\right)(U_{i2} - U_{i1})$$

电路的总电压放大倍数为

$$A_{uf} = \frac{U_o}{U_{i2} - U_{i1}} = \left(1 + \frac{2R_2}{R_1}\right)\frac{R_4}{R_3} \tag{4.3.30}$$

调节 $R_1$ 便可改变电压放大倍数，而对电路的对称性并无影响。

由于电路的第一级为电压串联负反馈接法，其输入电阻较高，若再选用高阻型集成运放，其输入电阻可达几十兆欧。

**2. 精密整流**

利用二极管的单向导电性可以实现一般的整流功能，如图 4.3.24 所示。由于二极管存在死区电压，因而当输入正弦电压最大值小于二极管死区电压时，二极管在整个周期内均处于截止状态，输出电压始终为零。也就是说，一般整流电路无法对微弱交流信号进行整流。

由集成运放组成的整流电路如图 4.3.25 所示。这种电路对于微弱交流信号也有整流功能，因而称为精密整流。当输入电压 $u_i > 0$ 时，运放反相输入端电压 $u_-$ 微大于零，运放输出端电压 $u_{o1} < 0$，则二极管 $V_{D1}$ 导通，$V_{D2}$ 截止，由于通过 $V_{D1}$ 实现了反馈，加之"虚地"的存在，故 $u_o \approx 0$。当输入电压 $u_i < 0$ 时，$u_-$ 微小于零，$u_{o1} > 0$，则 $V_{D1}$ 截止，$V_{D2}$ 导通，通过 $V_{D2}$、$R_f$ 实现了反馈，构成反相比例运算电路，故输出电压为

$$u_o = -\frac{R_f}{R_1} u_i$$

由此可见，一个周期内输出电压半周为 0，半周与输入电压成比例。输入与输出波形如图 4.3.25($b$)所示。

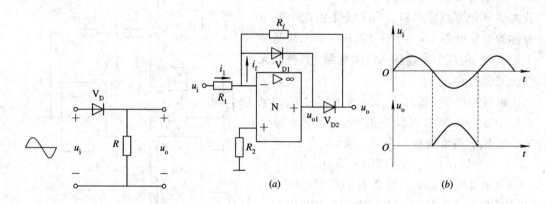

图 4.3.24　一般整流电路　　　　　图 4.3.25　精密整流电路

设集成运放开环增益 $A_d$ 为 50 万倍，二极管导通电压为 0.7 V，则 $V_{D1}$ 导通时运放的差模输入电压为

$$u_d = u_- - u_+ = \frac{U_{o1}}{-A_d} = \frac{u_- - u_{D1}}{-A_d} \approx \frac{-u_{D1}}{-A_d} = \frac{0.7}{50 \times 10^4} \text{ V} = 1.4 \ \mu\text{V}$$

上式说明，折算到运放输入端，仅 1.4 $\mu$V 就可使二极管 $V_{D1}$ 导通。同理，使 $V_{D2}$ 导通的电压也降到这个数量级。显然，这样的精密整流电路可对微弱输入信号电压进行整流。

## 4.3.7　集成运放应用中的几个问题

在实际应用中，除了根据用途和要求正确选择运放的型号外，还必须注意以下几个方面的问题。

**1. 对集成运放的粗测**

根据集成运放内部的电路结构，可以用万用表粗略测量出各引脚之间有无短路或开路现象，判断其内部有无损坏。测试时必须注意，不可用大电流挡（如 $R \times 1$（$\Omega$）挡）测量，以免电流过大而烧坏 PN 结；也不可用高电压挡（如 $R \times 10$ k$\Omega$ 挡）测量，以免电压过高损坏

组件。

例如，对 LM741（或 $\mu$A741，参照图4.2.2($b$)），检查其输入部分可以测量同相输入端与正电源端之间的正向电阻（3 脚接指针式万用表黑表笔、7 脚接红表笔）与反向电阻（3 脚接指针式万用表红表笔、7 脚接黑表笔）；再测量反相输入端与正电源端之间的正、反向电阻，若两者都是正向电阻小、反向电阻大，说明运放的输入部分是好的。此外，检查运放的输出部分可测量输出端与正电源端之间的正向电阻（6 脚接指针式万用表黑表笔、7 脚接红表笔）与反向电阻（6 脚接指针式万用表红表笔、7 脚接黑表笔），正常情况下是正向电阻小、反向电阻大；再测量输出端与负电源端（4 脚）之间的正反向电阻，正常情况下应是正向电阻大、反向电阻小。若测量结果不符合上述规律，或测量中出现短路或开路情况，则说明运放已经损坏。

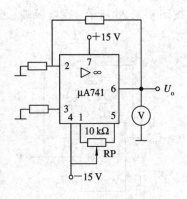

图 4.3.26　$\mu$A741 的调零

**2．调零问题**

如前所述，由于失调电压、失调电流的影响，使运放在输入为零时，输出不等于零。为此，必须采取调零措施予以补偿。

有些运放设有调零端子，如 $\mu$A741 的 1、5 脚。这时可选用精密的线绕电位器进行调零，如图 4.3.26 所示。将两输入端的电阻接地，调整电位器，使输出电压为零。

有些集成运放未设调零端子，特别是双运放、四运放一般没有专门调零端。对这样的运放，可采用辅助调零的办法加以解决。具体接线如图 4.3.27 所示。

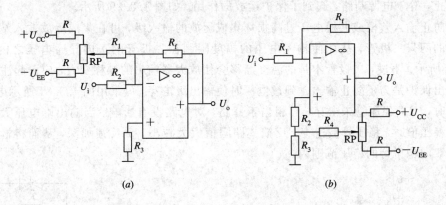

图 4.3.27　辅助调零

（$a$）引到反相端；（$b$）引到同相端

辅助调零实质上是在输入端额外引入一个与失调作用相反的直流电位，以此来抵消失调的影响。以（$a$）图为例，辅助直流电位经电位器 RP、电阻 $R_1$ 引到了反相输入端，调节电位器触点，便可改变加至反相端的辅助直流电位，从而使得当输入信号为零时，输出电压 $u_o$ 亦为零。

**3．消除自激问题**

运放在工作时容易产生自激振荡。为此，目前大多数集成运放内电路已设置了消振的补偿网络，有些运放引出有消振端子，用以外接 $RC$ 消振网络。此外，在实际使用时，还可按图 4.3.28 所示，在电源端、反馈支路及输入端联接电容或阻容支路，来消除自激。

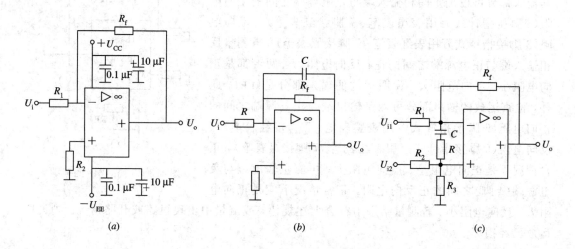

图 4.3.28　消振电路

（$a$）在电源端子上接电容；（$b$）在反馈电阻两端并联电容；（$c$）在输入端并联 $RC$ 支路

### 4. 保护措施

这里所说的保护措施是针对在使用集成运放时，由于电源极性接反、输入输出电压过大、输出短路等原因造成集成运放损坏的问题而采取的。

为防止电源极性接反，可在正、负电源回路中顺接二极管。若电源接反，二极管因反偏而截止，等于电源断路，起到了保护运放的作用。如图 4.3.29 所示。

为防止输入差模或共模电压过高损坏集成运放的输入级，可在集成运放输入端并接极性相反的两只二极管，从而使输入电压的幅度限制在二极管的正向导通电压之内，如图 4.3.30 所示。不过，二极管本身的温度漂移会使放大器输出的漂移变大，应引起注意。

输出保护是为了防止输出碰到过电压时使输出级击穿，可采用图 4.3.31 所示电路。输出正常时，双向稳压管未击穿，其相当于开路，对电路没有影响。当输出端电压大于双向稳压管稳压值时，稳压管被击穿，反馈支路阻值大大减小，负反馈加深，从而将输出电压限制在双向稳压管的稳压范围内。

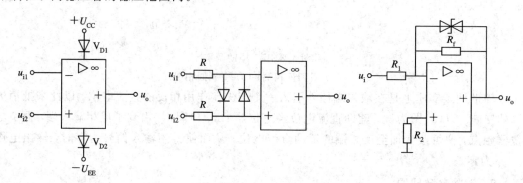

图 4.3.29　电源反接保护电路　　图 4.3.30　输入保护电路　　图 4.3.31　限制输出电压的电路

4.1  什么是零点漂移？什么是温度漂移？

4.2  什么是差模信号？什么是共模信号？共模抑制比是如何定义的？

4.3  差动放大器是如何抑制零点漂移的？

4.4  带恒流源的差动放大器是如何提高共模抑制比的？

4.5  理想运放的主要条件有哪些？

4.6  什么是虚短、虚断、虚地？同相输入电路是否存在虚地？

4.7  理想运放工作在线性区或非线性区时，各有什么特点？要使集成运放工作在线性区域，应采取什么措施？

4.8  在图 4.3.1 所示反相输入放大器中，

(1) 既然反相端的电位接近于零（地电位），那么把该端接地是否可以？为什么？

(2) 既然输入电流 $I_i \approx 0$，那么把输入端的输入线断开是否可以？为什么？

4.9  画出集成运放实现加、减、积分、微分、对数运算的基本电路，写出运算关系式。

4.10  说明方波发生器的工作原理，画出其电容电压及输出电压的波形。

# 练 习 题

4.1  在题 4.1 图所示电路中，$R_1 = 200\ \text{k}\Omega$，$R_2 = 12\ \text{k}\Omega$，$R_{c1} = 10\ \text{k}\Omega$，$R_{c2} = 9.9\ \text{k}\Omega$，$r_{be1} = r_{be2} = 2\ \text{k}\Omega$，$\beta_1 = \beta_2 = 50$，$U_{s1} = 0.05\ \text{V}$，$U_{s2} = 0.03\ \text{V}$。在所示信号作用下，放大器的共模输出电压 $U_o = 0.01\ \text{V}$，求放大器的差模放大倍数、共模放大倍数及共模抑制比。设 $U_{BE} = 0.6\ \text{V}$。

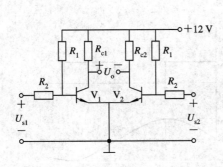

题 4.1 图

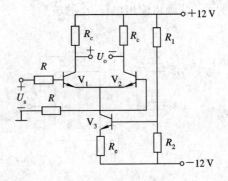

题 4.2 图

4.2  题 4.2 图所示电路，$R_1 = 30\ \text{k}\Omega$，$R_2 = 2.2\ \text{k}\Omega$，$R = 2\ \text{k}\Omega$，$R_c = 10\ \text{k}\Omega$，$R_e = 0.5\ \text{k}\Omega$，$\beta = 60$。

(1) 估算各管的静态电压、电流值。

(2) 计算电压放大倍数 $A_d$。

（3）若输出端接入 $R_L = 5$ kΩ 的负载，再求 $A_d$。

4.3　在题 4.3 图电路中，电流表满偏电流为 $100$ μA，电流表支路总电阻为 $2$ kΩ，$R_b = 10$ kΩ，$R_c = R_e = 5.1$ kΩ，两管的 $\beta = 50$。试计算：

（1）输入电压 $U_I = 0$ 时每个管的 $I_C$；

（2）电流表满偏时的 $U_I$；

（3）输出开路时的 $A_d$。

4.4　题 4.4 图电路中，$U_{CC} = U_{EE} = 12$ V，$R_c = R_e = 30$ kΩ，$R_b = 10$ kΩ，$R_L = 20$ kΩ，$R_P = 200$ Ω，RP 的活动触点在中点，三极管的 $\beta = 50$。

（1）求电路的静态工作点。

（2）画出电路的交流通路。

（3）求电路的差模电压放大倍数。

（4）求电路的输入、输出电阻。

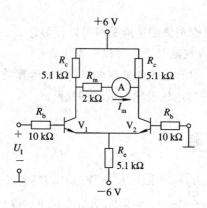

题 4.3 图

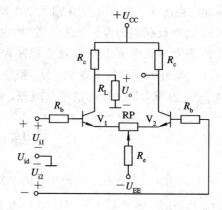

题 4.4 图

4.5　在题 4.5 图 $(a)$ 所示电路中，$R_1 = R_2 = R_f$，输入信号 $u_{s1}$ 和 $u_{s2}$ 的波形如题 4.5 图 $(b)$ 所示，试画出输出电压 $u_o$ 的波形。

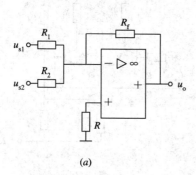

$(a)$

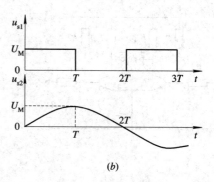

$(b)$

题 4.5 图

4.6　电路如题 4.6 图所示。

（1）写出 $U_o$ 与 $U_{i1}$ 和 $U_{i2}$ 的函数关系。

（2）若 $U_{i1} = +1.25$ V，$U_{i2} = -0.5$ V，求 $U_o$。

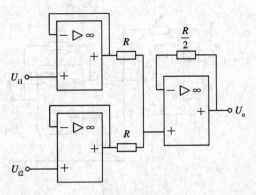

题 4.6 图

4.7　题 4.7 图所示电路中，$R_1 = R_2 = R_3 = 2\ \text{k}\Omega$，$R = 10\ \text{k}\Omega$，$R_{F1} = R_{F2} = 40\ \text{k}\Omega$，$R_f = 10\ \text{k}\Omega$，$R_F = 100\ \text{k}\Omega$。当电阻 $R_x$ 从 $2.1\ \text{k}\Omega$ 变到 $2.2\ \text{k}\Omega$ 时，电路的输出电压 $U_o$ 将有多少伏的变化？

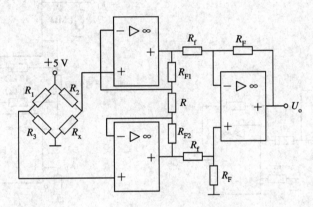

题 4.7 图

4.8　在题 4.8 图中，已知 $R_1 = 2\ \text{k}\Omega$，$R_f = 10\ \text{k}\Omega$，$R_2 = 2\ \text{k}\Omega$，$R_3 = 18\ \text{k}\Omega$，$U_i = 1\ \text{V}$，求 $U_o$ 值。

4.9　证明题 4.9 图中运放的电压放大倍数

$$A_{uf} = \frac{U_o}{U_i} = -\frac{1}{R_1}\left(R_{f1} + R_{f2} + \frac{R_{f1}R_{f2}}{R_{f3}}\right)$$

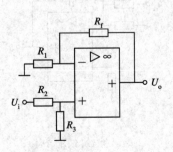

题 4.8 图

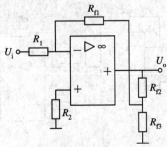

题 4.9 图

4.10　求题 4.10 图中运放的输出电压 $u_{21}$。

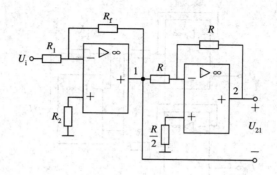

题 4.10 图

4.11 在题 4.11 图中，已知 $R_f = 5R_1$，$U_i = 10$ mV，求 $U_o$ 值。

4.12 在题 4.12 图中，已知 $U_i = 10$ mV，求 $U_{o1}$、$U_{o2}$ 及 $U_o$。

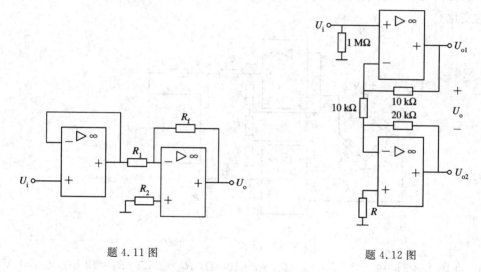

题 4.11 图

题 4.12 图

4.13 试推导题 4.13 图中 $U_o$ 与 $U_{i1}$ 和 $U_{i2}$ 之间的关系。

4.14 题 4.14 图中，已知 $C = 1$ μF，$R_1 = 100$ kΩ，$R_2 = 500$ kΩ，求 $u_o$ 与 $u_{i1}$、$u_{i2}$ 的关系。

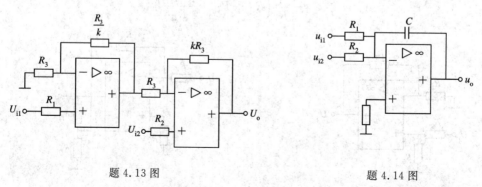

题 4.13 图

题 4.14 图

4.15 题 4.15 图所示电路为电压比较器，已知其中的 $U_R = 2$ V，运放的饱和电压为 $\pm 10$ V，图($c$)和图($d$)中的 $R_f = R_1$。分别画出各比较器的输出—输入传输特性曲线。

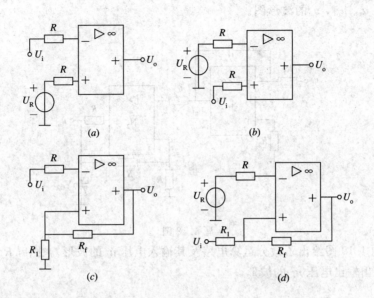

题 4.15 图

4.16　理想运放如题 4.16 图所示，其输出最大电压 $U = \pm 13$ V，$R_1 = 20$ kΩ，$R_f = 100$ kΩ，试求：

(1) $u_o$ 与 $u_i$ 运算关系；

(2) 电路输入阻抗；

(3) 当输入电压分别为 10 mV、$-10$ mV、1 V、$-1$ V、5 V、$-5$ V 时的各输出电压。

4.17　题 4.17 图所示电路，

(1) 求出当 $R_1 = 10$ kΩ，$R_f = 100$ kΩ 时，$u_o$ 与 $u_i$ 的运算关系。

(2) 当 $R_f = 100$ kΩ 时，欲使 $u_o = 26u_i$，则 $R_1$ 为何值？

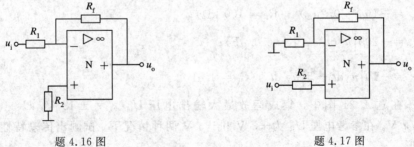

题 4.16 图　　　　　　　　　　　题 4.17 图

4.18　在题 4.18 图所示电路中，双向稳压管的稳压值 $U_{V_{DZ}} = \pm 12$ V，$R_1 = R_2 = 100$ kΩ，$R_4 = 2$ kΩ，$R_3 = R_5 = 10$ kΩ，$C = 1$ μF。

(1) 分析电路由哪些基本单元组成？

(2) 设 $u_i = 0$ 时，电容 $C$ 的端电压 $u_c = 0$，$u_o = 12$ V。当 $u_i = -10$ V 时要经过多长时间，$u_o$ 才由 $+12$ V 变为 $-12$ V？

(3) 若 $u_o$ 变为 $-12$ V 后，$u_i$ 立即由 $-10$ V 变为 $+5$ V，问再经过多长时间 $u_o$ 由 $-12$ V 变为 $+12$ V。

（4）画出 $u_i$、$u_{o1}$、$u_o$ 的波形图。

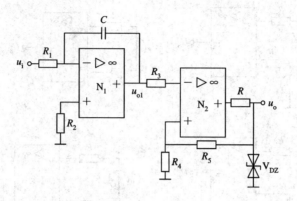

题 4.18 图

4.19　题 4.19 图给出了微分运算电路及其输入电压 $u_i$ 的波形。图中，$R = 10\ \text{k}\Omega$，$C = 100\ \mu\text{F}$。试画出输出电压 $u_o$ 的波形。

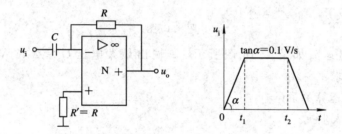

题 4.19 图

4.20　欲实现下列运算关系，如何设计运算电路，请画出电路并计算出各电阻的阻值（括号内 $C_f$、$R_f$ 已给定）：

（1）$u_o = -3u_i$　（$R_f = 50\ \text{k}\Omega$）；

（2）$u_o = -(u_{i1} + 0.2u_{i2})$　（$R_f = 100\ \text{k}\Omega$）；

（3）$u_o = -200 \int u_i \, \mathrm{d}t$　（$C_f = 0.1\ \mu\text{F}$）；

（4）$u_o = -10 \int u_{i1} \, \mathrm{d}t - 5 \int u_{i2} \, \mathrm{d}t$　（$C_f = 1\ \mu\text{F}$）。

4.21　在题 4.21 图中，集成运放最大输出电压 $U_{o(\text{sat})} = \pm 12\ \text{V}$，$U_{V_{DZ}} = \pm 6\ \text{V}$，$u_i = 12\ \sin\omega t\ \text{V}$。在参考电压 $U_R$ 为 $+3\ \text{V}$ 和 $-3\ \text{V}$ 两种情况下，试画出传输特性和输出电压 $u_o$ 的波形。

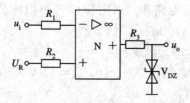

题 4.21 图

4.22 题 4.22 图所示电路为监控报警装置。$U_R$ 为参考电压，$u_i$ 为由被监控量的传感器送来的监控信号。当 $u_i$ 超过正常值时，$H_L$ 灯亮报警。请说明其工作原理。图中二极管及电阻 $R_3$ 起何作用？

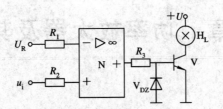

题 4.22 图

4.23 在题 4.23 图中，设 $u_i = u_m \sin\omega t$ V 且 $RC \ll T/2$，试作出 $u_o$、$u_o'$、$u_L$ 的波形。

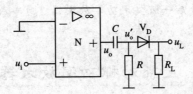

题 4.23 图

# 第 5 章　功率放大器及其应用

一般多级放大器中，其前级一般是对小信号进行放大，称为电压放大器。电压放大器的主要技术指标是电压放大倍数及输入阻抗、输出阻抗等。多级放大器的最后一级总要带动一定的负载，如扬声器、电动机、仪表、继电器等。驱动这些负载都需要放大器输出一定的功率，因此多级放大器的最后一级要用功率放大器。功率放大器简称功放，它是以输出功率为主要技术指标的放大器。

## 实训 5　互补对称功率放大器的测试

### （一）实训目的

（1）初步了解互补对称功率放大器的组成及性能测试方法。

（2）观察交越失真现象，初步了解消除交越失真的办法。

### （二）预习要求

（1）课下按实图 5.1 在实验板上焊好电路（或由实验室提前准备）。

（2）预习万用表、示波器、信号发生器的使用方法与注意事项。

### （三）实训原理

按照功率放大管静态工作点 $Q$ 点位置的不同，功率放大器的工作状态可分为三类。$Q$ 点选在负载线线性段中点的为甲类，管子中在整个信号周期内都有电流存在；$Q$ 点选在截止点处的为乙类，管子中仅在半个信号周期内有电流存在；$Q$ 点选在截止点与线性段中点之间的为甲乙类，管子中电流流过的时间为多半个周期。

功率放大器的主要任务是向负载提供足够大的不失真功率，同时要有较高的效率。为了输出较大功率，功放管的工作电流、电压变化范围往往很大。为了提高效率，可将放大电路做成互补对称式，并将功放管的工作状态设置为甲乙类，以减小交越失真。

#### 1. 电路的工作过程

实训电路如实图 5.1 所示。这是一个互补对称功率放大器的测试电路，其中 $V_2$、$V_3$ 分别是特性对称的 NPN 型和 PNP 型三极管。

设输入端加入正弦信号 $u_i$。在输入电压的正半周，信号经 $V_1$ 管反相后加到 $V_2$、$V_3$ 管的基极，使 $V_2$ 管截止，$V_3$ 管导通，在负载 $R_L$ 上形成输出电压 $u_o$ 的负半周；在输入电压的负半周，信号经 $V_1$ 管反相后，使 $V_3$ 管截止，$V_2$ 管导通，在负载 $R_L$ 上形成输出电压 $u_o$ 的正半周。这样，在一个周期内，$V_2$、$V_3$ 交替工作，在负载上就得到完整的正弦电压波形。

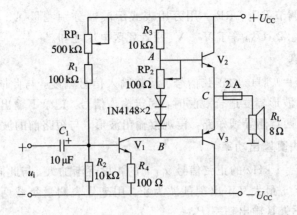

实图 5.1　互补对称功率放大器实训电路

## 2. 电路参数

1) 电路的输出功率

理想(输出不失真)情况下，该电路的最大输出功率为

$$P_{om} = \frac{U_{CC}^2}{2R_L}$$

实际测量时，电路的输出功率为

$$P_{o实} = U_o I_o = \frac{U_o^2}{R_L}$$

式中：$U_o$——负载两端电压的有效值；

　　　$I_o$——负载中流过电流的有效值。

2) 电源供给的功率

理想情况下，电源供给的最大功率为

$$P_{Um} = \frac{2U_{CC}^2}{\pi R_L}$$

实际测量时，可用下式求出：

$$P_{U实} = U_{CC} I_{Co}$$

式中，$I_{Co}$ 为电源输出的平均电流。

3) 功率放大器的效率

理想情况下，互补对称功率放大器的效率为最大效率，即

$$\eta_m = \frac{P_{om}}{P_{Um}} = \frac{\pi}{4} = 78.5\%$$

实际测量值为

$$\eta_实 = \frac{P_{o实}}{P_{U实}} = \frac{U_o^2/R_L}{U_{CC} I_{Co}} = \frac{U_o^2}{U_{CC} I_{Co} R_L}$$

## (四) 实训内容

将 ±15 V 双路直流稳压电源接入实图 5.1 所示电路中。

**1. 调整直流工作状态**

令 $u_i=0$，配合调节 $RP_1$、$RP_2$，用万用表或示波器分别测量 $A$、$B$、$C$ 点的电位 $U_A$、$U_B$、$U_C$，使 $U_C=U_{CC}/2$，$U_{AB}$ 等于 $V_2$、$V_3$ 两管死区电压之和。

**2. 观察交越失真**

在输入端加入 $f=1\,kHz$ 的正弦信号。调整输入信号幅度，与此同时用示波器观测输出信号波形，到输出波形幅度适合观测时，固定输入信号，记录下输出波形。

将电路中 $A$、$B$ 两点用导线短路，再观察输出波形，与短路前的波形对照，分析原因。

**3. 测量最大不失真输出功率**

在输入端加入 $f=1\,kHz$ 的正弦信号 $u_i$，$u_i$ 的幅度逐渐加大，与此同时用示波器观察输出电压 $u_o$ 的波形，至 $u_o$ 最大又不出现削波为止。用毫伏表测量负载两端的电压 $U_o$，并由 $U_o$、$R_L$ 值计算最大不失真输出功率 $P_{o实}$。

**4. 测量电源供给功率**

将直流电流表串入电源供电电路。电路输入端加 $1\,kHz$ 正弦信号 $u_i$，逐渐加大 $u_i$ 的幅度，与此同时用示波器观察输出电压 $u_o$ 的波形，至 $u_o$ 最大又不出现削波为止，然后固定 $u_i$。读取并记录直流电流表读数 $I_{Co}$，记下电源供电电压 $U_{CC}$，计算出电源供给功率 $P_{U实}$。

## (五) 实训报告

(1) 整理实训数据，计算出 $P_{o实}$、$P_{U实}$ 及功率放大器的效率 $\eta_实$，分析误差产生的原因。

(2) 总结分析实训中出现的问题。

## (六) 思考题

经过实训，你会提出下面的一些问题。这些问题也是后续理论课中要分析解决的主要问题。

(1) 一个功率放大器为什么要用两个功放管？只用一个行不行？

(2) 交越失真是如何产生的？又是如何消除的？

(3) 实验电路中，二极管的作用是什么？如果有一个二极管接反，那么将会产生什么后果？

# 5.1 功率放大器的特点与分类

## 5.1.1 功率放大器的特点

前已指出，功率放大器与电压放大器不同，前者是以输出功率为主要技术指标的。因此，功率放大器具有以下特点。

**1. 输出功率足够大**

为获得足够大的输出功率，功放管的电压和电流变化范围应很大。为此，它们常常工作在大信号状态，或接近极限运用状态。

**2. 效率要高**

功率放大器的效率是指负载上得到的信号功率与电源供给的直流功率之比。对于小信号的电压放大器来讲，由于输出功率较小，电源供给的直流功率也小，因此效率问题还不突出。但对于功放来讲，由于输出功率较大，效率问题就必须考虑。

**3. 非线性失真要小**

功率放大器是在大信号状态下工作，电压、电流摆动幅度很大，极易超出管子特性曲线的线性范围而进入非线性区，造成输出波形的非线性失真，因此，功率放大器比小信号的电压放大器的非线性失真问题严重。在实际应用中，有些设备（如测量系统、电声设备）对失真问题要求很严，因此，要采取措施减少失真，使之满足负载的要求。

此外，由于功放管承受高电压、大电流，因而功放管的保护问题和散热问题也应重视。再有，由于功率放大器工作点的动态范围大，微变等效电路法已不适用，因而应采用图解法分析。

## 5.1.2 功率放大器的分类

功率放大器通常是根据功放管工作点选择的不同来进行分类的，分为甲类放大、乙类放大和甲乙类放大等形式。当静态工作点 $Q$ 设在负载线线性段的中点、在整个信号周期内都有电流 $i_C$ 通过时，称为甲类放大状态，其波形如图 5.1.1$(a)$ 所示。若将静态工作点 $Q$ 设在截止点，则 $i_C$ 仅在半个信号周期内通过，其输出波形被削掉一半，如图 5.1.1$(b)$ 所示，称为乙类放大状态。若将静态工作点设在线性区的下部靠近截止点处，则其 $i_C$ 的流通时间为多半个信号周期，输出波形被削掉少一半，如图 5.1.1$(c)$ 所示，称为甲乙类放大状态。

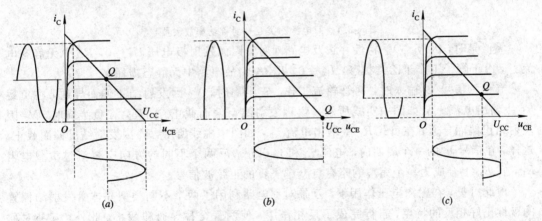

图 5.1.1　功率放大器的分类
$(a)$ 甲类；$(b)$ 乙类；$(c)$ 甲乙类

功率放大器除了按静态工作点的设置进行分类外，还可按电路的耦合情况分为变压器耦合功率放大器与无变压器耦合功率放大器，还可按功放单元的组成分为分立元件功率放大器和集成功率放大器两大类。

## 5.2　互补对称功率放大器

为了使功放电路在大功率输出时既要效率高，又要失真小，就需要对功放管设置合适的静态工作点 $Q$。在甲类放大电路中，静态电流 $I_{CQ}$ 大，使得功放管消耗能量高、电路效率低，因此甲类放大状态不可取。若使功放管工作于乙类状态，则静态电流 $I_{CQ} = I_{CEO} \approx 0$，可以减少功放管损耗，提高效率，但由单个功放管组成的功放电路仅在输入信号的半个周期内工作，因而输出波形仅有一半，会出现严重失真，也不可取。利用特性对称的 NPN 型和 PNP 型两个三极管组成互补对称功率放大器，让两个管子在信号的正、负半周轮流工作、互相补充，既可以提高放大电路的效率，又能输出整个波形，是一种实用的功放电路。

## 5.2.1 双电源乙类互补对称功率放大器

### 1. 电路原理

双电源乙类互补对称功率放大器电路如图 5.2.1 所示，其所用电源为 $+U_{CC}$、$-U_{CC}$ 两个电源。图中 $V_1$、$V_2$ 是两个特性一致的 NPN 型和 PNP 型三极管。两管基极连接输入信号，发射极连接负载 $R_L$。两管均工作在乙类状态。这个电路可以看成是由两个工作于乙类状态的射极输出器所组成的。

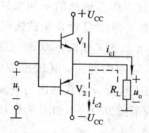

图 5.2.1　双电源乙类互补对称功率放大器

无信号时，因 $V_1$、$V_2$ 特性一致及电路对称，因而发射极电压 $U_E = 0$，$R_L$ 中无静态电流。又由于管子工作于乙类状态，$I_{BQ} = 0$，$I_{CQ} = 0$，故电路中无静态损耗。

有正弦信号 $u_i$ 输入时，两管轮流工作。正半周时，$V_1$ 因发射结正偏而导通，在负载 $R_L$ 上输出电流 $i_{c1}$，如图中实线所示，$V_2$ 因发射结反偏而截止。同理，在负半周时，$V_2$ 因发射结正偏而导通，在负载 $R_L$ 上输出电流 $i_{c2}$，如图中虚线所示，$V_1$ 因发射结反偏而截止。这样，在信号 $u_i$ 的一个周期内，电流 $i_{c1}$ 和 $i_{c2}$ 以正、反两个不同的方向交替流过负载电阻 $R_L$，在 $R_L$ 上合成为一个完整的略有点交越失真的正弦波信号。

由此可见，在输入电压作用下，互补对称电路利用了两个不同类型晶体管发射结偏置的极性正好相反的特点，自行完成了反相作用，使两管交替导通和截止。此外，互补对称电路联成射极输出方式，具有输入电阻高、输出电阻低的特点，低阻负载可以直接接在放大电路的输出端。

### 2. 分析计算

由于功放管工作在大信号状态，故采用图解法进行分析。

设 $V_1$、$V_2$ 的输出特性如图 5.2.2(a)、(b) 所示，图中 $A'Q$、$B'Q$ 分别为它们的交流负载线。静态时，$I_{CQ1} = -I_{CQ2} = 0$，$U_{CEQ1} = -U_{CEQ2} = U_{CC}$，输出电流为零。动态时，输入正弦信号 $u_i$，正半周 $V_1$ 管导通，工作点在 $QA'$ 段移动；负半周 $V_2$ 管导通，工作点在 $QB'$ 段移动。由于两管参数对称、导电极性相反，为了直观，将两管的特性曲线合成为图 5.2.2(c) 所示（图中忽略掉了它们的穿透电流 $I_{CEO}$）。在 $u_i$ 作用下产生的输出电压、电流波形也示于图中。

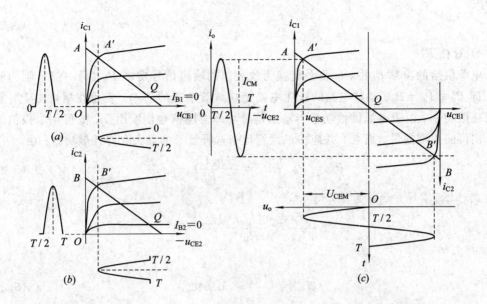

图 5.2.2  乙类互补对称电路图解

（a）NPN 管输出特性；（b）PNP 管输出特性；（c）两管特性曲线合成

1）输出功率 $P_o$

在电阻负载 $R_L$ 上，输出功率等于输出电压有效值与输出电流有效值之积，即

$$P_o = \frac{I_{om}}{\sqrt{2}} \cdot \frac{U_{om}}{\sqrt{2}} = \frac{1}{2} I_{om} U_{om} = \frac{U_{om}^2}{2R_L} \tag{5.2.1}$$

在输入信号足够大时，可使输出信号达到最大不失真状态，输出功率最大，记为 $P_{om}$，对应的最大输出电压、电流幅值分别为 $U_{CEM}$ 和 $I_{CM}$。此时功放管处于尽限运用状态，可忽略功放管的饱和压降 $U_{CES}$，即有 $U_{CEM} = U_{CC} - U_{CES} \approx U_{CC}$，因此，最大输出功率为

$$P_{om} = \frac{U_{CC}^2}{2R_L} \tag{5.2.2}$$

2）直流电源供给的功率 $P_U$

由于每个电源只供给半个周期的电流，因此两个电源供给的功率为

$$P_U = 2U_{CC} \frac{1}{2\pi} \int_0^\pi I_{om} \sin\omega t \, d(\omega t) = \frac{2U_{CC} I_{om}}{\pi} = \frac{2U_{CC} U_{om}}{\pi R_L} \tag{5.2.3}$$

可见输出电压幅值越大，电源供给功率也越大。在输出电压幅值足够大时，功放管处于尽限运用状态，可忽略管子的饱和压降 $U_{CES}$，有 $U_{CEM} \approx U_{CC}$，故此时电源供给最大功率，为

$$P_{Um} = \frac{2U_{CC} U_{CEM}}{\pi R_L} \approx \frac{2U_{CC}^2}{\pi R_L} = \frac{4}{\pi} P_{om} \tag{5.2.4}$$

3）效率 $\eta$

功率放大器的效率是指负载得到的信号功率 $P_o$ 与电源供给的功率 $P_U$ 之比，即

$$\eta = \frac{P_o}{P_U} = \frac{\pi}{4} \cdot \frac{U_{om}}{U_{CC}} \tag{5.2.5}$$

可见，输出电压幅值越大，电路的效率越高。当输出电压幅值足够大时，为最大效率 $\eta_m$。将式（5.2.5）中的 $U_{CEM}$ 换为 $U_{CC}$，或用式（5.2.2）除以式（5.2.4），得

$$\eta_{\mathrm{m}} = \frac{p_{\mathrm{om}}}{P_{U\mathrm{m}}} = \frac{\pi}{4} = 78.5\% \tag{5.2.6}$$

4）管耗 $P_{\mathrm{V}}$

电源供给的功率 $P_U$ 中，一部分转换为放大器的输出信号功率 $P_{\mathrm{o}}$，另一部分则为管耗 $P_{\mathrm{V}}$，即 $P_{\mathrm{V}} = P_U - P_{\mathrm{o}}$。功放电路的管耗主要是功放管消耗的功率，发生在集电结上，是集电极耗散功率。由于电源供给功率与输出信号功率都随信号幅度而变，故可用求极值的方法求出可能出现的最大管耗，并应按最大管耗来选择管子的最大允许耗散功率。由

$$P_{\mathrm{V}} = P_U - P_{\mathrm{o}} = \frac{2U_{\mathrm{CC}}U_{\mathrm{om}}}{\pi R_{\mathrm{L}}} - \frac{U_{\mathrm{om}}^2}{2R_{\mathrm{L}}} \tag{5.2.7}$$

将上式对 $U_{\mathrm{om}}$ 求导并令其为零，得

$$\frac{\mathrm{d}P_{\mathrm{V}}}{\mathrm{d}U_{\mathrm{om}}} = \frac{2U_{\mathrm{CC}}}{\pi R_{\mathrm{L}}} - \frac{U_{\mathrm{om}}}{R_{\mathrm{L}}} = 0$$

即

$$U_{\mathrm{om}} = \frac{2U_{\mathrm{CC}}}{\pi} \approx 0.64U_{\mathrm{CC}} \tag{5.2.8}$$

$U_{\mathrm{om}}$ 满足式(5.2.8)时，功放管管耗最大。由此式可看见，并非输出功率最大时功放管产生的管耗最大。将式(5.2.8)代入式(5.2.7)，可求得最大管耗为

$$P_{\mathrm{Vm}} = \frac{2U_{\mathrm{CC}}}{\pi R_{\mathrm{L}}} \cdot \frac{2U_{\mathrm{CC}}}{\pi} - \frac{1}{2R_{\mathrm{L}}} \cdot \left(\frac{2U_{\mathrm{CC}}}{\pi}\right)^2 = \frac{4}{\pi^2} \cdot \frac{U_{\mathrm{CC}}^2}{2R_{\mathrm{L}}} = \frac{4}{\pi^2}P_{\mathrm{om}} \approx 0.4P_{\mathrm{om}} \tag{5.2.9}$$

每只管子的管耗 $P_{\mathrm{Vm1}} = P_{\mathrm{Vm2}}$ 为总管耗 $P_{\mathrm{Vm}}$ 的一半，故 $P_{\mathrm{Vm1}} = P_{\mathrm{Vm2}} \approx 0.2P_{\mathrm{om}}$。所选功放管的集电极最大允许耗散功率 $P_{\mathrm{CM}}$ 应大于这个值，并留有一定余量。

**例 5.2.1** 在图 5.2.1 所示的双电源乙类互补对称功放电路中，设 $U_{\mathrm{CC}} = 12\ \mathrm{V}$，$R_{\mathrm{L}} = 8\ \Omega$，试求：

（1）当输入信号足够大，使功放管处于极限运用状态时的 $P_{\mathrm{om}}$、$P_{U\mathrm{m}}$、$\eta_{\mathrm{m}}$、$P_{\mathrm{V}}$；

（2）当输入信号电压有效值为 4 V 时的 $P_{\mathrm{o}}$、$P_U$、$\eta$、$P_{\mathrm{V}}$；

（3）若三极管饱和压降 $U_{\mathrm{CES}} = 1\ \mathrm{V}$，不可忽略，再计算(1)问中各量。

**解** （1）输入信号足够大时，忽略管子饱和压降，输出电压幅值约等于电源电压，可输出最大功率。由式(5.2.2)，最大输出功率为

$$P_{\mathrm{om}} = \frac{U_{\mathrm{CC}}^2}{2R_{\mathrm{L}}} = \frac{12^2}{2 \times 8} = 9\ \mathrm{W}$$

由式(5.2.4)得，电源供给最大功率为

$$P_{U\mathrm{m}} = \frac{2U_{\mathrm{CC}}^2}{\pi R_{\mathrm{L}}} = \frac{4}{\pi}P_{\mathrm{om}} = \frac{4}{\pi} \times 9 = 11.5\ \mathrm{W}$$

此时的效率为

$$\eta_{\mathrm{m}} = \frac{9}{11.5} = 78.5\%$$

双管总管耗为

$$P_{\mathrm{V}} = P_{U\mathrm{m}} - P_{\mathrm{om}} = 11.5 - 9 = 2.5\ \mathrm{W}$$

（2）若输入电压有效值为 4 V，即其幅值为 $U_{\mathrm{im}} = \sqrt{2} \times 4\ \mathrm{V} = 5.7\ \mathrm{V}$。考虑到射极输出器的输出电压近似等于输入电压，故 $U_{\mathrm{om}} \approx U_{\mathrm{im}} = 5.7\ \mathrm{V}$，输出功率为

$$P_\mathrm{o} = \frac{U_\mathrm{om}^2}{2R_\mathrm{L}} = \frac{5.7^2}{2 \times 8} \approx 2 \text{ W}$$

电源供给功率为

$$P_U = \frac{2}{\pi} U_\mathrm{CC} I_\mathrm{cm} = \frac{2}{\pi} U_\mathrm{CC} \frac{U_\mathrm{om}}{R_\mathrm{L}} = \frac{2 \times 12 \times 5.7}{\pi \times 8} \approx 5.44 \text{ W}$$

效率为

$$\eta = \frac{P_\mathrm{o}}{P_U} = \frac{2}{5.44} \approx 36.8\%$$

双管的管耗为

$$P_\mathrm{V} = P_U - P_\mathrm{o} = 5.44 - 2 = 3.44 \text{ W}$$

(3) 若三极管饱和压降不可忽略，则 $P_\mathrm{om}$、$P_\mathrm{Um}$、$\eta_\mathrm{m}$、$P_\mathrm{V}$ 的计算如下：

$$P_\mathrm{om} = \frac{U_\mathrm{CEM}^2}{2R_\mathrm{L}} = \frac{(U_\mathrm{CC} - U_\mathrm{CES})^2}{2R_\mathrm{L}} = \frac{(12 - 1)^2}{2 \times 8} \approx 7.56 \text{ W}$$

$$P_\mathrm{Um} = \frac{2U_\mathrm{CC} U_\mathrm{CEM}}{\pi R_\mathrm{L}} = \frac{2U_\mathrm{CC}(U_\mathrm{CC} - U_\mathrm{CES})}{\pi R_\mathrm{L}} = \frac{2 \times 12 \times (12 - 1)}{\pi \times 8} \approx 10.50 \text{ W}$$

$$\eta_\mathrm{m} = \frac{7.56}{10.50} = 72\%$$

$$P_\mathrm{V} = P_\mathrm{Um} - P_\mathrm{om} = 10.50 - 7.56 = 2.94 \text{ W}$$

### 5.2.2  单电源乙类互补对称功率放大器

图 5.2.1 所示互补对称功率放大器中需要正、负两个电源。但在实际电路中，如收音机、扩音机中，为了简化，常采用单电源供电。为此，可采用图 5.2.3 所示单电源供电的互补对称功率放大器。这种形式的电路无输出变压器，而有输出耦合电容，简称 OTL (Output Transformerless，无输出变压器)电路。而图 5.2.1 所示电路简称为 OCL(Output Capacitorless，无输出电容)电路。

图 5.2.3 电路中，管子工作于乙类状态。静态时因电路对称，两管发射极 e 点电位为电源电压的一半 $U_\mathrm{CC}/2$，负载中没有电流。动态时，在输入信号正半周，$V_1$ 导通，$V_2$ 截止，$V_1$ 以射极输出的方式向负载 $R_\mathrm{L}$ 提供电流 $i_\mathrm{O} = i_\mathrm{C1}$，使负载 $R_\mathrm{L}$ 上得到正半周输出电压，同时对电容 $C$ 充电。在输入信号负半周，$V_1$ 截止，$V_2$ 导通，电容 $C$ 通过 $V_2$、$R_\mathrm{L}$ 放电，$V_2$ 也以射极输出的方式向 $R_\mathrm{L}$ 提供电流 $i_\mathrm{O} = i_\mathrm{C2}$，在负载 $R_\mathrm{L}$ 上得到负半周输出电压。电容器 $C$ 在这时起到负电源的作用。为了使输出波形对称，即 $i_\mathrm{C1}$ 与 $i_\mathrm{C2}$ 大小相等，必须保持 $C$ 上电压基本为 $U_\mathrm{CC}/2$ 不变，也就是 $C$ 在放电过程中其端电压不能下降过多，因此，$C$ 的容量必须足够大。

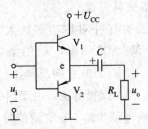

图 5.2.3  单电源乙类互补对称功率放大器

由上述分析可知，单电源互补对称电路的工作原理与正、负双电源互补对称电路的工作原理相似，不同之处只是输出电压幅度由 $U_{CC}$ 降为 $U_{CC}/2$，因而前面（5.2.1）至（5.2.9）各式中，只要将 $U_{CC}$ 改为 $U_{CC}/2$，就可用于单电源互补对称功率放大器。

### 5.2.3　甲乙类互补对称功率放大器

甲乙类互补对称功率放大器将电路中的功放管设置为甲乙类工作状态，以克服交越失真。在乙类互补对称功率放大器中，由于两管的静态工作点取在晶体管输入特性曲线的截止点，因而没有基极偏流。由于管子输入特性曲线有一段死区，而且死区附近非线性又比较严重，因而在有正弦信号输入、引起两管交替工作时，在交替点的前后便会出现一段两管电流均为零或非线性严重的波形；对应地，在负载上便产生了如图 5.2.4(a) 所示的交越失真。

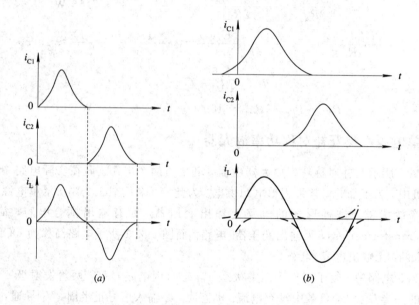

图 5.2.4　交越失真的产生与消除波形图
(a) 产生交越失真；(b) 消除交越失真

将功放管的工作状态设置为甲乙类便可大大减小交越失真。这时，由于两管的工作点稍高于截止点，因而均有一很小的静态工作电流 $I_{CQ}$。静态电流不为零可以克服管子死区电压的影响，使两管交替工作时通、断变换点处负载中的电流亦能按正弦规律变化，波形如图 5.2.4(b) 所示，从而消除了交越失真。

图 5.2.5 为常见的几种甲乙类互补对称功率放大器。(a) 图为 OCL 电路，(b) 图为 OTL 电路。在 (a)、(b) 两图中，$V_3$ 为推动级，$V_3$ 的集电极电路中接有两个二极管 $V_{D1}$ 和 $V_{D2}$，利用 $V_3$ 集电极电流在 $V_{D1}$、$V_{D2}$ 上的正向压降给两个功放管 $V_1$、$V_2$ 提供基极偏置，从而克服交越失真。静态时，$V_1$、$V_2$ 微微导通。由于两管电路对称，两管静态射极电流相等，负载 $R_L$ 中无静态电流，输出电压为零。有交流信号输入时，在信号的每个周期内，两只管子轮流导通，每只管子的导通时间均略大于半个周期。

另外，由于 $V_{D1}$ 和 $V_{D2}$ 的交流电阻很小，可视为短路，因而保证了 $V_1$ 和 $V_2$ 两管基极

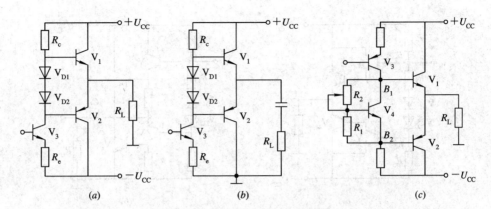

图 5.2.5　甲乙类互补对称功率放大器

(a) OCL 电路；(b) OTL 电路；(c) $U_{BE}$ 扩大电路

输入信号幅度基本相等。由于二极管正向压降具有负温度系数，因而这种偏置电路还具有一定的温度稳定作用，可自动稳定功放管的静态电流。

图 5.2.5(c) 是另一种常见的为互补对称功率放大器设置静态工作点的电路，称为"$U_{BE}$ 扩大电路"。由图可知，当 $I_{B4} \ll I_{R1} = I_{R2}$ 时，有

$$U_{R2} = I_{R2} R_2 = I_{R1} R_2 = \frac{U_{BE4}}{R_1} R_2$$

所以，两功放管基极之间电压为

$$U_{B1B2} = U_{R1} + U_{R2} = U_{BE4} + \frac{U_{BE4}}{R_1} R_2 = U_{BE4} \left( 1 + \frac{R_2}{R_1} \right)$$

可见，调节电阻 $R_2$ 就可调节两功放管基极间电压，从而方便地调节两功放管的静态电流。同样，由于 $U_{BE4}$ 的负温度系数，也使电路具有稳定静态电流的作用。

由于甲乙类功率放大器的静态电流一般很小，与乙类工作状态很接近，因而甲乙类互补对称功率放大器的最大输出功率、效率以及管耗等量的估算均可按乙类电路有关公式进行。

## 5.2.4　复合管互补对称功率放大器

在上述互补对称电路中，若要求输出较大功率，则要求功放管采用中功率或大功率管。这就产生了如下问题。一是大功率的 PNP 和 NPN 两种类型管子之间难以做到特性一致；二是输出大功率时功放管的峰值电流很大，而功放管的 $\beta$ 不会很大，因而要求其前置级有较大推动电流，这对于前级是电压放大器的情况是难以做到的。为了解决上述问题，可采用复合管互补对称电路，如图 5.2.6 所示。

由第 1 章的学习可知，复合管的类型及电极均由第一只晶体管决定，复合管的电流放大系数为两管电流放大系数的乘积。因而，采用复合管作为功放管，既可降低前级推动电流，又可容易用同类型大功率管组成配对的 NPN 和 PNP 管。

图 5.2.6(a) 中为同类型管组成的复合管，它可降低对前级推动电流的要求。不过，其直接向负载 $R_L$ 提供电流的两个末级对管 $V_3$、$V_4$ 的类型仍然不同，大功率情况下两者很难选配到完全对称。图 5.2.6(b) 则与之不同，其两个末级对管是同一类型的（图中均为 NPN 型），因而比较容易配对。这种电路又称为准互补对称电路。电路中 $R_{c1}$、$R_{e1}$ 的作用是使 $V_3$ 和 $V_4$ 能有一个合适的工作点。

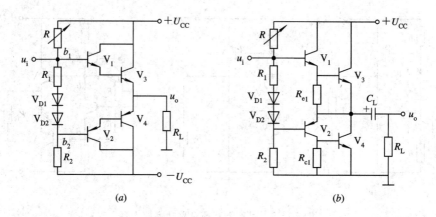

图 5.2.6 复合管互补对称功率放大器

(a) 由复合管组成的互补对称电路；(b) 由复合管组成的准互补对称电路

# 5.3 集成功率放大器

近些年来，随着集成技术的发展，集成功率放大器产品越来越多。集成功率放大器实际上是一个集成化的互补推挽功率放大电路。由于集成功放成本不高、使用方便，因而被广泛应用在收音机、录音机、电视机以及直流伺服系统中的功率放大部分。这里对常用的 LM386、TDA2030 和 LA4102 集成功率放大器加以介绍。

## 1. LM386

LM386 是一种通用型集成功率放大器，它的特点是频带宽（可达几百千赫）、静态功耗低（电源为 6 V 时为 24 mW）、适用的电源电压范围宽（4～16 V）、外接电路简单，因而广泛用于收音机、对讲机、方波和正弦波发生器等。其应用接线图如图 5.3.1 所示。LM386 为 8 脚双列直插器件，其中 6 脚接电源正极，4 脚接电源负极（地），2 脚为反相输入端，3 脚为同相输入端，5 脚为输出端，7 脚为旁路端，1、8 脚为增益设定端。通过改变 1、8 间外加元件的参数可改变电路的增益。如当 1、8 间断开时，$A_u = 20$；当接入 10 μF 电容时，$A_u = 200$；当接入图中所示的 $R_1 = 1.2$ kΩ、$C_1 = 10$ μF 阻容串联支路时，$A_u = 50$。图中接于

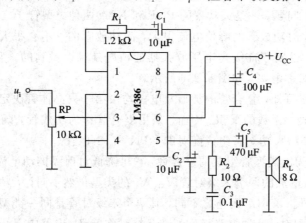

图 5.3.1 LM386 的应用接线图

7 脚的电容 $C_2$ 为纹波旁路电容，用以提高纹波能力；$C_4$ 为电源退耦电容；$R_2$、$C_3$ 支路组成容性负载，抵消扬声器部分的感性负载，以防止在信号突变时扬声器上呈现较高的瞬时电压而使其损坏。

### 2. TDA2030

TDA2030 是一种音质较好的集成功放，与性能类似的其它产品相比，它的引脚较少、外部元件较少、电气性能稳定而可靠，具有过载保护热切断保护电路，若输出过载(甚至是长时间过载)或短路，均能起保护作用，不会损坏器件。在单电源使用时，散热片可直接固定在金属板上与地线相通，无需绝缘，十分方便。该器件适用于收录机及高传真立体声扩音装置中作音频功率放大器。其主要参数如表 5.3.1 所示。

**表 5.3.1 TDA2030 的主要技术指标**

| 参　　数 | 符号及单位 | 数　　值 | 测试条件 |
|---|---|---|---|
| 电源电压 | $U_{CC}/V$ | $\pm 6 \sim \pm 18$ | — |
| 静态电流 | $I_{CC}/mA$ | 40 | — |
| 输出功率 | $P_o/W$ | 18 | $A_u = 300$ dB, $R_L = 4\ \Omega$<br>THD $< 0.5\%$, $f = 1$ kHz |
| 输入阻抗 | $R_i/k\Omega$ | 140 | $A_u = 30$ dB, $R_L = 4\ \Omega$<br>$P_o = 12$ W |

图 5.3.2 为 TDA2030 的外形图及常用应用电路(OCL 形式)。图中，$C_1 = 1\ \mu F/16\ V$，$C_2 = 22\ \mu F/16\ V$，$C_3 = C_4 = 100\ nF/50\ V$，$C_5 = C_6 = 100\ \mu F/50\ V$，$C_7 = 220\ nF/50\ V$，$V_{D1}$、$V_{D2}$：1N4001；$R_1$、$R_2$、$C_2$ 构成电压串联负反馈支路，其中，$R_1 = 680\ \Omega$，$R_2 = 22\ k\Omega$，它们的阻值大小决定电路闭环增益，当 2 脚负反馈电阻值增大很多时，电路易自激。

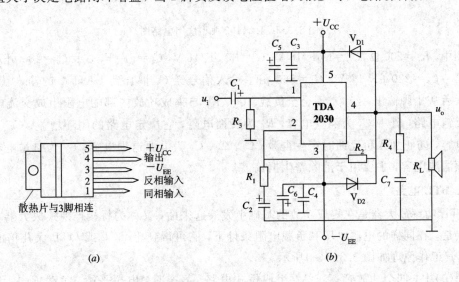

图 5.3.2　TDA2030 外形图及常用应用电路
(a) TDA2030 外形图；(b) TDA2030 常用应用电路(OCL 形式)

### 3. LA4102

LA4102 是 LA4100 系列集成功放中的一个品种，使用电源电压范围为 6～13 V。它在 9 V 电源、4 Ω 负载下最大可输出 2.1 W 的功率，常用于 FM/AM 收音机、录音机、扩音机、对讲机等的功放级。该器件采用双列直插式塑料封装，其各管脚含义见表 5.3.2。其典型应用电路如图 5.3.3 所示。

**表 5.3.2 LA4102 各管脚的含义**

| 管脚 | 1 | 2 | 3 | 4 | 5 | 6 | 7 | 8 | 9 | 10 | 11 | 12 | 13 | 14 |
|------|----|----|----|----|----|-----|----|----|----|------|----|--------|------|------|
| 含义 | 输出 | 空脚 | 地 | 消振 | 消振 | 负反馈 | 空脚 | 空脚 | 输入 | 退耦 | 地 | 前级电源 | 自举 | 电源 |

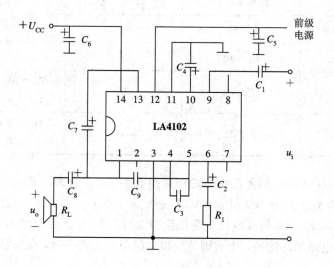

图 5.3.3　LA4102 典型应用电路图

图中，$R_1 = 200\ \Omega$，$C_1 = 1\ \mu F/16\ V$，$C_2 = 33\ \mu F/16\ V$，$C_3 = 51\ pF$，$C_4 = C_7 = 100\ \mu F/16\ V$，$C_5 = C_6 = C_8 = 220\ \mu F/16\ V$，$C_9 = 560\ pF$。输入信号经 $C_1$ 耦合到 LA4102 的输入端 9 脚，经放大后从 1 脚输出，经 $C_8$ 耦合至负载。$C_2$、$R_1$ 与集成功放内部的电阻组成交流电压串联负反馈电路，其中 $C_2$ 为隔直电容，$R_1$ 为反馈电阻，它决定电路的闭环增益；$C_3$ 为相位补偿电容，防止加入负反馈时产生自激；$C_4$、$C_5$、$C_6$ 为电源退耦电容；$C_7$ 为自举电容；$C_9$ 为高频滤波电容，主要用于消除寄生振荡。

### 4. BTL 电路

BTL 功率放大器是在集成功放的基础上发展起来的，又称为桥接推挽式放大器。其主要特点是，在同样的电源电压和负载电阻条件下，它可得到比 OCL 或 OTL 大几倍的输出功率，其工作原理如图 5.3.4(a) 所示。

图(a)中，四个功放管 $V_1 \sim V_4$ 组成桥式电路。静态时，电桥平衡，负载 $R_L$ 中无直流电流。动态时，桥臂对管轮流导通。如 $u_i$ 正半周，上正下负，则 $V_1$、$V_4$ 导通，$V_2$、$V_3$ 截止，流过负载 $R_L$ 的电流如图中实线所示；在 $u_i$ 负半周，上负下正，则 $V_1$、$V_4$ 截止，$V_2$、

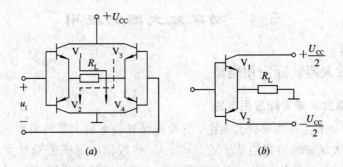

图 5.3.4　BTL 电路工作原理

(*a*) BTL 电路；(*b*) OCL 电路

$V_3$ 导通，负载 $R_L$ 中的电流如图中虚线所示。忽略管子的饱和压降，则两个半周合成，在负载上可得到最大振幅为 $U_{CC}$ 的输出信号电压。此外，由上述分析可以看出，与 OCL 电路（图 5.3.4(*b*)）相比，在相同电源电压下（图中均为 $U_{CC}$），BTL 电路中流过负载 $R_L$ 的电流及 $R_L$ 两端的电压均加大了一倍，据此可分析出它的最大输出功率为

$$P_{om} = \frac{U_{CC}}{\sqrt{2}} \frac{U_{CC}}{\sqrt{2}} \frac{1}{R_L} = \frac{U_{CC}^2}{2R_L}$$

可见，BTL 电路的最大输出功率是同样电源电压 OCL 电路输出功率 $[U_{CC}^2/(8R_L)]$ 的四倍。

图 5.3.5 为 TDA2030 组成的 BTL 电路，除电阻 $R_9$（22 kΩ）外，其余电路是由 TDA2030 组成的两个 OCL 电路，结构对称，元件参数与图 5.3.2(*b*) 中的相同。

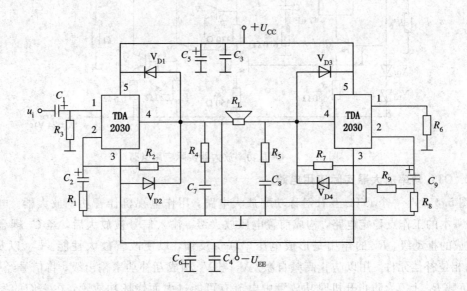

图 5.3.5　TDA2030 组成的 BTL 电路

尽管 BTL 电路中多用了一组功放电路，负载又是"悬浮"状态，增加了调试的难度，但由于其性能优良、失真小、电源利用率高，因而在高保真音响等领域中应用较广。

# 5.4　功率放大器的应用

## 5.4.1　功率放大器实际应用电路

### 1. OCL 功率放大器实际应用电路

图 5.4.1 为一准互补功率放大电路，它是高保真功率放大器的典型电路。电路由前置放大级、中间放大级和输出级组成。$V_1$、$V_2$、$V_3$ 构成恒流源式差动放大器，为前置放大级，除了对输入信号进行放大外，还有温度补偿和抑制零漂的作用。$V_4$、$V_5$ 构成中间放大级，其中 $V_4$ 为共射电路，$V_5$ 是恒流源，作为 $V_4$ 的负载，使 $V_4$ 的输出幅度得以提升。$V_7$ 到 $V_{10}$ 为准互补 OCL 电路作输出级。$R_{e7}$、$R_{c8}$、$R_{e9}$、$R_{e10}$ 可使电路稳定。$V_6$ 及 $R_{c4}$、$R_{c5}$ 构成 "$U_{BE}$扩大电路"，调节 $R_{c4}$ 可改变加在 $V_7$、$V_8$ 基极间的电压，以消除交越失真。$R_f$、$C_1$ 和 $R_{b2}$ 构成串联负反馈，以提高电路稳定性并改善性能。

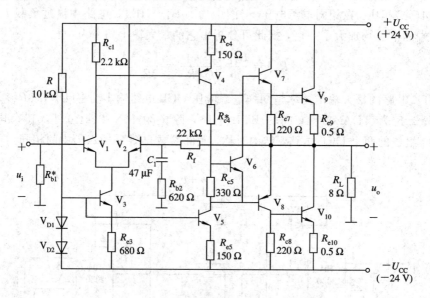

图 5.4.1　OCL 功率放大器实际应用电路

### 2. OTL 功率放大器实际应用电路

图 5.4.2 是一个 OTL 互补对称功率放大电路，用作电视机伴音功率放大器。电路中 $V_1$ 是基本的工作点稳定电路，构成前置电压放大级。输入信号被放大后，经 $C_3$ 耦合至由 $V_2$ 构成的推动级。$R_{14}$ 的作用是形成电压串联负反馈，以便改善放大性能。$C_2$（以及 $C_4$、$C_7$）为相位补偿元件，用以防止高频自激。$V_3$ 与 $V_4$ 构成互补功率输出级，将信号经 $C_6$ 耦合到负载 $R_L$ 上。为防止开机时功放管中电流有可能过大而烧坏功放管，在它们的发射极电路中设置了 $R_{11}$、$R_{12}$ 两个限流电阻。$V_3$、$V_4$ 的静态工作点由 $V_2$ 的静态电流及电阻 $R_6$、$R_7$、$R_8$、$R_9$ 决定。其中 $R_8$ 是热敏电阻，其阻值随温度升高而减小，可稳定功放管的静态电流。电阻 $R_{10}$ 连在 $V_2$ 的基极与电容 $C_6$ 的正极之间，构成直流负反馈，以稳定 $C_6$ 正极的电位（为 $U_{CC}/2$）。

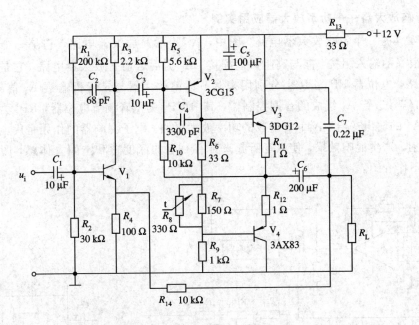

图 5.4.2 OTL 互补对称功率放大器实际应用电路

### 3. 集成功率放大器实际应用电路

袖珍式放音机、收音机、便携式收录机等，为了实现整机小型化，需要低电压音频功率放大电路。荷兰飞利浦公司生产的 TDA7050T 集成功率放大电路外形尺寸小，外接元件少，可用来组装薄型机。其接线图如图 5.4.3 所示。

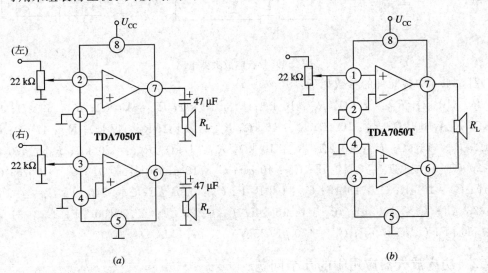

(a)                                    (b)

图 5.4.3 TDA7050T 的外接线图

TDA7050T 的外形为 8 脚扁平塑料封装。图 5.4.3(a) 为立体声工作状态，外接元件只有两只 47 μF 电解电容，电压增益为 26 dB，当 $U_{CC} = 3$ V，$R_L = 32$ Ω 时，$P_{om} = 36$ mW。图 5.4.3(b) 为 BTL 工作状态，无需外接元件，当 $U_{CC} = 3$ V，$R_L = 32$ Ω 时，$P_{om} = 140$ mW，电压增益为 32 dB。

#### 4. 音响放大器——功率放大器应用实例

图 5.4.4 是一个音响放大器电路。图中，$A_1$ 为话筒放大器电路，它是一个同相放大器，具有很高的输入阻抗，能与高阻话筒配接。$A_2$ 为混合前置放大器电路，它是一个反相加法器电路，电位器 $RP_{11}$、$RP_{21}$ 分别用来调节话筒放大器与录音机输给 $A_2$ 信号的大小。$A_2$ 的输出信号送给 $A_3$ 组成的音调控制器，其中 $RP_{31}$ 为低音调节电位器，$RP_{32}$ 为高音调节电位器。$A_3$ 的输出送给 LA4102 组成的功率放大电路。电子混响器的作用是用电路模拟声音多次反射，产生混响效果，使声音听起来具有一定的深度感和空间立体感，图中也可不要，这里不作介绍。

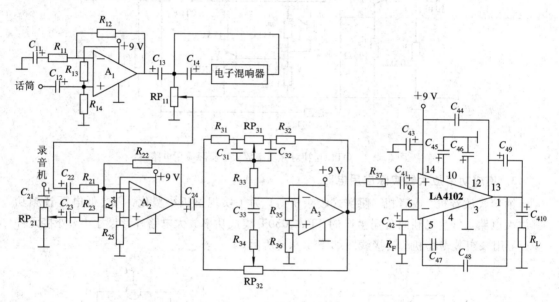

图 5.4.4　音响放大器电路

图 5.4.4 中各元件的参数如下：

$R_{11}$：10 kΩ；$R_{12}$：68 kΩ；$R_{13}$：10 kΩ；$R_{14}$：10 kΩ；$R_{P11}$：10 kΩ；$R_{21}$：39 kΩ；$R_{22}$：39 kΩ；$R_{23}$：100 kΩ；$R_{24}$：10 kΩ；$R_{25}$：10 kΩ；$R_{P21}$：10 kΩ；$R_{31}$：47 kΩ；$R_{32}$：47 kΩ；$R_{33}$：47 kΩ；$R_{34}$：13 kΩ；$R_{35}$：10 kΩ；$R_{36}$：10 kΩ；$R_{37}$：1 kΩ；$R_{P31}$：470 kΩ；$R_{P32}$：470 kΩ；$R_F$：200 Ω；$R_L$：8 Ω。$C_{11}$：10 μF；$C_{12}$：10 μF；$C_{13}$：10 μF；$C_{14}$：10 μF；$C_{21}$：10 μF；$C_{22}$：10 μF；$C_{23}$：10 μF；$C_{24}$：10 μF；$C_{31}$：0.01 μF；$C_{32}$：0.01 μF；$C_{33}$：510 pF；$C_{41}$：4.7 μF；$C_{42}$：33 μF；$C_{43}$：100 μF；$C_{44}$：0.15 μF；$C_{45}$：220 μF；$C_{46}$：100 μF；$C_{47}$：51 pF；$C_{48}$：560 pF；$C_{49}$：220 μF；$C_{410}$：470 μF(25 V)。

### 5.4.2　功率放大器应用中的几个问题

为了保护功放电路尤其是其中功放管的安全，在实际应用时，要充分注意以下几方面的问题。

#### 1. 功放管散热问题

如前所述，功率放大器的工作电压、电流都很大。在给负载输出功率的同时，功放管也要消耗一部分功率，使管子本身升温发热。当管子温度升高到一定程度（锗管一般为

$75\sim90℃$，硅管为 $150℃$）后，就会损坏晶体结构。为此，应采取功放管散热措施。通常是给功放管加装由铜、铝等导热性能良好的金属材料制成的散热片（板），加装了散热片的功放管可充分发挥管子的潜力，增加输出功率而不损坏管子。

**2. 防止功放管的二次击穿**

图 5.4.5 给出了晶体管的击穿特性曲线。其中（$a$）图的 $AB$ 段称为第一次击穿，$BC$ 段称为第二次击穿。第一次击穿是由 $u_{CE}$ 过大引起的雪崩击穿，是可逆的，当外加电压减小或消失后管子可恢复原状。若在一次击穿后，$i_C$ 继续增大，管子将进入二次击穿。二次击穿是由于管子内部结构缺陷（如发射结表面不平整、半导体材料电阻率不均匀等）和制造工艺不良等原因引起的，为不可逆击穿，时间过长（如 1 秒）将使管子毁坏。进入二次击穿的点随基极电流 $i_B$ 的不同而变，把进入二次击穿的点连起来就成为图（$b$）所示的二次击穿临界曲线。为此，必须把晶体管的工作状态控制在二次击穿临界曲线之内。

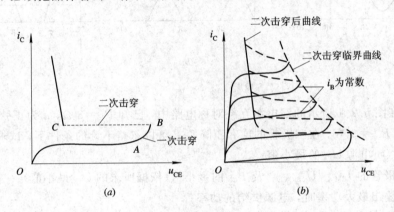

图 5.4.5　晶体管的二次击穿

（$a$）二次击穿现象；（$b$）二次击穿临界曲线

防止晶体管二次击穿的措施主要有：使用功率容量大的晶体管，改善管子散热的情况，以确保其工作在安全区之内；使用时应避免电源剧烈波动、输入信号突然大幅度增加、负载开路或短路等，以免出现过压过流；在负载两端并联二极管（或二极管和电容），以防止负载的感性引起功放管过压或过流，在功放管的 c、e 端并联稳压管以吸收瞬时过电压。

# 思　考　题

5.1　功率放大器的主要任务是什么？它与电压放大器主要有什么不同？

5.2　乙类功率放大器输出功率最大时，功放管消耗的功率是否最大？

5.3　交越失真是如何产生的？甲乙类功率放大器是如何克服交越失真的？

5.4　参看后面练习题 5.5 所示电路。静态时，负载 $R_L$ 中的电流应为多少？如不符合要求，应如何调整？若某个二极管开路或极性接反，将会产生什么后果？

5.5　采用复合管组成的互补对称功放电路有什么优点？两个管子复合后总的电流放大倍数及等效管型如何决定？

5.6　准互补对称电路有什么优点？

5.7　试比较 OCL 和 OTL 电路的优缺点。

5.8 在讨论功放电源的供电问题时，某甲认为从能量守恒的概念出发，当输出功率大时，电源供给的电流也应加大；某乙认为只要输出不失真，电流应在静态值上下波动，不管输出幅度大小，其平均值不变。你认为这些说法对吗？

## 练 习 题

5.1 题 5.1 图为功放管工作电流的波形，试说明各图中功放管分别为甲、乙、甲乙哪类工作状态。

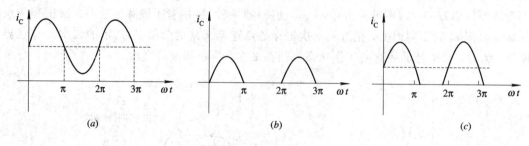

题 5.1 图

5.2 在图 5.2.1 所示的双电源互补对称电路中，已知 $R_L = 8\ \Omega$，$u_i$ 为正弦波，要求最大输出功率 $P_{om} = 9\ W$。在三极管的饱和压降 $U_{CES}$ 可以忽略不计的条件下，试求下列各值：

(1) 正、负电源 $U_{CC}$ 的最小值；

(2) 三极管的 $I_{CM}$、$|U_{(BR)CEO}|$ 及 $P_{CM}$ 的最小值（依据所求的 $U_{CC}$ 最小值）；

(3) 当输出最大功率时，电源供给的功率；

(4) 当输出最大功率时，输入电压的有效值。

5.3 在图 5.2.3 所示的单电源乙类互补对称电路中，已知 $R_L = 8\ \Omega$，$u_i$ 为正弦波，要求最大输出功率 $P_{om} = 9\ W$。在三极管的饱和压降 $U_{CES}$ 可以忽略不计的条件下，试求下列各值：

(1) 电源 $U_{CC}$ 的最小值；

(2) 三极管的 $I_{CM}$、$|U_{(BR)CEO}|$ 及 $P_{CM}$ 的最小值（依据所求的 $U_{CC}$ 最小值）；

(3) 当输出最大功率时，电源供给的功率；

(4) 当输出最大功率时，输入电压的有效值。

另外，根据题 5.2 与题 5.3 的计算结果，比较 OCL 与 OTL 电路的异同。

5.4 互补对称电路如题 5.4 图所示，图中 $U_{CC} = 20\ V$，$R_L = 8\ \Omega$，$V_1$、$V_2$ 管的 $U_{CES} = 2\ V$。

(1) 当 $V_3$ 管输出信号 $U_{o3} = 10\ V$（有效值）时，计算电路的输出功率、管耗、直流电源供给的功率和效率；

(2) 计算该电路的最大不失真输出功率、效率和此时所需的 $U_{o3}$ 的有效值。

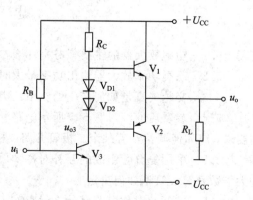

题 5.4 图

5.5 某 OCL 功放电路如题 5.5 图所示，忽略 $U_{CES}$ 和 $I_{CEO}$，负载电流 $i_o = 1.8\cos\omega t$ A。

(1) 求输出功率 $P_o$ 和电源供给的功率 $P_U$；

(2) 求最大输出功率 $P_{om}$ 和此时电源供给的功率 $P_{Um}$；

(3) 求上述负载电流时的效率 $\eta$ 及最大效率 $\eta_m$；

(4) 说明二极管 $V_{D1}$、$V_{D2}$ 的作用。

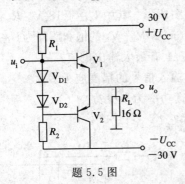 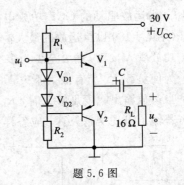

题 5.5 图　　　　　　　　　　　题 5.6 图

5.6 在题 5.6 图所示 OTL 电路中，忽略 $U_{CES}$ 和 $I_{CEO}$，负载电流 $i_o = 0.9\cos\omega t$ A。

(1) 求输出功率 $P_o$ 和电源供给的功率 $P_U$；

(2) 求最大输出功率 $P_{om}$ 和此时电源供给的功率 $P_{Um}$；

(3) 求上述负载电流时的效率 $\eta$ 和最大效率 $\eta_m$；

(4) 比较 5.5 题与 5.6 题的计算结果，分析 OCL 与 OTL 电路的异同。

5.7 题 5.7 图为准互补对称功放电路。

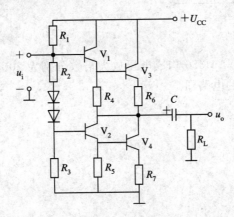

题 5.7 图

(1) 在图中标明三极管 $V_1 \sim V_4$ 的类型(NPN 或 PNP)。

(2) 静态时输出电容 $C$ 两端的电压应为多少？调整哪个元件可达到这个电压值？

(3) 调节 $R_2$ 主要解决什么问题？

(4) 电阻 $R_4$ 与 $R_5$ 以及 $R_6$ 与 $R_7$ 分别有哪些作用？

5.8 在题 5.7 图中，设 $V_3$、$V_4$ 饱和压降 $U_{CES} = 2$ V，$R_6 = R_7 = 0.5$ Ω，$R_L = 4$ Ω，$U_{CC} = 18$ V，试计算负载 $R_L$ 上的最大输出功率。

5.9 题 5.9 图所示为准互补 OCL 电路。

(1) 电路何以称为准互补 OCL 对称式？

（2）说明电阻 $R_{e1}$、$R_{c2}$ 和 $R_{e3}$、$R_{e4}$ 的作用。

（3）调整哪个元件可调节输出端静态电位。

（4）调整电阻 $R_1$ 可解决什么问题？

（5）设 $U_{CC}=18$ V，$R_{e3}=R_{e4}=0.5$ Ω，$R_L=8$ Ω，$V_3$、$V_4$ 的 $U_{CES}=2$ V，求 $R_L$ 上最大不失真输出功率 $P_{om}$。

5.10　由运放驱动的 OCL 功放电路如题 5.10 图所示。其中 $U_{CC}=18$ V，$R_L=16$ Ω，$R_1=10$ kΩ，$R_f=150$ kΩ，运放的最大输出电流为 $\pm 25$ mA，$V_1$、$V_2$ 的饱和压降为 $U_{CES}=2$ V。

（1）功放管 $V_1$、$V_2$ 的 $\beta$ 至少为多少时，负载 $R_L$ 上有最大输出电流？

（2）为使负载 $R_L$ 上有最大不失真的输出电压，输入信号的幅度应为多大？

（3）当运放输出幅度足够大时，$R_L$ 上最大不失真功率为多少？

（4）若输出出现交越失真，应怎样调整才能消除它？

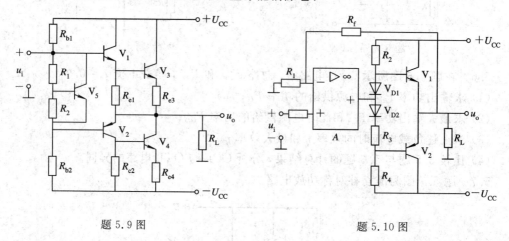

题 5.9 图　　　　　　　　　　　　　题 5.10 图

5.11　欲用功放芯片 LM386 构成电压放大倍数分别为 20 和 200 的两个功率放大电路，如何接线？画出它们的电路图。

# 第6章 振 荡 器

在科学研究和生产活动中，广泛地应用各种振荡器以产生振荡信号。振荡器的特点是在没有输入信号的情况下，也能输出不同频率的交流信号。根据需要不同，振荡器可产生正弦交流振荡信号和非正弦交流振荡信号。振荡器实质上是一种正反馈放大器，它把直流电源能量转化成交流振荡能量。本章先从实训6、振荡的概念和振荡的条件入手，然后介绍 $RC$ 振荡器、$LC$ 振荡器和石英晶体振荡器。

## 实训 6　$RC$ 音频振荡器

### （一）实训目的

（1）了解 $RC$ 振荡器的电路组成与工作原理。

（2）学习对振荡电路参数的测量。

（3）观察 $RC$ 振荡器稳幅电路的作用。

（4）通过实训，对振荡器有个初步了解，为后面的理论学习打下基础。

### （二）预习要求

（1）预习 $RC$ 振荡器的工作原理，以及电路中各元件的作用。

（2）阅读本实训的全部内容。

（3）预习示波器、电子毫伏表的使用方法。

（4）设计记录实训数据的表格。

### （三）实训原理

实训电路如实图 6.1 所示。

图中 $R_1$、$C_1$ 和 $R_2$、$C_2$ 组成的电路称为 $RC$ 串并联式选频网络，它将运放输出信号的一部分反馈到运放的同相输入端，形成正反馈。在后文的理论分析中将会看到，这个选频网络仅对某一个频率 $f_0$（称为振荡频率）的信号有较大的反馈作用，其它频率的信号则被抑制。振荡频率的大小由 $R_1$、$R_2$、$C_1$、$C_2$ 的数值决定，一般取 $R_1 = R_2 = R$，$C_1 = C_2 = C$。当$R$ 选用同轴电位器或 $C$ 选用同轴电容器时，可实

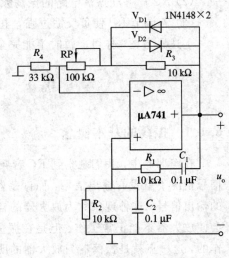

实图 6.1　$RC$ 音频振荡器

现振荡频率的连续调节。$f_0$ 的计算式为 $f_0 = \dfrac{1}{2\pi RC}$。

图中 $R_3$、RP、$V_{D1}$、$V_{D2}$ 组成负反馈支路和稳幅环节。调节 RP 至适当处，电路即能起振，输出正弦波。两个反向并联的二极管 $V_{D1}$ 和 $V_{D2}$ 的作用是，当振荡幅度加大时，二极管正向电阻下降，使负反馈增强，起到自动稳幅作用，从而获得良好的正弦波输出。

## （四）实训内容

（1）按实图 6.1 接线，检查无误后，接通电源。

（2）测量振荡频率。用示波器观察 $u_o$，同时调节电位器 RP，至 $u_o$ 为不失真的正弦波。在示波器上测量 $u_o$ 的频率（或由周期算出频率）。

（3）将 $R$ 改为 100 kΩ，重做第(1)、(2)步内容。

（4）观察二极管的稳幅作用。断开 $V_{D1}$、$V_{D2}$，看 $u_o$ 波形有何变化。若无明显变化，可调节 RP，配合 $V_{D1}$、$V_{D2}$ 的接入与断开，反复观察波形变化。

（5）观察并分析负反馈的作用。调节 RP 使 $u_o$ 变化。用示波器监视波形，保持波形为正弦波不失真。用电子毫伏表测试 $u_o$ 有效值 $U_o$ 的最大、中间及最小值，同时测出相应的 RP 的值。分析振荡器的输出电压与负反馈强弱的关系。

## （五）实训报告

（1）将所测振荡频率与理论计算值进行比较。

（2）分析实训结果，总结产生振荡的条件。

（3）总结振荡电路的特点。

## （六）思考题

（1）找出实训电路中的正反馈支路、负反馈支路。它们在振荡电路中各起什么作用？

（2）RC 串并联振荡电路的振荡频率由哪些参数决定？

（3）若调节 RP 使负反馈过强，电路会停振。那么，该电路的起振条件是什么？

上述思考题，你可能暂时不能完全回答，后面的理论学习将会帮你解决。

# 6.1 振荡的基本概念

## 6.1.1 振荡的基本概念

在实训 6 中，我们观察到 $RC$ 音频振荡器与前面讲的放大器不同。放大器在没有输入信号情况下就没有输出信号，而振荡器是在没有输入信号的情况下，仍有一定频率和幅值的输出信号，这种现象称为放大器的自激振荡。这种自激振荡在放大器中是不希望的，它会使放大器不能正常工作。但是在振荡器中恰恰相反，振荡器就是利用自激振荡来进行工作的，这一点就是振荡器与放大器的明显区别。但是振荡器与放大器的共同之处，仍然是输出信号是由输入信号引起的。那么振荡器的输入信号是怎样产生的呢？

在实训 6 中，电路在通电瞬间所产生的微弱扰动信号，加在运放同相输入端，经运放放大后输出，正反馈与选频网络 $R_1C_1$、$R_2C_2$ 将部分输出信号反送到输入端再放大，如此反馈、放大、反馈、放大……反复进行，就能产生自激振荡。选频网络可使符合要求的频率信号通过，不符合要求的频率信号被排除掉，在输出端就连续输出某一频率的正弦信号。这就是自激振荡产生的基本过程。

振荡器在通信、广播、自动控制、仪表测量和超声探伤等方面都具有广泛用途。根据振荡产生的波形不同，分为正弦波振荡器和非正弦波振荡器。根据电路的组成不同，又可分成 $RC$ 振荡器、$LC$ 振荡器和石英晶体振荡器。

## 6.1.2　振荡条件及振荡电路的组成

### 1. 振荡条件

振荡电路的方框图如图 6.1.1 所示，$\dot{A}$ 是放大电路的电压放大倍数，$\dot{F}$ 是反馈电路的反馈参数。由于振荡电路不需要外界输入信号，因此反馈信号 $\dot{X}_f$ 就是放大电路的输入信号 $\dot{X}_{id}$，$\dot{X}_o$ 就是放大电路的输出信号。

且有

$$\dot{X}_o = \dot{A}\dot{X}_{id} \qquad (6.1.1)$$

$$\dot{X}_f = \dot{F}\dot{X}_o \qquad (6.1.2)$$

当 $\dot{X}_f = \dot{X}_{id}$ 时

$$\dot{A}\dot{F} = 1 \qquad (6.1.3)$$

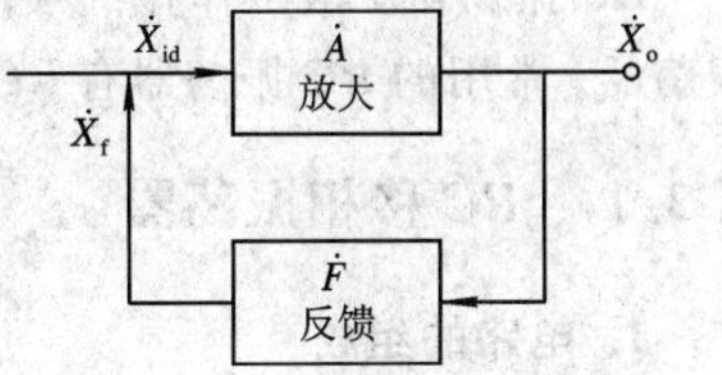

这就是振荡电路的自激振荡条件。

图 6.1.1　振荡电路方框图

这个条件包含幅值和相位两个内容。

1）幅值平衡条件

$|\dot{A}\dot{F}| = 1$，即放大倍数与反馈系数 $\dot{F}$ 乘积的模为1。在自激振荡开始时，$|\dot{A}\dot{F}| > 1$，随着振荡的建立，$|\dot{A}|$ 也随着降低，最后达到 $|\dot{A}\dot{F}| = 1$ 时，振荡幅度便不再增大，而稳定在某一振荡振幅。从 $|\dot{A}\dot{F}| > 1$ 到 $|\dot{A}\dot{F}| = 1$ 是振荡建立的过程。

2）相位平衡条件

反馈电压 $u_f$ 和输入电压 $u_{id}$ 要同相，即放大电路的相移 $\varphi_A$ 与反馈网络的相移 $\varphi_F$ 之和为 $2n\pi$，其中 $n$ 是整数。

$$\varphi_A + \varphi_F = 2n\pi \qquad (6.1.4)$$

因此，振荡电路必须具备以上两个条件，即幅值平衡条件和相位平衡条件。

### 2. 振荡电路的组成

最简单的振荡电路如实图 6.1 所示，从此振荡器可看出，振荡器一般由四部分组成。

1）放大电路

放大电路是维持振荡器连续工作的主要环节，要求放大器必须有能量供给，且结构合理，具有放大作用。若没有放大，信号就会逐渐衰减，不可能产生持续的振荡。如实图 6.1 中的运放就是该振荡电路的放大元件。

2）反馈网络

反馈网络的作用是形成正反馈，如实图 6.1 中的 $R_1C_1$、$R_2C_2$ 就是反馈电路，它们将输出信号的一部分或者全部反馈到运放的同相输入端。通常把整个反馈系统称为反馈网络。

3）选频网络

选频网络的主要作用是使电路产生单一频率的正弦信号，这个频率就是振荡器的振荡频率。在很多振荡电路中，选频网络和反馈网络是结合在一起的，如实图 6.1 中的 $R_1C_1$、$R_2C_2$ 就构成选频网络。

4）稳幅电路

稳幅电路的作用主要是使振荡信号幅值稳定，避免振荡器的输出信号为非正弦信号，使振荡器持续工作。实图 6.1 中的反馈元件 $R_3$、$V_{D1}$、$V_{D2}$ 构成的负反馈电路就是稳幅电路。

综上所述，振荡电路必须首先具备两个条件，即相位条件和幅值条件。其次，电路的组成合理，便可产生振荡。实际应用中常用的正弦波振荡器有 $RC$ 振荡器和 $LC$ 振荡器。

# 6.2 $RC$ 振荡器

$RC$ 振荡器一般工作在低频范围，特别是几百千赫兹以下的低频段，常采用 $RC$ 正弦波振荡器。常用的 $RC$ 振荡器有 $RC$ 移相振荡器和 $RC$ 桥式振荡器。

## 6.2.1 $RC$ 移相振荡器

### 1. 电路的组成

图 6.2.1 是采用三级 $RC$ 超前移相电路组成的 $RC$ 移相振荡器。$C_1$ 和 $R_1$、$C_2$ 和 $R_2$ 构成两级 $RC$ 移相网络，$C_3$ 和 $V_1$ 放大电路的输入电阻 $r_i$ 构成第三级 $RC$ 移相网络。$V_2$ 为射极输出器，它的作用是减小负载对振荡电路的影响，在分析振荡频率和条件时，可忽略。

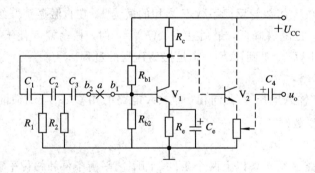

图 6.2.1 $RC$ 移相式振荡电路

在图 6.2.1 所示电路中通常选取 $C_1=C_2=C_3=C$，$R_1=R_2=R$。为什么要用三级 $RC$ 电路来移相呢？因为基本放大电路在很宽的频率范围内其 $\varphi_A$ 为 $180°$，若要求满足振荡相位条件，必须在 $RC$ 移相网络中也移相 $180°$。但一级 $RC$ 电路移相在 $0°\sim90°$，不能满足，两级 $RC$ 移相最大相移可达 $180°$，而在接近 $180°$ 时，超前移相 $RC$ 网络的频率必然很低，滞后移相 $RC$ 网络的频率必然很高，此时输出电压接近于零，也不能满足振荡幅值条件，所以实际应用中至少要用三级 $RC$ 移相电路，三级 $RC$ 移相电路的相移在 $0°\sim270°$ 才能满足振荡条件。

**2. 振荡频率和起振条件**

在图 6.2.1 所示电路中，若把 $a$ 点断开，它的交流等效电路如图 6.2.2(a)所示，为了计算 $\dot{A}\dot{F}$，把图 6.2.2(a)画成图 6.2.2(b)的等效电压源形式。

$$\dot{A}\dot{F} = \frac{\dot{U}_f}{\dot{U}_i} = \frac{\dot{I}_3 r_i}{\dot{I}_b r_{be}}$$

当 $r_{be} \ll R_{b1} /\!/ R_{b2}$ 时，

$$\dot{A}\dot{F} \approx \frac{\dot{U}_f}{\dot{U}_i} \approx \frac{\dot{I}_3}{\dot{I}_b}$$

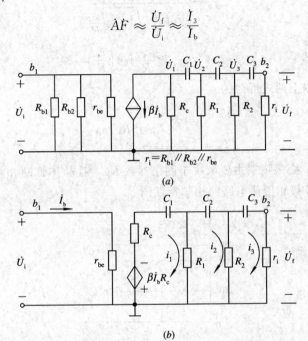

(a)

(b)

图 6.2.2  RC 移相振荡电路等效电路

要使 RC 振荡电路产生自激振荡，应满足：

$$\dot{A}\dot{F} \approx \frac{\dot{I}_3}{\dot{I}_b} = 1 \tag{6.2.1}$$

取 $C_1 = C_2 = C_3 = C$，$R_1 = R_2 = R_c = R$，列出图 6.2.2(b)电路中 $\dot{I}_1$、$\dot{I}_2$ 和 $\dot{I}_3$ 的回路方程：

$$\begin{cases} \dot{I}_1(2R - jX) - \dot{I}_2 R = \dot{U} = -\beta \dot{I}_b R \\ -\dot{I}_1 R + \dot{I}_2(2R - jX) - \dot{I}_3 R = 0 \qquad \text{其中，} X = \dfrac{1}{\omega C} \\ -\dot{I}_2 R + \dot{I}_3(R + r_i - jX) = 0 \end{cases}$$

解得

$$\dot{I}_3 = \frac{-\beta \dot{I}_b R^3}{[R^3 + 3R^2 r_i - X^2(r_i + 5R)] - jX(6R^2 + 4Rr_i - X^2)}$$

当 $\dot{I}_3 = \dot{I}_b$ 时，

$$-\beta R^3 = [R^3 + 3R^2 r_i - X^2(r_i + 5R)] - jX(6R^2 + 4Rr_i - X^2)$$

上式两边相等，则：

实部相等

$$-\beta R^3 = [R^3 + 3R^2 r_i - X^2(r_i + 5R)] \tag{6.2.2}$$

虚部相等

$$0 = X(6R^2 + 4Rr_i - X^2) \tag{6.2.3}$$

得出

$$f_0 = \frac{1}{2\pi RC\sqrt{6 + 4\dfrac{r_i}{R}}} \tag{6.2.4}$$

$$\beta = 29 + 23\frac{r_i}{R} + 4\left(\frac{r_i}{R}\right)^2 \tag{6.2.5}$$

当 $r_i \ll R$ 时，以上两式近似为

$$f_0 \approx \frac{1}{2\pi\sqrt{6}RC} \tag{6.2.6}$$

$$\beta = 29 \tag{6.2.7}$$

以上结果表明，振荡频率主要取决于网络参数 $RC$，且晶体管的 $\beta$ 值要大于 29 才可起振。图 6.2.3 是 $RC$ 移相振荡电路的相频特性图。

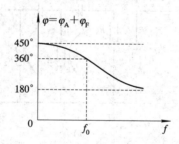

图 6.2.3　图 6.2.1 电路的相频特性

$RC$ 移相电路具有结构简单、经济方便等优点。缺点是选频作用较差，频率调节不方便，一般用于振荡频率固定且稳定性要求不高的场合，其频率范围为几赫兹到几十千赫兹。

## 6.2.2　RC 桥式振荡器

### 1. 电路组成

实训 6 中的实图 6.1 是桥式 $RC$ 振荡电路。其中，运算放大器为放大元件；$R_1$、$R_2$、$C_1$、$C_2$ 组成正反馈电路及选频网络；$R_3$、RP、$V_{D1}$、$V_{D2}$ 组成负反馈电路及稳幅电路。实图 6.1 可以画成图 6.2.4$(a)$ 的形式，其中 $R_F$ 对应实图 6.1 中的 RP 加 $R_3$、$V_{D1}$、$V_{D2}$ 并联，$R_E$ 对应实图 6.1 中的 $R_4$。由正反馈电路中 $R_1C_1$、$R_2C_2$ 和负反馈电路中的 $R_E$、$R_F$ 正好构成电桥的四臂，故常将 $RC$ 串并联正弦波振荡器称为文氏电桥振荡器，简称为桥式振荡器。

图 6.2.4$(b)$ 也是一个 $RC$ 桥式振荡器。它是一个具有正反馈的两级阻容耦合放大电路。此电路工作在中频段时，前级输入电压与输出电压反相，而后级输入电压与输出电压亦反相，所以前级的输入电压与后级的输出电压同相，由 $R_1$、$C_1$、$R_2$、$C_2$ 组成的串并联选

频网络将后级的输出信号反馈到前级输入端，形成正反馈。从后面的选频特性分析还可知道，这个串并联选频网络仅将某一频率的信号反馈到前级输入端，其它频率的信号被抑制，从而具有选频作用。

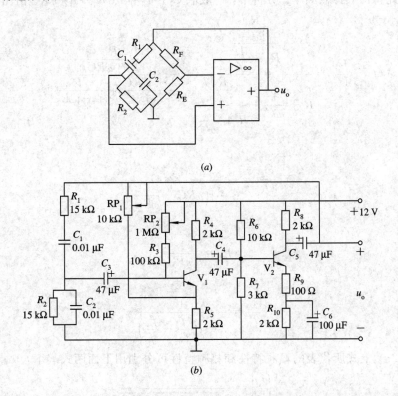

图 6.2.4 *RC* 桥式振荡电路

（*a*）采用运放作为放大器件；（*b*）采用三极管作为放大器件

为了提高振荡电路的稳定性和改善输出电压的波形，振荡电路中都有负反馈电路。在图 6.2.4(*a*)中，$R_F$、$R_E$ 将 $u_o$ 在 $R_E$ 上的分压送到运放的反相输入端，形成负反馈，构成稳幅电路；在图 6.2.4(*b*)中，输出电压 $u_o$ 通过 $RP_1$ 电阻反馈到 $V_1$ 的发射极，$R_5$ 上的电压即为负反馈电压。

下面分析一下电路的稳幅过程。由起振条件要求 $|\dot{A}\dot{F}| > 1$，而振荡到达稳定状态时，$|\dot{A}\dot{F}| = 1$。这就是说，在反馈系数 $F$ 不变的情况下，要求放大电路的放大倍数 $A$ 的数值在开始起振时要比振荡稳定时略大。为此，图 6.2.4(*a*)中的电阻 $R_F$ 可选用负温度系数的热敏电阻。启动时，该电阻温度较低，阻值较大，负反馈较弱，电路的放大倍数较大，满足起振要求；起振后，随着振荡的建立，输出电压增大，反馈信号也增大，$R_F$ 上的功率消耗加大，温度上升，阻值变小，负反馈加强，电路的放大倍数减小，从而满足稳定振荡的要求。若 $R_F$ 不用热敏电阻，也可用实图 6.1 电路中的接法，在反馈电阻上反向并联两个二极管。起振时电路输出较小，二极管动态电阻较大，负反馈较弱；振荡建立后，随着反馈电流的增加，二极管的动态电阻减小，负反馈增大，最终使振荡稳定。

图 6.2.4(*b*)中的电路是利用放大器件放大系数的非线性实现稳幅的，其稳幅过程请读者自行分析。

**2. 选频特性**

下面以图 6.2.4(a) 中 $R_1C_1$、$R_2C_2$ 组成的 $RC$ 串并联选频网络为例对其选频特性进行分析，并由此得出其振荡频率。分析中，一般取 $C_1=C_2=C$、$R_1=R_2=R$。由图可得

$$\frac{\dot{U}_i}{\dot{U}_o} = \frac{\dfrac{R}{R+\dfrac{1}{j\omega C}}}{R+\dfrac{1}{j\omega C}+\dfrac{\dfrac{R}{j\omega C}}{R+\dfrac{1}{j\omega C}}} = \frac{\dfrac{R}{1+j\omega RC}}{\dfrac{1+j\omega RC}{j\omega C}+\dfrac{R}{1+j\omega RC}}$$

整理可得

$$\frac{\dot{U}_i}{\dot{U}_o} = \frac{1}{3+j\left(\omega RC-\dfrac{1}{\omega RC}\right)}$$

令

$$f_0 = \frac{1}{2\pi RC} \tag{6.2.8}$$

代入上式得

$$\frac{\dot{U}_i}{\dot{U}_o} = \frac{1}{3+j\left(\dfrac{f}{f_0}-\dfrac{f_0}{f}\right)}$$

其中 $f=\omega/2\pi$。上式所代表的幅频特性和相频特性可分别用下面两式表示：

$$\left|\frac{\dot{U}_i}{\dot{U}_o}\right| = \frac{1}{\sqrt{3^2+\left(\dfrac{f}{f_0}-\dfrac{f_0}{f}\right)^2}}$$

$$\varphi = -\arctan\frac{1}{3}\left(\frac{f}{f_0}-\frac{f_0}{f}\right)$$

幅频特性和相频特性分别是 $RC$ 反馈网络的反馈系数 $F$ 和相移 $\varphi_F$。由上面二式可知，当 $f=f_0$ 时，反馈网络的相移 $\varphi_F=0$，且反馈系数出现峰值

$$\left|\frac{\dot{U}_i}{\dot{U}_o}\right|_{max} = |\dot{F}|_{max} = \frac{1}{3}$$

这一分析结果说明，在频率 $f_0$ 处反馈系数的模最大，且相移为零。而图 6.2.4 中同相比例运算电路的输出与输入同相，$\varphi_A=0$，因此，对频率为 $f_0$ 的信号，图 6.2.4(a) 能够满足振荡的相位条件 $\varphi=\varphi_A+\varphi_F=\pm 2n\pi$，形成正反馈，且反馈最强。其它频率成分则由于反馈较弱且不满足相位条件而被抑制。该电路仅输出频率为 $f_0$ 的正弦波振荡信号，频率 $f_0$ 即为 $RC$ 桥式振荡器的振荡频率。另外，根据振荡的幅值条件（$|\dot{A}\dot{F}|=1$）可知，放大器的放大倍数不能小于 3（起振时 $A>3$，稳定时 $A=3$），这对于同相比例运算放大器是很容易实现的。

$RC$ 正弦振荡电路的振荡频率与 $R$、$C$ 乘积成反比，如果要求频率较高，则 $R$、$C$ 值要小，这样制作比较困难（且电路分布参数影响较大），因此 $RC$ 振荡器一般用来产生低频振荡信号，而要产生更高频率的信号，则应采用 $LC$ 正弦波振荡器。

# 6.3  LC 振 荡 电 路

LC 振荡电路是由 LC 并联回路作为选频网络的振荡电路的，它能产生几十兆赫以上的正弦波信号。本节主要介绍变压器反馈式振荡电路、电感反馈式振荡电路、电容反馈式振荡电路和石英晶体振荡电路。

## 6.3.1  变压器反馈式振荡电路

图 6.3.1 是一个变压器反馈式振荡电路，图中并联回路 $L_1C$ 作为三极管 V 的集电极负载，是振荡电路的选频网络。变压器反馈式振荡电路由放大电路、变压器反馈电路和 LC 选频电路三部分组成。图 6.3.1 电路中，三个线圈作变压器耦合，线圈 $L_1$ 与电容 C 组成选频电路，$L_2$ 是反馈线圈，$L_3$ 线圈与负载相联。

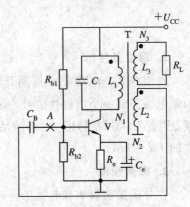

由图 6.3.1 可以看出，集电极输出信号与基极相位差为 $180°$，通过变压器的适当连接，使之从 $L_2$ 两端引回的交流电压又产生 $180°$ 的相移，所以满足相位条件。当产生并联谐振时，谐振频率为

$$f_0 = \frac{1}{2\pi \sqrt{L_1 C}} \qquad (6.3.1)$$

图 6.3.1  变压器反馈式振荡电路

分析可得到该电路的起振条件为

$$\beta > \frac{RCr_{be}}{M}$$

式中，$\beta$ 和 $r_{be}$ 分别为三极管的电流放大系数和输入电阻；$M$ 为 $N_1$ 和 $N_2$ 两个绕组之间的等效互感；$R$ 为二次侧绕组的参数折合到一次侧绕组后的等效电阻。

当将振荡电路与电源接通时，在集电极选频电路中激起一个很小的电流变化信号，只有与谐振频率 $f_0$ 相同的那部分电流变化信号能通过，其它分量都被阻止，通过的信号经反馈、放大再通过选频电路，就可产生振荡。当改变 LC 电路的参数 $L_1$ 或 C 时，振荡频率也相应地改变。

如果没有正反馈电路，反馈信号将很快衰减。形成正反馈电路，线圈 $L_1$ 的极性（即同名端）是关键，不能接错，使用中要特别注意。

变压器反馈振荡电路的特点是，电路结构简单，容易起振，改变电容的大小可以方便地调节频率。其缺陷是，由于变压器耦合的漏感等影响，这类振荡器工作频率不太高；输出正弦波形不理想。改进电路常应用电感反馈式振荡电路。

## 6.3.2  电感反馈式振荡电路

电感反馈式振荡电路如图 6.3.2 所示。$L_1$、$L_2$ 和 C 组成振荡回路，起选频和反馈作用。$L_1$、$L_2$ 实际就是一个具有抽头的电感线圈，类似自耦变压器。电感线圈 $L_1$、$L_2$ 的三个抽头分别与三极管的三个极连接(这里指交流通路),故又称电感三点式振荡电路。

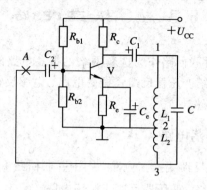

图 6.3.2  电感反馈式振荡电路

**1. 相位条件**

将图 6.3.2 电路中 $A$ 点断开,在输入端加上一个频率为 $f_0$ 的正极性信号,在三极管的集电极得到一个负极性信号。这样 1 端对地为负,3 端对地为正,反馈到输入端是正反馈。因此 $\dot{U}_f$ 与 $\dot{U}_i$ 同相,电路满足相位条件。通常反馈线圈 $L_2$ 的匝数为线圈 $L_1$ 和 $L_2$ 总匝数的 $1/8 \sim 1/4$。

**2. 振荡频率**

在分析振荡频率和起振条件时,可以认为 $LC$ 回路的 $Q$ 值很高,且电路产生并联谐振。根据谐振条件,电路的振荡频率为

$$f_0 = \frac{1}{2\pi \sqrt{(L_1 + L_2 + 2M)C}} = \frac{1}{2\pi \sqrt{LC}} \qquad (6.3.2)$$

式中

$$L = L_1 + L_2 + 2M$$

其中,$M$ 为线圈 $L_1$ 与 $L_2$ 之间的互感,$M = K\sqrt{L_1 L_2}$,$K$ 为耦合系数。当 $K=1$ 时,$M = \sqrt{L_1 L_2}$,则

$$L = L_1 + L_2 + 2\sqrt{L_1 L_2}$$

电感反馈式振荡电路的特点是,振荡电路的 $L_1$ 和 $L_2$ 是自耦变压器,耦合很紧,容易起振,改变抽头位置可获得较好的正弦波振荡,且输出幅度较大;频率的调节可采用可变电容,调节方便。不足之处是,由于反馈电压取自 $L_2$,对高次谐波分量的阻抗大,输出波形中含较多的高次谐波,所以波形较差;振荡频率的稳定性较差。一般电感反馈式振荡电路用于收音机的本机振荡以及高频加热器等。

## 6.3.3  电容反馈式振荡电路

电容反馈式振荡电路与电感反馈式振荡电路比较,只是把 $LC$ 回路中的电感和电容的位置互换。电路如图 6.3.3 所示,可以看出,回路电容也有 3 个连接点,分别接到三极管的 3 个极,因此也称为电容三点式振荡电路。

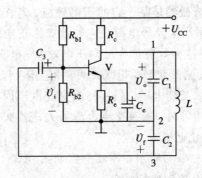

图 6.3.3　电容反馈式振荡电路

**1. 相位条件**

与电感反馈式振荡电路分析方法相同,当 $LC$ 回路谐振时,回路呈纯电阻性,$\dot{U}_\text{o}$ 与 $\dot{U}_\text{i}$ 反相,而 $\dot{U}_\text{f}$ 与 $\dot{U}_\text{o}$ 反相,因此 $\dot{U}_\text{f}$ 与 $\dot{U}_\text{i}$ 同相,电路满足相位条件。

**2. 振荡频率**

与电感反馈式振荡电路一样,电路的谐振频率为

$$f_0 = \frac{1}{2\pi \sqrt{L \dfrac{C_1 C_2}{C_1 + C_2}}} \qquad (6.3.3)$$

$$f_0 = \frac{1}{2\pi \sqrt{LC}}$$

其中

$$C = \frac{C_1 C_2}{C_1 + C_2}$$

电容反馈式振荡电路的特点是,由于反馈电压取自电容 $C_2$,它对高次谐波分量的阻抗较小,因此,振荡波形较好;其较电感反馈式振荡电路受三极管极间电容的影响比较小,即频率稳定性较高。不足之处是,频率调节不便,调节范围较小。一般只用于高频振荡器中。

为了克服调节范围小的缺点,常在 $L$ 支路中串联一个容量较小的可调电容,用它来调节振荡频率。

## 6.3.4　石英晶体振荡电路

无线电广播发射机的频率稳定度为 $10^{-5}$,而无线电通信的发射机频率稳定度要求达到 $10^{-8} \sim 10^{-10}$ 数量级,前面讨论的电路难以达到这种要求。采用石英晶体代替选频电路,就变成了石英晶体振荡器,可以达到频率稳定度很高的要求。

**1. 石英晶体的特性、符号及等效电路**

1)石英晶体的特性、压电效应

石英晶体是二氧化硅($SiO_2$)结晶体,具有各向异性的物理特性。从石英晶体上按一定方位切割下来的薄片叫石英晶片,不同切向的晶片其特性是不同的。

晶片常装在支架上,并引出接线。支架有分夹式和焊接式两种。为了保护晶片,常把它密封于金属或玻璃壳内。

石英晶片之所以能做成谐振器是基于它的压电效应。若在晶片两面施加机械力，沿受力方向将产生电场，晶片两面产生异号电荷，这种效应称正向压电效应；若在晶片处加一电场，晶片将产生机械变形，这种效应称为反向压电效应。事实上，正、反向压电效应同时存在，电场产生机械形变，机械形变产生电场，两者相互限制，最后达到平衡态。

在石英谐振器两极板上加交变电压，晶片将随交变电压周期性地机械振动；当交变电压频率与晶片固有谐振频率相等时，振荡交变电流最大，这种现象称压电谐振。

2）石英晶体的符号和等效电路

石英晶体的符号如图 6.3.4($a$)所示，等效电路如图 6.3.4($b$)所示，图 6.3.4($c$)是石英晶体谐振器忽略 $R$ 以后的电抗频率特性。

由等效电路可见，石英谐振器有两个谐振频率。当 $L$、$C$、$R$ 串联支路发生谐振时，它的等效阻抗最小(等于 $R$)，串联谐振频率为

$$f_S = \frac{1}{2\pi \sqrt{LC}} \tag{6.3.4}$$

当频率高于 $f_S$ 时，$L$、$C$、$R$ 支路呈感性，可与电容 $C_0$ 发生并联谐振，并联谐振频率为

$$f_P = \frac{1}{2\pi \sqrt{L \dfrac{CC_0}{C+C_0}}} = f_S \sqrt{1 + \frac{C}{C_0}} \tag{6.3.5}$$

通常 $C_0 \gg C$，比较以上两式可见，两个谐振频率非常接近，且 $f_P$ 稍大于 $f_S$。

由图 6.3.4($c$)可知，频率很低时，两个支路的容抗起主要作用，电路呈容抗性；随频率增加，容抗减小；当 $f = f_S$ 时，$LC$ 串联谐振，阻抗最小，呈电阻性；当 $f > f_S$ 时，$LC$ 支路电感起主要作用，呈电感性；当 $f = f_P$ 时，并联谐振，阻抗最大且呈纯电阻性；当 $f > f_P$ 时，$C_0$ 支路起主要作用，电路又呈电容性。在石英晶体振荡器中，由于其 $Q$ 值大，振荡器的频率稳定性很高。

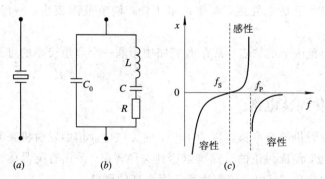

图 6.3.4　石英晶体的符号、等效电路和电抗频率特性

**2. 石英晶体振荡器**

石英晶体振荡器简称晶振，其电路有两种类型。

1）并联型晶振

电路如图 6.3.5 所示。当工作频率介于 $f_S$ 和 $f_P$ 之间时，晶片等效为一电感元件，它与电容 $C_1$、$C_2$ 组成并联谐振回路。它属于电容反馈式振荡器。

谐振频率

$$f_0 = \frac{1}{2\pi \sqrt{L\dfrac{C(C_0 + C_L)}{C + (C_0 + C_L)}}} \tag{6.3.6}$$

式中 $C_L = \dfrac{C_1 C_2}{C_1 + C_2}$。把(6.3.4)式中的 $f_s$ 代入上式,有

$$f_0 = f_s \sqrt{\frac{C + (C_0 + C_L)}{C_0 + C_L}} = f_s \sqrt{1 + \frac{C}{C_0 + C_L}} \tag{6.3.7}$$

由于 $(C_0 + C_L) \gg C$,即使电容量 $C_L$ 不稳定,其对谐振频率的影响也甚微,因此,振荡器的频率取决于稳定的谐振频率 $f_s$。

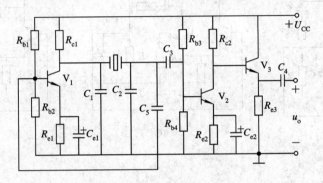

图 6.3.5　并联型晶振

**2) 串联型晶振**

图 6.3.6 所示是串联型晶体振荡器。图中,用石英晶体谐振器代替了 $RC$ 串并联网络中的电阻($R$ 值应等于石英晶体谐振器串联谐振时的等效电阻值),与 $C$ 串联($C$ 值应使 $RC$ 串并联网络的谐振频率 $f_0 = 1/(2\pi RC) = f_s$),整个 $RC$ 串并联网络构成正反馈网络,集成运算放大器组成放大电路,其余部分构成振荡器的负反馈,作为电路自动稳幅环节。

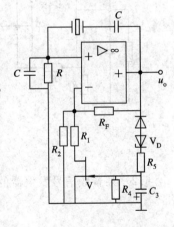

图 6.3.6　串联型晶振

当 $f = f_s$ 时,晶体振荡器产生串联谐振。谐振时阻抗呈最小,反馈量最大,且相移为零,该频率满足自激振荡条件。

当 $f \neq f_s$ 时,晶体振荡器的阻抗增大,而且相移不为零,不能产生谐振,所以该电路的振荡频率只能是 $f_0 = f_s$。

# 思　考　题

6.1　什么是自激振荡的平衡条件?什么是振荡器的起振条件?

6.2　什么叫三点式振荡器?它有哪些基本形式?

6.3　三点式振荡器的组成原则是什么?

6.4　$RC$ 移相振荡器的振荡条件和振荡频率与哪些元件的参数有关?

6.5　RC 桥式振荡器的组成部分有什么特点？电路的振荡条件是什么？

6.6　图 6.2.4(a) 所示 RC 桥式振荡电路中，若 $R_F$ 用普通电阻，而 $R_E$ 用热敏电阻。那么，$R_E$ 应该用正温度系数的热敏电阻，还是负温度系数的热敏电阻？为什么？

# 练 习 题

6.1　根据自激振荡的相位平衡条件判定题 6.1 图所示的各个电路能否产生振荡。

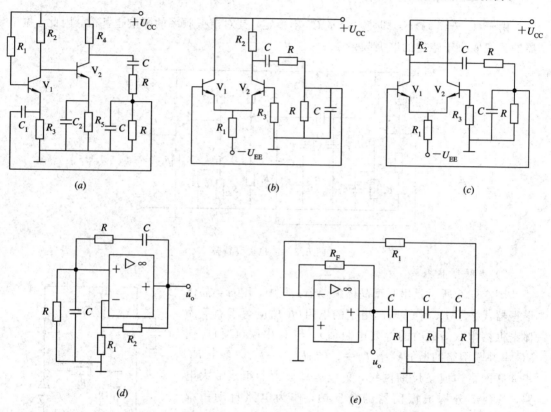

题 6.1 图

6.2　某音频信号发生器的原理电路如题 6.2 图所示，$R_1 = 10$ kΩ，$R_F = 22$ kΩ。

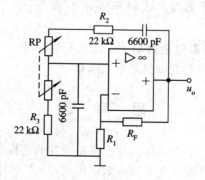

题 6.2 图

（1）试分析电路的工作原理；

（2）若 RP 从 1 kΩ 调到 10 kΩ，计算电路振荡频率的调节范围。

6.3 试用相位平衡条件判断题 6.3 图各电路，哪些电路能产生正弦波振荡？哪些电路不能？并予以说明。（个别电路须补加旁路电容方可振荡，请说明如何补加电容。）

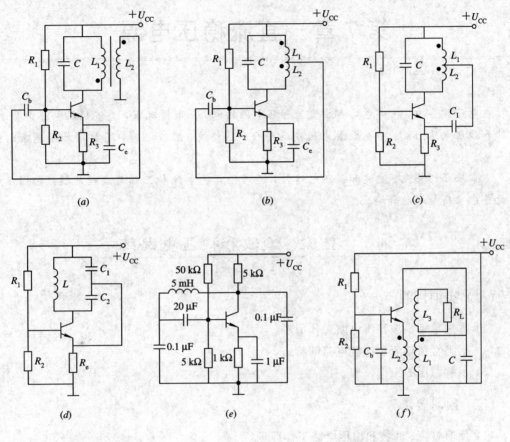

题 6.3 图

6.4 在题 6.4 图中，$R_1 = R_2 = 1$ kΩ，$C_1 = C_2 = 0.02$ μF，试求振荡频率。

6.5 题 6.5 图所示为利用石英晶体组成的串联型晶体振荡电路。请分析它是否满足振荡的条件，并说明当 $R$ 值过大或过小时对振荡的影响。

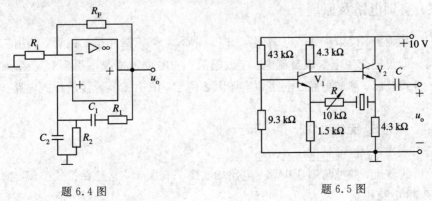

题 6.4 图          题 6.5 图

# 第7章 直流稳压电源

在电子设备中，内部电路都由直流稳压电源供电。一般情况下，直流稳压电源由整流、滤波和稳压电路组成。对电源要求较高的场合，在整流、滤波之后，还要增加较复杂的稳压电路。

本章除介绍整流、滤波和稳压电路外，还讨论开关电源和三端集成稳压器，它们在电子设备中应用越来越普遍。

## 实训 7  整流、滤波和稳压电路练习

### （一）实训目的

（1）掌握单相半波整流电路工作原理。

（2）熟悉常用整流和滤波电路的特点。

（3）了解稳压的工作原理。

### （二）预习要求

（1）预习整流、滤波和稳压电路工作原理。

（2）阅读本实训的全部内容。

（3）掌握测量输入波形、输出波形的方法。

（4）设计实训数据表。

### （三）实训电路及原理

（1）半波整流、滤波电路。电路如实图 7.1 所示，整流器件是二极管，利用二极管单向导电特性，即可把交流电变成直流电。半波整流在没有滤波情况下得到 $U_O=0.45U_2$。

（2）桥式整流、滤波电路。电路如实图 7.2 所示，图中二极管接成桥式电路。在实训电路中：

未闭合开关 S，无滤波情况下，$U_O=0.9U_2$；

闭合开关 S，有滤波情况下，$U_O=1.2U_2$。

（3）桥式整流、滤波与稳压电路。电路如实图 7.3 所示，它是在桥式整流、滤波的基础上增加了 7809 稳压块。

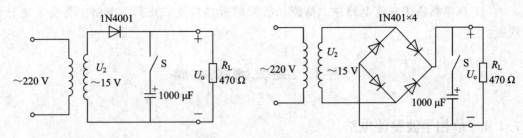

实图 7.1　半波整流、滤波电路原理图　　　实图 7.2　单相桥式整流、滤波电路原理图

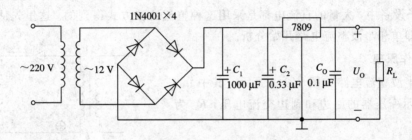

实图 7.3　单相桥式整流、滤波、稳压电路原理图

## （四）实训内容

**1. 单相半波整流和滤波电路**

（1）按实图 7.1 接线，经检查无误后接通 220 V 交流电，开关 S 打开时，测输入、输出电压并观察波形。记录测量结果。

（2）闭合开关 S，测量输出电压，并观察输出波形。同时比较 S 打开和闭合的输出电压数值和波形。

（3）改变滤波电容（增大或减小），重复上述实训内容。

**2. 桥式整流和滤波电路**

按实图 7.2 电路接线，测试内容与半波整流和滤波电路中的内容相同，记录测试数据，并和半波整流、滤波电路的测试数据进行比较。

**3. 整流、滤波和稳压电路**

按实图 7.3 电路接线，检查后接通电源，主要测量稳压后的输出电压，并观察波形，记录数据，并和没有稳压时进行比较。

## （五）实训报告

（1）整理实训数据，画出三种电路的输出波形。

（2）根据实训测试结果，总结三种电路的特点。

## （六）思考题

（1）如何选用整流二极管，二极管的参数应如何计算？

（2）选用滤波电容时，应注意哪几个方面的问题？

（3）当负载变化时，负载两端的电压是否变化？流过负载上的电流是否变化？

（4）在单相桥式整流电路中，整流二极管的极性接反或虚焊，电路中将会发生什么现象？

# 7.1 整流滤波电路

## 7.1.1 单相半波整流电路

从实训 7 可以看出，整流电路可以利用二极管的单向导通原理把交流电整变成直流电。在电子设备中，大量的直流电都是采用这种整流滤波方式得到的。这里先从最简单的整流电路即单相半波整流电路开始分析。

### 1. 工作原理

单相半波整流电路如图 7.1.1 所示。其中 $u_1$、$u_2$ 分别表示变压器的原边和副边交流电压，$R_L$ 为负载电阻。

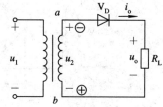

图 7.1.1 单相半波整流电路

设 $u_2 = \sqrt{2} U_2 \sin\omega t$　V，其中 $U_2$ 为变压器副边电压有效值。在 $0 \sim \pi$ 时间内，即在 $u_2$ 的正半周内，变压器副边电压是上端为正、下端为负，二极管 $V_D$ 承受正向电压而导通，此时有电流流过负载，并且和二极管上电流相等，即 $i_o = i_{V_D}$。忽略二极管上压降，负载上输出电压 $u_o = u_2$，输出波形与 $u_2$ 相同。

在 $\pi \sim 2\pi$ 时间内，即在 $u_2$ 负半周内，变压器次级绕组的上端为负、下端为正，二极管 $V_D$ 承受反向电压，此时二极管截止，负载上无电流流过，输出电压 $u_o = 0$，此时 $u_2$ 电压全部加在二极管 $V_D$ 上。其电路波形如图 7.1.2 所示。

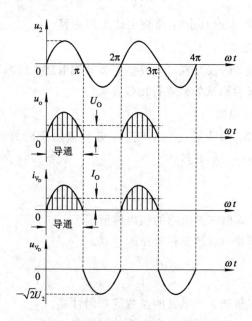

图 7.1.2 单相半波整流波形

**2. 单相半波整流电路的指标**

单相半波整流不断重复上述过程，则整流输出电压有

$$u_o = \begin{cases} \sqrt{2}U_2 \sin\omega t & V \qquad 0 \leqslant \omega t \leqslant \pi \\ 0 & \pi \leqslant \omega t \leqslant 2\pi \end{cases}$$

从上式得知，此电路只有半个周期有波形，另外半个周期无波形，因此称其为半波整流电路。

取 $u_o$ 的平均值

$$U_o = \frac{1}{2\pi}\int_0^{2\pi} u_o \mathrm{d}(\omega t) = \frac{1}{2\pi}\int_0^{\pi} \sqrt{2}U_2 \sin\omega t \ \mathrm{d}(\omega t) = \frac{\sqrt{2}}{\pi}U_2 = 0.45U_2 \qquad (7.1.1)$$

流经二极管的电流等于负载电流

$$I_{V_D} = I_O = \frac{U_O}{R_L} = 0.45\frac{U_2}{R_L} \qquad (7.1.2)$$

二极管承受最大反向电压

$$U_{RM} = \sqrt{2}U_2 \qquad (7.1.3)$$

单相半波整流电路简单，使用元件少；不足方面是变压器利用率和整流效率低，输出电压脉动大，所以单相半波整流仅用在小电流且对电源要求不高的场合。

## 7.1.2 单相桥式整流电路

单相半波整流电路有很明显的不足之处，针对这些不足，在实践中又产生了桥式整流电路，如图 7.1.3($a$)所示。四个二极管组成一个桥，所以称为桥式整流电路，这个桥也可以简化成如图 7.1.3($b$)的形式。

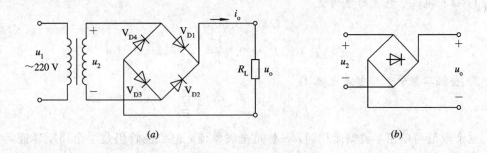

$(a)$ $(b)$

图 7.1.3　单相桥式整流电路

**1. 工作原理**

单相桥式整流电路由变压器，四个整流二极管和负载组成。它属全波整流电路。当 $u_2$ 是正半周时，二极管 $V_{D1}$ 和 $V_{D3}$ 导通，而二极管 $V_{D2}$ 和 $V_{D4}$ 截止，负载 $R_L$ 上的电流是自上而下流过负载，负载上得到了与 $u_2$ 正半周相同的电压；在 $u_2$ 的负半周，$u_2$ 的实际极性是下正上负，二极管 $V_{D2}$ 和 $V_{D4}$ 导通而 $V_{D1}$ 和 $V_{D3}$ 截止，负载 $R_L$ 上的电流仍是自上而下流过负载，负载上得到了与 $u_2$ 负半周相同的电压，其电路工作波形如图 7.1.4 所示，从波形图上可以看出，单相桥式整流比单相半波整流输出波形增加了 1 倍。

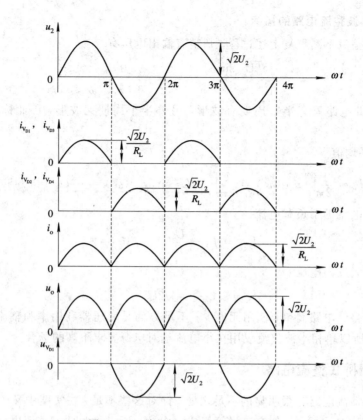

图 7.1.4　单相桥式整流电路波形图

### 2. 单相桥式整流电路的指标

1）输出电压、电流的平均值

$$U_O = 0.9U_2 \tag{7.1.4}$$

$$I_O = 0.9\frac{U_2}{R_L} \tag{7.1.5}$$

2）整流二极管平均整流电流 $I_{V_D}$

$$I_{V_D} = \frac{1}{2}I_O = 0.45\frac{U_2}{R_L} \tag{7.1.6}$$

这个数值与单相半波整流相同，虽然是全波整流，但二极管仍是半个周期导通，半个周期截止。

3）整流二极管承受的最大反向电压 $U_{RM}$

$$U_{RM} = \sqrt{2}U_2 \tag{7.1.7}$$

综上所述，单相桥式整流电路只是整流二极管的个数比单相半波整流增加了，结果使负载上的电压与电流都比单相半波整流提高 1 倍，其它参数没有变化。因此，桥式整流电路得到了广泛应用。

**例 7.1.1**　有一单相桥式整流电路要求输出电压 $U_O = 110$ V，$R_L = 80$ Ω，交流电压为 380 V，

（1）如何选用二极管？

（2）求整流变压器变比和（视在）功率容量。

解　(1)
$$I_O = \frac{U_O}{R_L} = \frac{110}{80} = 1.4 \text{ A}$$

$$I_{V_D} = \frac{1}{2} I_0 = 0.7 \text{ A}$$

$$U_2 = \frac{U_O}{0.9} = 122 \text{ V}$$

$$U_{RM} = \sqrt{2} U_2 = \sqrt{2} \times 122 = 172 \text{ V}$$

由此可选 2CZ12C 二极管，其最大整流电流为 1 A，最高反向电压为 300 V。

（2）求整流变压器变比和（视在）功率容量。

考虑到变压器副边绕组及管子上的压降，变压器副边电压大约要高出 10%，即

$$U_2 = 122 \times 1.1 = 134 \text{ V}$$

则变压器变比
$$n = \frac{380}{134} = 2.8$$

再求变压器容量。变压器副边电流

$$I = I_O \times 1.1 = 1.55 \text{ A}$$

乘 1.1 倍主要考虑变压器损耗。故整流变压器（视在）功率容量为

$$S = U_2 I = 134 \times 1.55 = 208 \text{ V} \cdot \text{A}$$

### 7.1.3　倍压整流电路

图 7.1.5 为倍压整流电路，利用倍压整流电路可以得到比输入交流电压高很多倍的输出直流电压。设电源变压器二次侧电压 $u_2 = \sqrt{2} U_2 \sin\omega t$ V，电容初始电压为零。

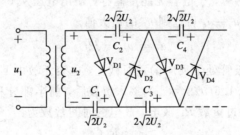

图 7.1.5　倍压整流电路

当 $u_2$ 为正半周时，二极管 $V_{D1}$ 正向偏置导通，$u_2$ 通过 $V_{D1}$ 向电容器 $C_1$ 充电，在理想情况下，充电至 $u_1 \approx \sqrt{2} U_2$，极性为右正左负。

当 $u_2$ 为负半周时，$V_{D1}$ 反偏截止，$V_{D2}$ 正偏导通，$u_2$、$u_{C1}$ 经 $V_{D2}$ 给电容 $C_2$ 充电，最高可充到 $u_{C2} \approx 2\sqrt{2} U_2$，极性为右正左负。

当 $u_2$ 再次为正半周时，$V_{D1}$、$V_{D2}$ 反偏截止，$V_{D3}$ 正偏导通，$u_{C1}$、$u_2$、$u_{C2}$ 经 $V_{D3}$ 给电容 $C_3$ 充电，最高可充到 $u_{C3} \approx 2\sqrt{2} U_2$，极性为右正左负。依次类推，若在上述倍压整流电路中多增加几级，就可以得到近似几倍压的直流电压。此时只要将负载接至有关电容组的两端，就可以得到相应的多倍压的输出直流电压。

在倍压整流电路中，每个二极管承受的最高反向电压为 $2\sqrt{2} U_2$；电容 $C_1$ 的耐压应大于 $\sqrt{2} U_2$，其余电容的耐压应大于 $2\sqrt{2} U_2$。

### 7.1.4 滤波电路

经过整流后，输出电压在方向上没有变化，但输出电压波形仍然保持输入正弦波的波形，输出电压起伏较大。为了得到平滑的直流电压波形，必须采用滤波电路，以改善输出电压的脉动性，常用的滤波电路有电容滤波、电感滤波、$LC$ 滤波和 $\pi$ 型滤波。

**1. 电容滤波电路**

最简单的电容滤波是在负载 $R_L$ 两端并联一只较大容量的电容器，以桥式整流电路为例，如图 7.1.6($a$)所示。

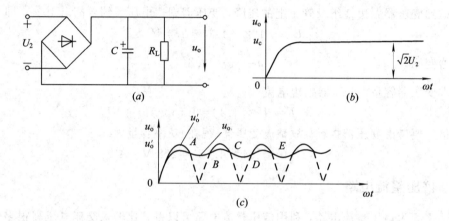

图 7.1.6　电容滤波电路

当负载开路($R_L = \infty$)时，设电容无能量储存，输出电压从 0 开始增大，电容器开始充电。一般充电速度很快，$u_o = u_c$ 可达到 $u_2$ 的最大值。

$$u_o = u_c = \sqrt{2}U_2 \tag{7.1.8}$$

此后，由于 $u_2$ 下降，二极管处于反向偏置而截止，电容无放电回路，所以 $u_o$ 保持在 $\sqrt{2}U_2$ 的数值上，其波形如图 7.1.6($b$)所示。当接入负载后，前半部分和负载开路时相同，当 $u_2$ 从最大值下降时，电容通过负载 $R_L$ 放电，放电的时间常数为

$$\tau = R_L C \tag{7.1.9}$$

在 $R_L$ 较大时，$\tau$ 的值比充电时的时间常数大，$u_o$ 按指数规律下降，如图 7.1.6($c$)所示的 $AB$ 段，图中 $U_o'$ 为未加电容 $C$ 时的输出电压。当 $u_2$ 的值再增大后，电容再继续充电，同时也向负载提供电流，电容上的电压仍会很快地上升。这样不断地进行，在负载上得到比无滤波整流电路平滑的直流电。在实际应用中，为了保证输出电压的平滑，使脉动成分减小，电容器 $C$ 的容量选择应满足 $R_L C \geqslant (3 \sim 5)\dfrac{T}{2}$，其中 $T$ 为交流电的周期。在单相桥式整流、电容滤波时的直流电压一般为

$$U_O \approx 1.2U_2 \tag{7.1.10}$$

电容滤波电路简单，缺点是负载电流不能过大，否则会影响滤波效果，所以电容滤波适用于负载变动不大、电流较小的场合。另外，由于输出直流电压较高，整流二极管截止时间长，导通角小，故整流二极管冲击电流较大，所以在选择管子时要注意选整流电流 $I_{FM}$ 较大的二极管。

**例 7.1.2** 一单相桥式整流电容滤波电路的输出电压 $U_O = 30$ V，负载电流为 250 mA，试选择整流二极管的型号和滤波电容 $C$ 的大小，并计算变压器次级的电流、电压值。

**解** (1)选择整流二极管。

$$I_{V_D} = \frac{1}{2} I_L = \frac{1}{2} \times 250 = 125 \text{ mA}$$

二极管承受最大反向电压

$$U_{RM} = \sqrt{2} U_2$$

又

$$U_O = 1.2 U_2$$

所以

$$U_2 = \frac{U_O}{1.2} = \frac{30}{1.2} = 25 \text{ V}$$

$$U_{RM} = \sqrt{2} U_2 = \sqrt{2} \times 25 = 35 \text{ V}$$

查手册选 2CP21A，参数 $I_{FM} = 300$ mA，$U_{RM} = 50$ V。

(2)选滤波电容。

根据

$$R_L C \geqslant (3 \sim 5) \frac{T}{2}$$

取

$$R_L C = 5 \frac{T}{2}$$

$$R_L = \frac{U_O}{I_L} = \frac{30}{250} = 0.12 \text{ k}\Omega$$

$$T = 0.02 \text{ s}$$

$$C = \frac{5T}{2R_L} = \frac{5 \times 0.02}{2 \times 120} = 0.000\,417 \text{ F} = 417 \text{ } \mu\text{F}$$

(3)求变压器次级电压和电流。

$$U_2 = \frac{U_O}{1.2} = 25 \text{ V}$$

变压器次级电流在充放电过程中已不是正弦电流，一般取 $I_2 = (1.1 \sim 3) I_L$，所以取 $I_2 = 1.5 I_L = 1.5 \times 250 = 375$ mA。

**2. 电感滤波电路**

利用电感的电抗性，同样可以达到滤波的目的。在整流电路和负载 $R_L$ 之间，串联一个电感 $L$ 就构成了一个简单的电感滤波电路，如图 7.1.7 所示。

根据电感的特点，在整流后电压的变化引起负载的电流改变时，电感 $L$ 上将感应出一个与整流输出电压变化相反的反电动势，两者的叠加使得负载上的电压比较平缓，输出电流基本保持不变。

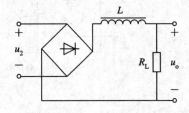

图 7.1.7 电感滤波电路

电感滤波电路中，$R_L$ 愈小，则负载电流愈大，电感滤波效果越好。在电感滤波电路中，一般

$$U_O = 0.9U_2 \qquad (7.1.11)$$

二极管承受的反向峰值电压仍为 $\sqrt{2}U_2$。

### 3. LC 滤波电路

采用单一的电容或电感滤波时，电路虽然简单，但滤波效果欠佳，大多数场合要求滤波更好，则把前两种滤波结合起来，即 LC 滤波电路。LC 滤波电路的最简单形式如图 7.1.8 所示。

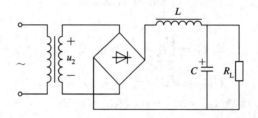

图 7.1.8　LC 滤波电路

与电容滤波电路比较，LC 滤波电路的优点是：外特性比较好，输出电压对负载影响小，电感元件限制了电流的脉动峰值，减小了对整流二极管的冲击。它主要适用于电流较大，要求电压脉动较小的场合。

LC 滤波电路的直流输出电压和电感滤波电路一样，$U_O = 0.9U_2$。

### 4. π 型滤波器

为了进一步减小输出的脉动成分，可在 LC 滤波电路的输入端再加一只滤波电容就组成了 LC‑π 型滤波电路，如图 7.1.9(a) 所示，这种 π 型滤波电路的输出电流波形更加平滑，适当选择电路参数，同样可以达到

$$U_O = 1.2U_2$$

当负载电阻 $R_L$ 值较大，负载电流较小时，可用电阻代替电感，组成 RC‑π 型滤波电路，如图 7.1.9(b) 所示。

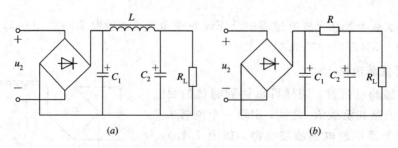

(a)　　　　　　　　　　　　　(b)

图 7.1.9　π 型滤波电路

一般要求 $R$ 和 $C_2$ 的取值满足 $\dfrac{1}{\omega C_2} \ll R$，这样 $\dfrac{1}{\omega C_2} /\!/ R_L$ 值恒小于 $R$，输出电压波形很平滑。这种滤波电路体积小，重量轻，所以得到了广泛应用。

## 7.2 硅稳压管稳压电路

整流、滤波后得到的直流输出电压往往会随时间而有些变化，造成这种直流输出电压不稳定的原因有二：其一是当负载改变时，负载电流将随着改变，由于整流变压器和整流二极管、滤波电容都有一定的等效电阻，因此当负载电流变化时，即使交流电网电压不变，直流输出电压也会改变；其二是电网电压常有变化，在正常情况下变化±10%是常见的，当电网电压变化时，即使负载未变，直流输出电压也会改变。因此往往在整流滤波电路后面再加一级稳压电路，以获得稳定的直流输出电压。

### 7.2.1 硅稳压管稳压电路的工作原理

硅稳压管稳压电路如图 7.2.1 所示。图中稳压管 $V_{DZ}$ 与负载电阻 $R_L$ 并联，在并联后与整流滤波电路连接时，要串联一个限流电阻 $R$。由于 $V_{DZ}$ 与 $R_L$ 并联，所以也称并联稳压电路。

下面讨论稳压电路的工作原理。

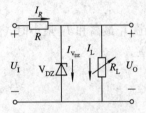

图 7.2.1　硅稳压管稳压电路

（1）如果输入电压 $U_I$ 不变而负载电阻 $R_L$ 减小，这时负载上电流 $I_L$ 要增加，电阻 $R$ 上的电流 $I_R = I_L + I_{V_{DZ}}$ 也有增大的趋势，则 $U_R = I_R R$ 也趋于增大，这将引起输出电压 $U_O = U_{V_{DZ}}$ 的下降。稳压管的反向伏安特性已经表明，如果 $U_{V_{DZ}}$ 略有减小，稳压管电流 $I_{V_{DZ}}$ 将显著减小，$I_{V_{DZ}}$ 的减少量将补偿 $I_L$ 所需要的增加量，使得 $I_R$ 基本不变，这样输出电压 $U_O = U_I - I_R R$ 也就基本稳定下来。当然，负载电阻 $R_L$ 增大时，$I_L$ 减小，$I_{V_{DZ}}$ 增加，保证了 $I_R$ 基本不变，同样稳定了输出电压 $U_O$。

（2）如果负载电阻 $R_L$ 保持不变，而电网电压的波动引起输入电压 $U_I$ 升高时，电路的传输作用使输出电压也就是稳压管两端电压也趋于上升。由稳压管反向特性知，$I_{V_{DZ}}$ 将显著增加，于是电流 $I_R = I_{V_{DZ}} + I_L$ 加大，所以电压 $U_R$ 升高，即输入电压的增加量基本降落在电阻 $R$ 上，从而使输出电压 $U_O$ 基本上没有变化，达到了稳定输出电压的目的，同理，电压 $U_I$ 降低时，也通过类似过程来稳定 $U_O$。

由此可见，稳压管稳压电路是依靠稳压管的反向特性，即反向击穿电压有微小的变化而引起电流较大的变化，并通过限流电阻的电压调整，来达到稳压的目的的。

### 7.2.2 硅稳压管稳压电路参数的选择

**1. 硅稳压管的选择**

可根据下列条件初选管子：

$$\left. \begin{array}{l} U_{V_{DZ}} = U_O \\ I_{V_{DZ}\max} \geqslant (2 \sim 3) I_{L\max} \end{array} \right\} \tag{7.2.1}$$

当 $U_I$ 增加时，都会使硅稳压管的 $I_{V_{DZ}}$ 增加，所以电流选择应适当大一些。

**2. 输入电压 $U_I$ 的确定**

$U_I$ 高，$R$ 大，稳定性能好，但损耗大。一般

$$U_\mathrm{I} = (2 \sim 3)U_\mathrm{O} \tag{7.2.2}$$

**3. 限流电阻 $R$ 的选择**

选择 $R$，主要确定阻值和功率。

(1) $R$ 的阻值。在 $U_\mathrm{I}$ 最小和 $I_\mathrm{L}$ 最大时，流过稳压管的电流最小，此时电流不能低于稳压管最小稳定电流。

$$I_\mathrm{V_{DZ}} = \frac{U_\mathrm{Imin} - U_\mathrm{V_{DZ}}}{R} - I_\mathrm{Lmax} \geqslant I_\mathrm{V_{DZ}min}$$

即

$$R \leqslant \frac{U_\mathrm{Imin} - U_\mathrm{V_{DZ}}}{I_\mathrm{V_{DZ}min} + I_\mathrm{Lmax}} \tag{7.2.3}$$

在 $U_\mathrm{I}$ 最高和 $I_\mathrm{L}$ 最小时，流过稳压管的电流最大，这时应保证 $I_\mathrm{V_{DZ}}$ 不大于稳压管最大电流值。

$$I_\mathrm{V_{DZ}} = \frac{U_\mathrm{Imax} - U_\mathrm{V_{DZ}}}{R} - I_\mathrm{Lmin} \leqslant I_\mathrm{V_{DZ}max}$$

即

$$R \geqslant \frac{U_\mathrm{Imax} - U_\mathrm{V_{DZ}}}{I_\mathrm{V_{DZ}max} + I_\mathrm{Lmin}} \tag{7.2.4}$$

$R$ 的阻值就应同时满足(7.2.3)和(7.2.4)两式。

(2) $R$ 的功率 $P_R$。

$$P_R = (2 \sim 3)\frac{U_{Rm}^2}{R} = (2 \sim 3)\frac{(U_\mathrm{Imax} - U_\mathrm{V_{DZ}})^2}{R} \tag{7.2.5}$$

$P_R$ 应适当选择大一些。

**例 7.2.1** 选择图 7.2.1 稳压电路元件参数。要求：$U_\mathrm{O} = 10$ V，$I_\mathrm{L} = 0 \sim 10$ mA，$U_\mathrm{I}$ 波动范围为 $\pm 10\%$。

**解** (1) 选择稳压管。

$$U_\mathrm{V_{DZ}} = U_\mathrm{O} = 10 \text{ V}$$
$$I_\mathrm{V_{DZ}max} = 2I_\mathrm{Lmax} = 2 \times 10 \times 10^{-3} = 20 \text{ mA}$$

选 2CW7 管。

$$U_\mathrm{V_{DZ}} = 9 \sim 10.5 \text{ V}, \ I_\mathrm{V_{DZ}max} = 23 \text{ mA}, \ I_\mathrm{V_{DZ}min} = 5 \text{ mA}$$
$$P_\mathrm{RM} = 0.25 \text{ W}$$

(2) 确定 $U_\mathrm{I}$。

$$U_\mathrm{I} = (2 \sim 3)U_\mathrm{O} = 2.5 \times 10 = 25 \text{ V}$$

(3) 选择 $R$。

$$U_\mathrm{Imax} = 1.1U_\mathrm{i} = 27.5 \text{ V}$$
$$U_\mathrm{Imin} = 0.9U_\mathrm{i} = 22.5 \text{ V}$$
$$\frac{U_\mathrm{Imax} - U_\mathrm{V_{DZ}}}{I_\mathrm{V_{DZ}max} + I_\mathrm{Lmin}} \leqslant R \leqslant \frac{U_\mathrm{Imin} - U_\mathrm{V_{DZ}}}{I_\mathrm{V_{DZ}min} + I_\mathrm{Lmax}}$$
$$\frac{27.5 - 10}{23 + 0} \leqslant R \leqslant \frac{22.5 - 10}{5 + 10}$$

$$761 \ \Omega \leqslant R \leqslant 833 \ \Omega$$

取 $R = 820 \ \Omega$。

电阻功率

$$P_R = 2.5 \frac{(U_{\mathrm{imax}} - U_{V_{DZ}})^2}{R} = 2.5 \frac{(27.5 - 10)^2}{820} = 0.93 \ \mathrm{W}$$

取 $P_R = 1 \ \mathrm{W}$。

# 7.3 串联型三极管稳压电路

## 7.3.1 带有放大环节的串联型三极管稳压电路

### 1. 串联型稳压电路的工作原理

用三极管代替图 7.2.1 中的限流电阻 $R$，就得到图 7.3.1 所示的串联型三极管稳压电路。图中三极管 V 代替了可变限流电阻 $R$；在基极电路中，接有 $V_{DZ}$，与 $R$ 组成参数稳压器。

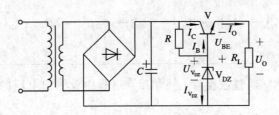

图 7.3.1 串联型稳压电路

该电路的稳压过程如下：

（1）当负载不变，输入整流电压 $U_I$ 增加时，输出电压 $U_O$ 有增高的趋势，由于三极管 V 基极电位被稳压管 $V_{DZ}$ 固定，故 $U_O$ 的增加将使 V 发射结上正向偏压降低，基极电流减小，从而使 V 的集射极间的电阻增大，$U_{CE}$ 增加，于是抵消了 $U_I$ 的增加，使 $U_O$ 基本保持不变。上述过程如下所示：

$$U_I \!\uparrow \longrightarrow U_O \!\uparrow \longrightarrow U_{BE} \!\downarrow \longrightarrow I_B \!\downarrow \longrightarrow I_C \!\downarrow \longrightarrow U_{CE} \!\uparrow$$
$$U_O \!\downarrow \longleftarrow$$

（2）当输入电压 $U_I$ 不变，而负载电流变化时，其稳压过程如下：

$$I_O \!\uparrow \longrightarrow U_O \!\downarrow \longrightarrow U_{BE} \!\uparrow \longrightarrow I_B \!\uparrow \longrightarrow I_C \!\uparrow \longrightarrow U_{CE} \!\downarrow$$
$$U_O \!\uparrow \longleftarrow$$

则输出电压 $U_O$ 基本保持不变。

### 2. 带放大电路的串联型稳压电路

上述电路，虽然对输出电压有稳压作用，但此电路控制灵敏度不高，稳压性能不理想。如果在原电路加一放大环节，如图 7.3.2 所示，可使输出电压更加稳定。

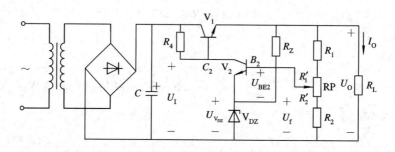

图 7.3.2  带放大电路的串联型稳压电路

它是由 $R_1$、RP 和 $R_2$ 构成的采样环节，$R_Z$ 和稳压管 $V_{DZ}$ 构成的基准电压环节，三极管 $V_2$ 和 $R_4$ 构成的比较放大环节，以及三极管 $V_1$ 构成的调整环节等四部分组成。因为三极管 $V_1$ 与 $R_L$ 串联，所以称之为串联型稳压电路。

当 $U_I$ 或 $I_O$ 的变化引起 $U_O$ 变化时，采样环节把输出电压的一部分送到比较放大环节 $V_2$ 的基极，与基准电压 $U_{V_{DZ}}$ 相比较，其差值信号经 $V_2$ 放大后，控制调整管 $V_1$ 的基极电位，从而调整 $V_1$ 的管压降 $U_{CE1}$，补偿输出电压 $U_O$ 的变化，使之保持稳定，其调整过程如下：

$$U_I \uparrow (\text{或} I_O \uparrow) \longrightarrow U_O \uparrow \longrightarrow U_f \uparrow \longrightarrow U_{BE2} \uparrow \longrightarrow U_{C2} \downarrow \longrightarrow U_{BE1} \downarrow \longrightarrow I_{B1} \downarrow \longrightarrow I_{C1} \downarrow \longrightarrow U_{CE1} \uparrow$$

$$U_O \downarrow \longleftarrow$$

当输出电压下降时，调整过程与上述相反，过程中设输出电压的变化由 $U_I$ 或 $I_O$ 的变化引起。

不难看出，上述稳压电路实际上是一个闭环的反馈控制系统，它利用负反馈原理实现输出电压的稳定。

## 7.3.2  稳压电源的主要技术指标

稳压电源有两类技术指标：特性指标和质量指标。特性指标规定了该稳压电源的适用范围，包括允许的输出电流和输出电压。质量指标用来衡量该稳压电源的性能优劣，其包括稳压系数、输出电阻、温度系数及波纹电压等。

### 1. 稳压系数

稳压系数 $\gamma$ 是当负载电流 $I_O$ 和环境温度保持不变时，用输出电压与输入电压的相对变化量之比来表征稳压性能，其定义可写为

$$\gamma = \frac{\Delta U_O / U_O}{\Delta U_I / U_I} \bigg|_{\Delta I_O = 0, \ \Delta T = 0} \tag{7.3.1}$$

其中 $U_I$ 为整流滤波电路的输出电压，即直流稳压电源输入直流电压。$\gamma$ 越小，输出电压稳定性越好。稳压系数与电路形式有关。

### 2. 输出电阻

输出电阻 $r_O$ 是指当输入电压 $U_I$ 及环境温度不变时，由于负载电流 $I_O$ 的变化引起的 $U_O$ 变化，即

$$r_O = \frac{\Delta U_O}{\Delta I_O}\bigg|_{\Delta U_i = 0,\, \Delta T = 0} \tag{7.3.2}$$

$r_O$ 越小，输出电压的稳定性能越好，其值与电路形式和参数有关。

**3. 温度系数**

输出电压温度系数 $S_t$ 是指在 $U_i$ 和 $I_O$ 都不变的情况下，环境温度 $T$ 变化所引起的输出电压变化，即

$$S_t = \frac{\Delta U_O}{\Delta T}\bigg|_{\Delta U_i = 0,\, \Delta I_O = 0} \qquad \text{mV/℃} \tag{7.3.3}$$

在应用中除选用温度系数小的稳压管外，还可以采用恒温措施来保证稳压。

**4. 动态电阻**

电源在高频脉冲负载电流下工作时，其动态电阻 $r_n$ 值随频率增高而增大，因此用它来表示电源在高频脉冲负载电流作用下，所引起的电压瞬态变化程度。

$$r_n = \frac{U_{SC}}{I_{fZ}} \tag{7.3.4}$$

式中，$U_{SC}$表示瞬态电压变化，$I_{fZ}$表示高频脉冲负载电流。

**5. 电源效率**

输出总功率与输入总功率之比称为电源效率，用 $\eta$ 表示

$$\eta = \frac{\sum P_O}{\sum P_i} = \frac{U_O I_O}{U_i I_i} \times 100\% \tag{7.3.5}$$

## 7.3.3 提高稳压性能的措施和保护电路

**1. 提高稳压性能**

为了提高稳压电源的稳压性能，稳压电源的比较放大器可采用其它相应的电路，如图 7.3.3 所示电路，即具有恒流源负载的稳压电路。图中稳压管 $V_{DZ2}$ 和 $R_5$ 组成 $V_3$ 管的静态工作点的偏置电路，因为 $V_3$ 的基极电位稳定在 $U_{V_{DZ2}}$ 上，加上 $R_4$ 的负反馈作用，$V_3$ 的集电极电流 $I_{C3}$ 恒定不变。另外，$V_3$ 又是比较放大器 $V_2$ 的负载，所以称恒流源负载，由于调整管 $V_1$ 和比较放大管 $V_2$ 都是 NPN 管，为了使恒流源电流方向与 $V_2$ 的负载电流方向一

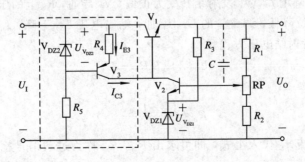

图 7.3.3  具有恒流源负载的稳压电源

致，所以 $V_3$ 必须采用 PNP 管。因为恒流源具有很高的输出电阻，使得比较放大器具有很高的电压放大倍数，从而可以提高电源的稳压性能。其次，由于 $I_{C3}$ 恒定不变，输入电压 $U_I$ 的变化不能直接加到调整管基极，从而大大消弱了 $U_I$ 的变化对输出的影响，有利于输出电压稳定。除上述措施外，其它稳定措施还有很多，这里就不一一介绍了。

**2. 保护电路**

对于串联型晶体管稳压电路，由于负载和调整管是串联的，所以随着负载电流的增加，调整管的电流也要增加，从而使管子的功耗增加；如果在使用中不慎，使输出短路，则不但电流增加，且管压降也增加，很可能引起调整管损坏。调整管的损坏可以在非常短的时间内发生，用一般保险丝不能起保护作用。因此，通常用速度高的过载保护电路来代替保险丝。过载保护电路的形式很多，这里只举两个例子加以介绍。

图 7.3.4(a) 中晶体管 $V_3$ 和电阻 $R_5$、$R_6$ 组成过载保护电路。当稳压电路正常工作时，$V_3$ 发射极电位比基极电位高，发射结受反向电压作用，使 $V_3$ 处于截止状态，对稳压电路的工作无影响；当负载短路时，$V_3$ 因发射极电位降低而导通，相当于使 $V_1$ 的基、射间被 $V_3$ 短路，从而只有少量电流流过调整管，达到了保护调整管的目的，而且可以避免整流元件因过电流而损坏。

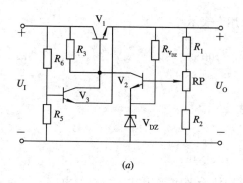
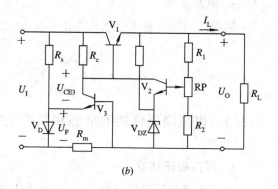

(a)                                    (b)

图 7.3.4  过载保护电路

图 7.3.4(b) 是另一种过载保护电路，由晶体管 $V_3$、二极管 $V_D$ 和电阻 $R_s$、$R_m$ 所组成。在二极管 $V_D$ 中流过电流，二极管 $V_D$ 的正向电压 $U_F$ 基本恒定。正常负载时，负载电流流过 $R_m$ 产生的压降较小，$V_3$ 的发射结处于反偏而截止，对稳压电路无影响；当 $I_L$ 增大到某一值时，$R_m$ 上的压降增大，$V_3$ 发射结转变为正偏，$V_3$ 导通，$R_c$ 上的压降增大，$U_{CE3}$ 减小，即调整管的基极电位降低，调整管的 $U_{CE1}$ 增加，输出电压 $U_O$ 下降，$I_L$ 被限制。由图可以写出 $V_3$ 导通时的发射结电压方程为

$$U_{BE3} \approx I_L R_m - U_F$$

故

$$R_m \approx \frac{U_F + U_{BE3}}{I_L}$$

用被限制的电流 $I_L$ 代入上式，即可求出 $R_m$，$R_m$ 称为过载信号检测电阻或电流取样电阻。

## 7.4 开关式稳压电路

在串联型稳压电路中，虽然电特性优良，但管耗很高的调整管串联在负载回路里是它的根本弱点。对于输出低电压大电流的场合，效率非常低，而且三极管的发热和散热也是问题，这使得电源体积变大。针对以上不足，人们开发研制出了开关式稳压电源，下面对此作一介绍。

### 7.4.1 开关式稳压电路的工作原理

#### 1. 开关式稳压电路的工作原理

开关式串联稳压电路就是把串联型稳压电路的调整管由管耗较高的线性工作状态改为管耗较低的开关工作状态，其工作原理可由图 7.4.1($a$)所示电路来说明。

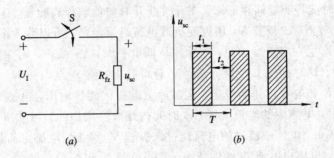

图 7.4.1　开关式稳压电路工作原理示意图

图中 S 是一个周期性导通和截止的调整开关，则在输出端可得到一个矩形脉冲电压，如图 7.4.1($b$)所示。用开关稳压电路制作的电源称为开关稳压电源。调整开关以一定的频率导通和关断，则在负载上得到如图 7.4.1($b$)所示的脉冲电压，其输出电压平均值为

$$U_O = \frac{t_1}{T}U_I = qU_I \tag{7.4.1}$$

式中，$T$ 为开关工作周期，$t_1$ 为开关接通的持续时间，$q$ 为开关工作的占空比。

从式(7.4.1)可知，要想改变输出电压，可利用改变脉冲的占空比来实现。具体实现还有两种方式。一种是固定开关的频率，改变脉冲的宽度 $t_1$，使输出电压变化，称为脉宽调制型开关电源，用 PWM 表示；另一种是固定脉冲宽度而改变周期，使输出电压变化，称为脉冲频率调制型开关电源，用 PFM 表示。本节只介绍 PWM 型开关稳压电源。

开关电路也是用电路本身形成的反馈回路来实现自动调节的。当输入电压 $U_I$ 升高而引起输出电压升高时，我们可以将开关接通时间减小，使输出电压恢复到额定值。反之，当输入电压 $U_I$ 降低时，我们将开关接通的时间增加。调整开关通常采用三极管、可控硅和磁开关等。

#### 2. 开关式稳压电路实例

脉宽调制型开关电源电路如图 7.4.2 所示。

该电路也是用闭合的反馈环路来实现自动调节的。除了有检测比较放大部分外，还必

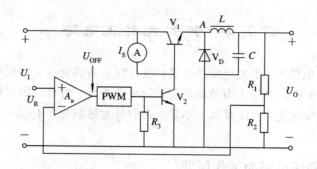

图 7.4.2　脉宽调制型开关电源电路

须有把差动放大器的输出电压量转换成脉冲宽度的脉宽调节器和一个产生固定频率的振荡源，以作为时间振荡器装置。由于输入电源向负载提供能量不像串联线性稳压电源那样连续，而是断续的，为使负载能得到连续的能量供给，开关型稳压电源必须要有一套储能装置，在开关接通时能将能量储存起来，在开关断开时向负载释放能量。这需要用由电感 $L$、电容 $C$ 组成的滤波器。二极管 $V_D$ 用以使负载电流继续流通，所以称为续流二极管。

脉宽调制器产生一串矩形脉冲，当脉冲是低电平时，$V_2$ 截止，则 $V_1$ 基极得到全部的 $I_S$ 值而饱和导通，这时续流二极管 $V_D$ 因反偏而截止，使 $A$ 点电压 $U_A$ 达到输入电压 $U_I$ 值，于是对电感 $L$ 和电容 $C$ 进行充电，同时给负载提供能量输出，电感 $L$ 在 $V_1$ 接通的时间 $t_{ON}$ 内储存能量，电感中的电流 $i_L$ 在 $t_{ON}$ 时间内是线性增加的。当脉冲列使 $V_2$ 饱和导通时，开关管 $V_1$ 截止，电感中流过的电流通过二极管 $V_D$ 续流，电感电压极性倒转，电感中储存的能量释放，电感中电流 $i_L$ 线性减小。适当选择 $L$ 和 $C$ 值，可在 $V_1$ 关断时间 $t_{OFF}$ 内保证负载电流的连续性。

由此可见，只要改变开关接通时间和工作周期的比值，负载上的电压也随之改变，适当选择电路各元件参数，可使输出电压 $U_O$ 基本保持不变。以上是 PWM 控制型开关电源的基本稳压原理。

## 7.4.2　微机开关电源

### 1. 电路基本结构与特点

微机开关电源的框图如图 7.4.3 所示，主要由五大部分组成：300 V 电路，半桥式逆变器；脉宽调制器；二次整流滤波电路；保护电路。

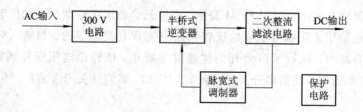

图 7.4.3　微机开关电源方框图

微机开关电源整机电路图见图 7.4.4。

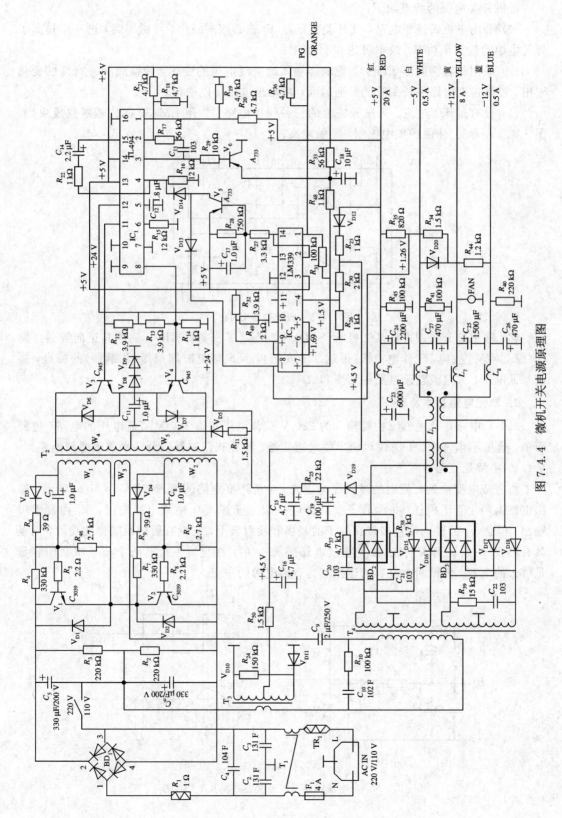

图 7.4.4 微机开关电源原理图

微机开关电源的特点如下：

（1）采用半桥式逆变电路，使开关变压器 $T_4$ 铁心双向磁化，导磁率高，进一步提高了开关电源的效率和功率，效率可达 85% 以上。

（2）采用脉宽调制器 TL494，把取样输入的直流电压的变化，转换成脉冲宽度的变化输出，控制逆变电路中开关管的导通时间，使输出电压得以稳定。

（3）设有过压、过流、欠压较完善的三种保护电路。采用 LM339 四比较器集成块（如图 7.4.5 所示），使保护集中控制，灵敏度高。

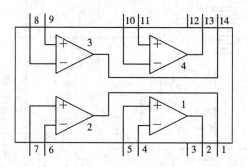

图 7.4.5　四比较器 LM339

（4）输出部分采用肖特基二极管（SBD）和快恢复二极管（FRD），利用其正向导通压降小（仅 0.4 V 左右），工作电流大（可达几千安培），反向恢复时间极短（几纳秒）的特点，提高了低电压、大电流整流电路的功率和效率。

**2. 单元电路基本原理**

300 V 电路是通过整流桥将输入的 220 V 交流电压变为 300 V 直流电压的电路，电路简单，这里不作讨论。下面仅讨论半桥式逆变器、脉宽式调制器以及二次整流滤波电路。

1）半桥逆变电路

将直流电变换为交流电的过程称为逆变。半桥逆变电路的原理如图 7.4.6(a) 所示，输出电路由两个管子担任，每个管子反向并联一个二极管。$V_2$ 由集电极输出，$V_1$ 由发射极输出。但是 $V_1$ 的输入端直接接在管子的基极和发射极上，它没有射极跟随器的功能，而是具有和 $V_2$ 一样的开关功能（参见整机电路图 7.4.4）。在直流侧接有两个相互串联的容量足够大的电容，使得两个电容的连接点为直流电源的中点。

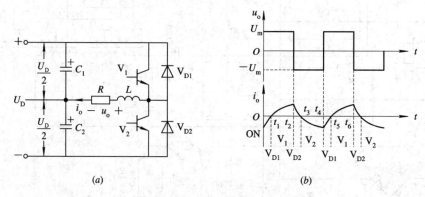

$(a)$　　　　　　$(b)$

图 7.4.6　电压型半桥式逆变电路及其工作波形

设晶体管 $V_1$ 和 $V_2$ 基极信号在一个周期内各有半周正偏，半周反偏，且二者互补。当负载为感性时，其工作波形如图 7.4.6($b$) 所示。输出电压 $u_o$ 为矩形波，其幅值为 $U_m = U_D/2$。输出电流 $i_o$ 波形随负载阻抗角而异。设 $t_2$ 时刻以前 $V_1$ 导通。$t_2$ 时刻给 $V_1$ 关断信号，给 $V_2$ 导通信号，则 $V_1$ 关断，但感性负载中的电流 $i_o$ 不能立即改变方向，于是 $V_{D2}$ 导通续流。当 $t_3$ 时刻 $i_o$ 降至零时，$V_{D2}$ 截止，$V_2$ 导通，$i_o$ 开始反向。同样，在 $t_4$ 时刻给 $V_2$ 关断信号，给 $V_1$ 导通信号后，$V_2$ 关断，$V_{D1}$ 先导通续流，$t_5$ 时刻 $V_1$ 才导通。各时间段内导通器件的名称标于图 7.4.6($b$) 下部。

当 $V_1$ 或 $V_2$ 导通时，负载电流和电压同方向，直流侧向负载提供能量；而当 $V_{D1}$ 或 $V_{D2}$ 导通时，负载电流和电压反方向，负载中电感的能量向直流侧反馈，即负载将其吸收的无功能量反馈回直流侧。反馈回的能量暂时储存在直流侧电容器中，直流侧电容器起着缓冲这种无功能量的作用。因为二极管 $V_{D1}$、$V_{D2}$ 是负载向直流侧反馈能量的通道，故称为反馈二极管；同时 $V_{D1}$、$V_{D2}$ 也起着使负载电流连续的作用，因此又称为续流二极管。而续流作用又将自感电动势箝制在 150 V($U_D = 300$ V 时)，这个 150 V 的电压再加上电容器 $C_1$ 上的 150 V，那么加在 $V_1$(或 $V_2$)上的最高电压为 300 V，这样选用耐压在 400 V 的管子就可以了。

半桥式逆变器有如下优点：

(1) 开关变压器铁心双向磁化，克服了因单管单方向磁化，使磁通变化率较低的缺点。单向磁化的变压器，它必须得等到存储的磁能基本上消失后，初级才能再通有同一方向的电流，否则在已有的剩余磁通的基础上，再去使磁通量增强，那么这个磁通的变化量会降低。这样开关电源振荡的频率无疑也会降低。所以单管式的电源，开关变压器的铁心截面积都比较大，50 W 的比半桥式 200 W 的还大。

(2) 可以进一步提高开关电源的频率。这是因为当 $V_1$(或 $V_2$)截止后，铁心中储存的磁能在二极管续流时很快减弱，这时 $V_2$(或 $V_1$)又开始导通，在初级绕组中电流所产生的磁通方向与原减弱磁通的方向是一致的，显然磁通的变化量要大得多，在很短时间内就可改变磁通的方向，这样开关电源的频率可以提高一些，铁心的截面积可以设计得小一些，绕组的匝数也可以少一些。因此，半桥脉宽稳压电源得到了普遍应用。

2) 脉宽式调制器(PWM)

目前在开关稳压电源中使用的脉(冲)宽(度)式调制器，都是由集成电路组成的。如整机电路图 7.4.4 中的 TL494，为双列直插 16 脚芯片(习惯上称为"494")。494 使用的电压范围很宽，在 7～40 V 都能正常工作，具有线性度好、精度高、调试方便等优点。

在输出电压 $U_O$ 正常的情况下，脉宽调制器输出脉冲宽度如图 7.4.7($a$) 所示。如果输出电压 $U_O$ 低于正常电压时，脉宽调制器输出的脉冲宽度变宽，如图 7.4.7($b$) 所示，这样使开关调整管导通时间加长，而截止时间缩短，从而使直流成分增加，使输出电压 $U_O$ 回升，抑制了下降，保持了稳定。如果输出电压 $U_O$ 升高，则脉宽调制器输出的脉冲变窄，如图 7.4.7($c$) 所示，使直流分量减少，输出电压 $U_O$ 降低，抑制了输出电压 $U_O$ 的升高，维持了输出电压 $U_O$ 的稳定。

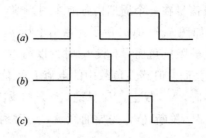

图 7.4.7  开关调整管导通宽度的变化

3）二次整流滤波电路

脉宽式稳压电源中的二次整流滤波电路，一般采用二极管电感电容滤波器（DLC）滤波电路。半波整流 DLC 滤波电路如图 7.4.8 所示。正半周时，$V_{D1}$ 导通，为储能元件 $L$、$C_2$ 和负载电路供电；负半周时，$V_{D1}$ 截止，$V_{D2}$ 开始导通续流，使电感 $L$ 中的自感电动势构成回路和 $C_2$ 一起向负载供电。如果不加续流二极管，$L$ 中的自感电动势和负载构不成回路，这时变压器次级绕组下端为正、上端为负，完全抵消了 $L$ 中的自感电动势，失去了电感的作用，这一部分能量就浪费掉了，而且纹波电压也要增大。

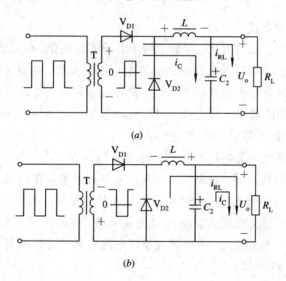

图 7.4.8  DLC 滤波电路

（a）正半周时；（b）负半周时

DLC 滤波电路的输出电压 $U_O = (t_{on}/T) \times U_1$，其中 $U_1$ 为 DLC 滤波电路的输入电压。$U_O$ 实际上就是输入电压 $U_1$ 的平均电压。

在典型电路图中，一般都采用全波整流 DLC 电路，如整机电路图 7.4.4 所示，其中两只二极管起着互为续流二极管的作用。

这里还要说明，在图 7.4.4 中，稳压取样信号取自 $+5\,V$ 电压，通过稳压系统，可使输出电压 $+5\,V$ 很稳定。$+5\,V$ 电压的稳定，又是通过开关调整管导通时间的长短来实现的。开关调整管导通时间长短的变化，肯定也要引起另外三种输出电压（$-5\,V$、$+12\,V$、$-12\,V$）的变化。为了使 $-5\,V$、$+12\,V$ 和 $-12\,V$ 电压进一步稳定，故增设了一个"稳压补偿器"$L_1$。$L_1$共有四个绕组，也是四种电压的滤波电感。绕组的同名端可以由图7.4.4看出，两个正电压绕向是相同的，两个负电压绕向也是相同的，负电压绕向与正电压绕向相反。通过感应电动势的极性不同进行补偿，能使三种电压都得到稳定。

# 7.5 集成稳压器

集成稳压器将调整管、比较放大单元、启动单元和保护环节等元器件都集成为一片芯片，称做单片稳压器。集成稳压器的型号繁多，按芯片的引出端子分类，有三端固定式、三端可调式和多端可调式等。三端集成稳压器只有三个端子，安装和使用都方便、简单，实际应用中三端集成稳压器用的最多。

## 7.5.1 单片式多端集成稳压器

集成电路稳压器基本上是将比较放大器、参考电压、调整管和保护电器集成在同一基片上的组合。图7.5.1是723单片稳压器的部分电路和功能块。输入电压至少要比输出电压大3 V，负载电流限定不超过150 mA；当输入电压在9.5~40 V之间时，可调输出在2~37 V；当输入电压从12 V增到40 V时，电压调整率的典型值为0.02%。

这种单片稳压器有三种外壳形式：双列直插式、扁平式和圆型式。根据外壳形式，可有10个或11个引出端供外部连线用，10个引出端比11个引出端省去了$U_2$和6.2 V齐纳管。

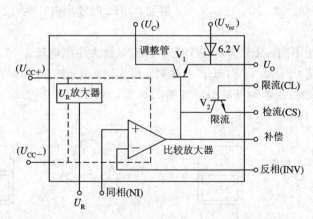

图7.5.1 723单片稳压器的部分电路和功能块

$V_1$为调整管，它的集电极和发射极连在标记$U_C$和$U_O$的两只引出端供外部连接用。$U_O$端可用来驱动外接功率管的基极，于是外接功率管就变成调整管，负载电流因而可提高到几安培。

图7.5.2是723单片稳压器构成的带有100 mA限流的12 V稳压电源。参考电压从外部接到同相输入端，两引出端之间接平衡电阻$R_3$，$R_3=R_1 /\!/ R_2$；有时$R_3$也可以省略。

6.5 Ω电阻是限流电阻；电容是用来减小纹波和消振的；$R_1$、$R_2$电阻的改变可直接影响输出电压。当$R_1=0$，$R_2=\infty$时，输出7 V，如果想再低于7 V，则可调$U_R$值。此电路在5~40 V之间的任何正输入电压均可使用。

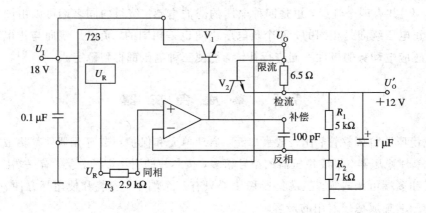

图 7.5.2    12 V 稳压电源部分原理图

## 7.5.2    单片式三端集成稳压器

单片式三端稳压器有输入端、输出端和公共端（接地）三个接线端子，所需外接元件少，使用方便，工作可靠，所以应用较多。按输出电压是否可调，三端集成稳压器可分为固定式和可调式两种。

### 1. 固定输出的三端稳压器

1）正电压输出稳压器

常用的三端固定正电压稳压器有 78×× 系列，型号中的 ×× 两位数表示输出电压的稳定值，分别为 5、6、9、12、15、18、24 V。例如，7812 的输出电压为 12 V，7805 的输出电压为 5 V。

按输出电流大小不同，又分为：CW78×× 系列，最大输出电流 1～1.5 A；CW78M×× 系列，最大输出电流 0.5 A；CW78L×× 系列，最大输出电流 100 mA 左右。

78×× 系列三端稳压器的外部引脚如图 7.5.3(a) 所示，IN 脚为输入端，OUT 脚为输出端，GND 脚为公共端。

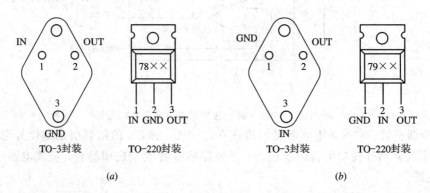

图 7.5.3    三端固定输出稳压器

(a) 78×× 外引脚图；(b) 79×× 外引脚图

2）负电压输出稳压器

常用的三端固定负电压稳压器有 79×× 系列，型号中的 ×× 两位数表示输出电压的稳定值，和78××系列相对应，分别为−5、−6、−9、−12、−15、−18、−24 V。

按输出电流不同，和78××系列一样，也分为CW79××系列、CW79M××系列和CW79L××系列。管脚图如图7.5.3(b)所示。

### 2. 三端可调输出稳压器

前面介绍了78、79系列集成稳压电路，这些都是固定输出的稳压电源，有时在实用中不太方便。实际应用中还有输出可调的三端稳压器。图7.5.4(a)所示为正可调输出稳压器（CW117、CW217、CW317系列），图7.5.4(b)为负可调输出稳压器（CW137、CW237、CW337系列）。

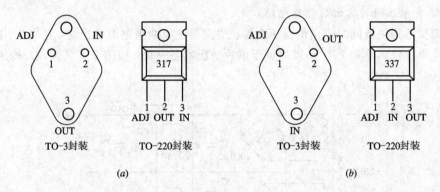

图7.5.4　三端可调输出稳压器

(a) 正可调；(b) 负可调

三端可调集成稳压器的输出电压为1.25～37 V，输出电流可达1.5 A。使用这种稳压器非常方便，只要在输出端接两个电阻，就可得到所要求的输出电压值，它的应用电路如图7.5.5所示，是可调输出稳压源标准电路。

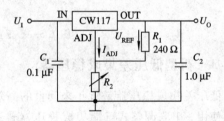

图7.5.5　可调输出稳压源标准电路

在图7.5.5标准电路中，因CW117/217/317的基准电压为1.25 V，这个电压在输出端3和调整端1之间，输出电压只能从1.25 V往上调。输出电压表达式为

$$U_O = 1.25\left(1 + \frac{R_2}{R_1}\right) + 50 \times 10^{-6} \times R_2 \qquad (7.5.1)$$

上式中的第二项，即$50 \times 10^{-6}$表示从CW117/217/317调整端流出的经过电阻$R_2$的电流为50 $\mu$A。它的变化很小，所以在$R_2$阻值很小时，可忽略第二项，即为

$$U_O = 1.25\left(1 + \frac{R_2}{R_1}\right) \quad \text{V} \qquad (7.5.2)$$

电容$C_2$用来改善输出电压中的纹波。跨接电容$C_1$是为了预防产生自激振荡。

### 3. 三端集成稳压器的应用

1) 基本应用

图7.5.6是三端固定输出集成稳压器的基本应用电路。图中输入端电容$C_i$用以抵消输入端较长接线的电感效应，防止产生自激振荡，接线不长时也可不用。输出端$C_o$用以改

善负载的瞬态响应，减少高频噪声。

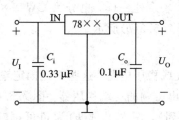

图 7.5.6　固定稳压器基本应用电路

2）正负电压同时输出的稳压电路

图 7.5.7 是正负同时输出的稳压电路。当需要正负两组电源输出时，可以采用 78×× 系列正压单片稳压器和 79×× 系列负压单片稳压器各一块，按图 7.5.7 接线，构成正负两组电源。

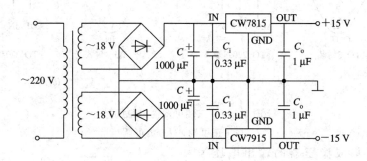

图 7.5.7　正负对称输出稳压电路

## 7.5.3　新型低压差集成稳压器

低压差集成稳压器是近年来问世的高效率线性稳压集成电路，可作为高效 DC/DC 变换器使用。串联调整式三端集成稳压器普遍采用电压控制型，为了保证稳压效果，输入、输出压差一般取 4～6 V，这个较大的电压差是造成这种稳压器效率低的主要原因。低压差稳压器采用电流控制型，且选用低压降的 PNP 型晶体管作为内部调整管，从而把输入、输出压差降低到 0.5～0.6 V 以下。现在很多低压差稳压器的输入、输出间的电压差已降低为 65～150 mV，显著地提高了稳压电源的效率，在小型数字仪表和测量装置以及通信设备中得到了广泛的应用。

### 1．KA78 系列新型低压差稳压器

KA78L05 新型低压差集成稳压器的基本功能与 78L05 相同，但性能上有很大提高。它的压差典型值为 0.1 V；过压保护可达 60 V；静态电流小，并有过热保护及输出电流限制。KA78L05 在输入电压为 6～26 V、输出电流为 100 mA 时，其输出电压为 5±0.25 V。KA78L05 的管脚配置如图 7.5.8 所示，其基本应用与 78L05 相同。

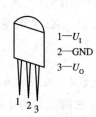

1—$U_{\mathrm{I}}$
2—GND
3—$U_{\mathrm{o}}$

图 7.5.8　KA78L05 的管脚配置

KA78R05/12 是输出 5 V/12 V（1 A）的低压差（0.5 V）集成稳压器，是 7805/12 的替

代产品。它增加了一个电源开关控制端 $U_c$，使功能更加完善。内部有过热和过流保护电路，输出电压精密度分别为 $5\pm0.12$ V 和 $12\pm0.3$ V。KA78R05/12 的管脚配置及典型应用电路如图 7.5.9 所示。在控制端 $U_c$ 加 2 V 以上的高电平时，电源导通；加低于 0.8 V 的低电平时，电源关闭。

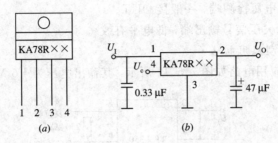

图 7.5.9　KA78R05/12 的管脚配置与典型应用电路

(a) 管脚配置；(b) 典型应用电路

### 2. 单片机用低压差稳压器

以单片机为核心的新型便携式电子产品越来越多。为延长电池的使用寿命，要求稳压电源的压差小、功耗小，并且要求在电池电压降到一定程度时，稳压器的输出电压可降到门限电压，就能输出一个低电压信号，使单片机复位。TPS73 系列就是具有复位功能的低压差稳压器，TPS7350 是 TPS73 系列中的典型器件之一。

1) TPS73 系列的基本特点

TPS73 系列有 3.3 V、4.85 V 和 5 V 固定电压输出及电压输出为 $1.2\sim9.75$ V 可设定等四个品种，最大输出电流可达 500 mA。该系列的主要特点有：

(1) 输出电压精度高。

(2) 输出噪声低。

(3) 压差低，在输出电流为 100 mA 时，最大压差为 35 mV。

(4) 静态电流小，典型值为 340 $\mu$A。

(5) 有关闭电源控制端，在关闭电源状态时，耗电仅为 0.5 $\mu$A。

(6) 内部有监视输出电压电路，降到门限电压时，输出复位信号。

(7) 内部有过流限制及过热保护。

2) TPS7350 的封装及管脚功能

TPS7350 有 SO-8 封装及 DIP-8 封装，其管脚排列如图 7.5.10 所示。

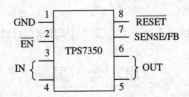

图 7.5.10　TPS7350 的管脚排列

TPS7350 各个管脚的功能如下：

GND(1)：电源负端、地。

$\overline{EN}$(2)：电源关闭控制端。

IN(3、4)：电源输入端。

OUT(5、6)：电源输出端。

SENSE(7)：输出电压检测端，一般接 OUT。

$\overline{RESET}$(8)：电源欠压信号输出端，低电平有效。

3）TPS7350 的典型应用电路

TPS7350 的典型应用电路如图 7.5.11 所示，其输出电压为 +5 V。

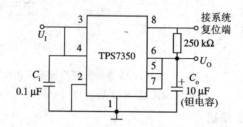

图 7.5.11　TPS7350 的典型应用电路

这是一种不使用关闭电源控制的电路，故其 2 脚接地。下面主要介绍输入电容 $C_i$ 及输出电容 $C_o$ 的选择。

输入电容 $C_i$ 的选择：当输入端离电池较近时，输入电容 $C_i$ 可以省略；当距离大于 10 cm 时，可接 0.047 $\mu$F 陶瓷旁路电容，它可以改进负载的瞬态响应；如负载电流较大，则应采用大容量的电解电容器。

输出电容 $C_o$ 的选择：输出电容 $C_o$ 要求大于 10 $\mu$F，并且要求等效串联电阻小于 1.2 $\Omega$。若等效串联电阻较大，则需要再并联一个陶瓷电容，为防止产生错误复位信号，建议采用优质电容。

带有关闭电源控制的电路如图 7.5.12 所示。当外加高电平时，电源工作；加低电平时电源被关闭。

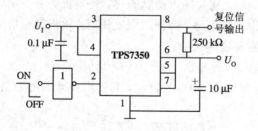

图 7.5.12　带有关闭电源控制的电路

# 思　考　题

7.1　桥式整流电路为何能将交流电变为直流电？这种直流电能否直接用来作为晶体管放大器的直流电源？

7.2　桥式整流电路接入电容滤波后，输出直流电压为什么会升高？滤波电容对桥式整流电路中二极管的导通角有何影响？

7.3 什么叫滤波器？我们所介绍的几种滤波器，它们如何起滤波作用？

7.4 倍压整流电路工作原理如何？它们为什么能提高电压？

7.5 稳压管稳压电路中限流电阻根据什么来选择？

7.6 晶体管串联型稳压电路主要包括哪些部分？各部分分别起什么作用？

7.7 在晶体管串联型稳压电路与开关型稳压电路中，其调整管各工作在什么状态？

7.8 开关式稳压电源是怎样实现稳压的？

7.9 低压差集成稳压器的主要优点是什么？

# 练 习 题

7.1 有一直流负载电阻为 12 Ω，工作电流为 2 A。现用单相半波整流电容滤波电路供电，并选用整流二极管，则需要的交流电压为多大？

7.2 在图 7.1.3(a) 所示单相桥式整流电路中，(1) 若二极管 $V_{D1}$ 接反，会出现什么现象？(2) 若 $V_{D1}$ 被击穿短路，会出现什么现象？(3) 若 $V_{D1}$ 开路（虚焊），会出现什么现象？画出 $V_{D1}$ 开路时输出电压的波形。

7.3 在输出电压 $U_O = 9$ V，负载电流 $I_L = 20$ mA 时，桥式整流电容滤波电路的输入电压（即变压器副边电压）应为多大？若电网频率为 50 Hz，则滤波电容应选多大？

7.4 上题中若采用电感滤波电路，则变压器副边电压应为多大？

7.5 在稳压管稳压电路题 7.5 图中，稳压管的稳压值 $U_{V_{DZ}} = 6$ V，最大工作电流为 25 mA，最小工作电流为 5 mA；负载电阻在 $300 \sim 450$ Ω 之间变动；变压器副边电压 $U_2 = 15$ V，允许有 10% 的变化范围，试确定限流电阻 $R$ 的选择范围。

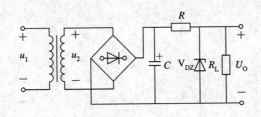

题 7.5 图

7.6 在题 7.5 图中的硅稳压二极管稳压电路中，稳压管的最大工作电流为 35 mA，最小工作电流为 10 mA。若 220 V 的交流电波动范围为 10%，$R_L = 1$ kΩ，流过 $R_L$ 的电流为 10 mA，试计算电路中各元件的数值。

7.7 有一桥式整流电容滤波电路，变压器原边接工频交流电网，$R_L = 50$ Ω，要求输出直流电压为 12 V，

(1) 求每只二极管的电流和最大反向电压。

(2) 选择滤波电容的容量和耐压值。

7.8 已知输入电压 $U_I = 15$ V，试用三端可调稳压电源 W317 构成一个输出电压在 $5 \sim 9$ V 之间可调的电压源。（W317 的输出电压范围为 $+1.2 \sim +37$ V，最小工作电流取

1.5 mA。)

　7.9　题 7.9 图所示电路可以输出两种整流电压。(1) 试确定 $U_{O1}$ 及 $U_{O2}$ 对地的极性；(2) 当副边电压有效值 $U_{21}=U_{22}=30$ V 时(注意：副边电压 $U_{21}$ 与 $U_{22}$ 反相)，求 $U_{O1}$ 及 $U_{O2}$ 的大小；(3) 当副边电压有效值 $U_{21}=33$ V、$U_{22}=27$ V 时，画出 $U_{O1}$ 及 $U_{O2}$ 的波形，并算出 $U_{O1}$ 及 $U_{O2}$ 的值。

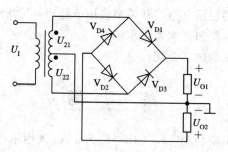

题 7.9 图

# 第8章 综合实训

## 8.1 概　　述

### 8.1.1　综合实训的任务与基本要求

综合实训是理论与实践紧密结合的教学环节，是在学完本课程全部理论知识之后，对学生进行的一次综合性实际技能操作训练。其任务是让学生通过实训项目的理解、安装与调试，进一步加深对所学基础知识的理解，培养和提高学生的自学能力、实践动手能力和分析解决问题的能力，为以后参与电子电路的设计和产品的制作打下初步的基础。综合实训应当达到下述要求。

（1）巩固和加深对本课程基本知识的理解，提高学生综合运用所学知识的能力。

（2）通过实训，初步掌握简单实用电路的原理图理解、元件选择、电路安装调试的方法，全面提高学生的动手能力。

（3）通过编写实训报告，对实训全过程作出系统的总结，训练学生编制科技报告或技术资料的能力。

### 8.1.2　电子电路的安装与调试

制作电子电路的基本过程一般是：根据设计电路选择元器件，先在面包板上进行初步安装调试，成功之后，制作印刷电路板，再进行安装焊接，最后再进行调试，直至达到设计要求的指标。这里仅对元器件的选择、装置的布局、安装调试以及制板焊接等问题作以介绍，以供在实训中参考。

**1. 元器件的选择**

选择的元器件要满足电路的要求，并兼顾价廉、耐用。下面介绍常用元器件的选用原则。

1）电阻器的选择

选择电阻器的基本依据是电阻器的阻值、准确度和额定功率。要求严格的还应考虑其稳定性和可靠性。常用的额定功率有 $1/8$、$1/4$、$1/2$、$1$、$2$、$4$、$8$ W 等。选用时应留有余量，一般选取额定功率比电阻的实际耗散功率大 $1$ 倍。电阻器的实际耗散功率可在选定电阻值之后，根据工作电流按 $P = I^2 R$ 算出。

2）电容器的选择与质量检查。

（1）电容器的选择。选择电容器的基本依据是所要求的容量和耐压，实际选择时，在满足容量和耐压的基础上，可根据容量大小，按下述方法简捷地确定电容器类型。

① 大容量电容器的选用：低频、低阻抗的耦合、旁路、退耦电路，以及电源滤波等电路，常可选用几微法以上大容量电容器，其中以电解电容器应用最广，选用时重点考虑其工作电压和环境温度，其它参数一般能满足要求。对于要求较高的电路，如长延时电路，可采用钽或铌为介质的优质电容器。

② 小容量电容器的选用：这类电容器是指容量在几微法以下乃至几皮法的电容器，多数用于频率较高的电路中。普通纸介电容器可满足一般电路的要求。但对于振荡电路、接收机的高频和中频变压器以及脉冲电路中决定时间因素的电容器，因要求稳定性好，或要求介质损耗小，应选用薄膜、瓷介甚至云母电容等。

（2）电容器的质量检查。电容器的常见故障有漏电、断路、短路和失效等，使用前应予以检查。

① 电容器漏电检查：对于 5000 pF 以上的电容器，用万用表电阻挡 $R \times 10 \text{ k}(\Omega)$ 量程，将表笔接触电容器两极，表头指针应先向顺时针方向跳转一下，尔后慢慢逆向复原，退至 $R = \infty$ 处。若不能复原，表示电容器漏电。稳定后的阻值即为电容器漏电的电阻值，一般为几百兆至几千兆欧。阻值越大，电容器绝缘性能越好。

② 电容器容量的判别：对于 5000 pF 以上的电容器，将万用表拨至最高电阻挡，表笔接触电容器两极，表头指针应先偏转，后逐渐复原。将两表笔对调后再测量，表头指针又偏转，且偏转得更快，幅度更大，尔后又逐渐复原，这就是电容充、放电的情况。电容器容量越大，表头指针偏转越大，复原速度越慢。若在最高电阻挡下表针都不偏转，说明电容器内部断路了。

（3）电解电容器极性的判别。电解电容器正接时漏电小、反接时漏电大。据此，用万用表正、反两次测量其漏电阻值，漏电阻值大（即漏电小）的一次中，黑表笔所接触的是正极。

3）电感器的选择与检查

选择电感器的主要参数是电感量、品质因数、分布电容和稳定性。一般电感量越大，抑制电流变化的能力越强；品质因数越高，线圈工作时损耗越小。电感器的分布电容是线圈的匝间及层间绝缘介质形成的，工作频率越高，分布电容的作用越显著，电感器的参数受温度影响越小，电感器的稳定性越高。

为了判断电感线圈好坏，可用万用表欧姆挡测其直流阻值，若阻值过大甚至为∞，则为线圈断线；若阻值很小，则为严重短路。不过，内部局部短路一般难以测出。

4）半导体二极管的选择

点接触二极管的工作频率高，但可承受电压不高，允许通过的电流也小，多用于检波、小电流整流或高频开关电路；面接触二极管的工作电流和能承受功率较大，但适用的频率较低，多用于整流、稳压、低频开关电路等。选用整流二极管时，主要考虑最大整流电流、最大反向工作电压及反向电流。在实际应用中，应根据技术要求查阅有关器件手册。

5）半导体三极管的选择与判别

（1）半导体三极管的选择。选用三极管时，应考虑工作频率、集电极最大耗散功率、电流放大系数、反向击穿电压、稳定性及饱和压降等。不过，这些因素中有的相互制约，选择时应根据用途的不同，以主要参数为准，兼顾次要参数。

（2）三极管管脚的判别。三极管的管脚可用万用表来判别。首先是找出管子的基极。方法是：用万用表 $R \times 100\ \Omega$ 或 $R \times 1\ k(\Omega)$ 电阻挡，红表笔接触某一管脚，黑表笔接触另外两管脚，若电表读数都很小（约几百欧），则与红表笔接触的那一管脚是基极，并可知此管为 PNP 型。若黑表笔接触某一管脚，红表笔分别接触另外两管脚，则当表头读数都很小（约几百欧）时，与黑表笔接触的那一管脚是基极，并可知此管为 NPN 型。

找出基极之后，再确定发射极与集电极。以 NPN 型管为例，假定其余两脚中的一个是集电极，并将黑表笔接到此脚，红表笔接假设的发射极，再把假设的集电极与已测出的基极捏在手中（但两脚不可相碰），记下此时的阻值读数。再将原假设的集电极设为发射极，而原发射极设为集电极，重复测试读数。两次读数中，电阻值较小（偏转角度较大）的那次假设是正确的，其黑表笔接的一只管脚是集电极，剩下的一只是发射极。

若为 PNP 型管，则将表笔对调，再用上述方法判断。

（3）三极管性能的鉴别。

① 穿透电流 $I_{CEO}$ 的判断：用万用表 $R \times 100\ \Omega$ 或 $R \times 1\ k(\Omega)$ 电阻挡测量集射间电阻（对 NPN 管，黑表笔接集电极，红表笔接发射极），此值越大，说明 $I_{CEO}$ 越小。一般硅管应大于数兆欧，锗管应大于数千欧。所测阻值为无穷大时说明管子内部断线。所测阻值接近于零时表明管子已被击穿。有时阻值不断地下降，说明管子性能不稳。

② 电流放大系数 $\beta$ 的估计：用万用表 $R \times 100\ \Omega$ 或 $R \times 1\ k(\Omega)$ 电阻挡测量管子集射间电阻（对 NPN 管，黑表笔接集电极，红表笔接发射极），观察此时的读数，然后再用手指捏住基极与集电极（两极不可相碰），同时观察表针摆动情况。摆动幅度越大，说明管子的 $\beta$ 值越高。

若为 PNP 管，将表笔对调，再用上述方法判别。

6）晶闸管的判别

（1）单向晶闸管管脚的判别。用万用表 $R \times 10\ \Omega$ 挡测量管脚间的静态电阻，由于 $R_{AK}$、$R_{KA}$、$R_{AG}$、$R_{GA}$ 及 $R_{KG}$ 均应很大，只有 $R_{GK}$ 较小，由此便可作出判断：若某两管脚间电阻较小，此时黑表笔所接的为控制极（G 极），红表笔所接的为阴极（K 极），剩余的为阳极（A 极）。

（2）双向晶闸管管脚的判别。用万用表 $R \times 1\ k(\Omega)$ 挡分别测量管脚间的正反向电阻。若某两管脚间正反向电阻很小（约 $100\ \Omega$），则这两管脚为 $A_2$ 和 G 极，余下的即 $A_1$ 极。然后，假设 $A_2$、G 的一个为 $A_2$ 极，用万用表 $R \times 10\ \Omega$ 挡，将两表笔（不分正负）分别接至假设的 $A_2$ 和已确定的 $A_1$ 上。然后，将 $A_1$ 与 G 相连并观察万用表阻值。若阻值变小，说明此时晶闸管因触发而处于通态。此时把 G 断开（但 $A_1$ 仍保持与表笔相接），若电阻值仍小，即管子仍在通态。将两表笔对调，重复上述步骤，仍处于通态，则假设的 $A_2$、G 正确。否则假设不成立（管脚图见图 1.4.9）。

## 2. 电子设备的布局与安装

1）总体布局

在电子设备总体布局时，大、中功率电子设备可划分为若干个分机，各分机内部布局又可划分为若干个电路单元。小功率电子设备一般装在一个机箱内，箱内布局可划分为若干个电路单元或功能组。分机、电路单元是根据电路原理图或方框图来划分的。整机布局应遵循以下原则：

(1) 各分机、电路单元的划分要有一定的独立性，能够单独进行调整测试。

(2) 要注意防止各元件间的相互干扰，在同一分机或同一单元内最好不布置电气方面彼此严重影响的元器件。

(3) 各分机之间的输入、输出导线要尽量减少，使接线数目减少至最低，以避免布线不合理而引起寄生耦合和反馈。

(4) 总体布局要满足散热、减振、屏蔽等防护要求。

(5) 总体布局要有利于维护、调整、测试和装配。

2) 元器件的排列和安装

元器件的排列对整机性能影响很大。焊接之前需要先了解电路原理图，再根据电路要求在座板上合理排列元器件并由此设计印刷电路板。排列元器件的注意事项有：

(1) 输入、输出、电源及可调元件的位置要合理安排，做到调节方便、安全。

(2) 输入电路要远离输出电路，以防寄生耦合产生自激。

(3) 各元件（尤其是高频部件）的连线宜短宜直，兼顾整齐美观。

(4) 注意电解电容的极性不要接错，不得将其靠近发热元件（如大瓦数电阻、大功率管及散热片等），以防过热熔化。

在安装元件时应当注意：

(1) 大个儿元件须用支架固定，不能仅靠焊接固定。

(2) 元件上的接线需要绝缘时，须套上绝缘套管。

(3) 为了稳定，体积较大的元件（大容量电解电容等）必须紧靠底板，体积较小的元件（如电阻、瓷管电容）可以架空或直接接于管座，以便缩短接线，使排列紧凑，适用于高频电路。在低频电路中，为了整齐美观，可将元件排列在接线板上，再引线接到管座。

(4) 需接地的元件应良好接地。若底板为铁板，由于其不易焊接，且导电性差，可在底板上架设一根 1~1.5 mm 粗的镀铜线或铜线作为地线。

(5) 元件上标数值的一面应当朝外，以易于观察。

### 3. 电路的调试

调试即调整与测试。测试是在电路安装之后，先对电路的参数及工作状态进行测量；调整是在测试的基础上，对电路的参数进行修正，使之满足设计要求。

1) 调试方法

新设计的电路，一般采用边安装边调试的方法。即按照原理图上的功能将复杂电路分块安装和调试，逐步扩大安装和调试的范围，直至完成整机调试。这种方法可及时发现问题，及时解决。

对于定型产品或各分块间需要相互配合才能运行的产品，可在整机安装完毕后进行一次性调试。

电路中含有的模拟电路、数字电路和微机系统，它们之间一般不允许直接连用。其原因是这三部分的输出电压波形不同，对输入信号的要求也不同，盲目相连容易发生故障，造成元器件损坏。为此，可先按设计指标对这三部分分别调试，尔后再经信号及电平转换电路进行整机联调。

2）调试步骤

先作通电观察。按设计要求调定电源电压，关掉电源。接好接线后，打开电源，同时，注意观察有无异常现象，如冒烟、异味、手摸元件发烫、电源短路等。若有异常现象，应立即关断电源，仔细检查，排除故障后方可重新加电。

再作分块调试。分块调试分静态调试和动态调试。静态调试是在不加外界信号条件下测试电路各点的电位。有些已损坏的元器件或处于临界状态的元器件经静态调试即可发现，因而使问题及时得到处理。动态调试是在输入信号条件下调试，可以利用前级的输出信号作为本功能块的输入信号，也可利用本功能块自身的信号来检查各种指标。最后，再把静态与动态调试的结果与设计要求的指标对照分析，提出修改意见。

最后作整机联调。在完成分块调试，并做好各功能块之间接口电路的调试工作后，可将各部分电路连通，进行整机联调。整机联调只观察动态指标即可，把各项测量结果与设计指标一一对比，根据存在的问题修改电路参数，使之最后达到设计要求。

### 4. 制板与焊接

电路在面包板上调试成功后，可制作印刷电路板。目前已广泛采用计算机辅助设计来绘制印刷电路板。印刷电路板的尺寸，应根据元器件的数量、大小合理安排。由于多块电路板之间是通过插座互相连接的，因此板上应留出与插座对应的插头的位置。

焊接质量的好坏直接影响到电路的性能和可靠性。因此，首先应根据焊接点的面积大小及散热快慢选择电烙铁，焊接晶体管电子电路一般可选内热式 25 W 电烙铁；初次使用的新烙铁头应先清理干净，通电加热后涂上松香（或焊锡膏），再挂上一层焊锡；使用中，要防止将烙铁头不上锡而一直通电加热，以免烙铁头表面氧化而不粘锡。

焊接前，应先将焊件金属表面的绝缘漆或氧化层刮除干净。焊接时，烙铁头与焊接点接触的时间以使焊锡光亮、圆滑为宜。若焊接时间过长，温度过高，会烫坏元件，并且容易使焊锡流散造成接点部位锡量少，影响牢固程度；反之，若焊接时间过短，温度低，则焊剂未充分挥发，会夹在元件引脚与焊锡之间造成虚焊。

## 8.2　综 合 实 训

### 第 1 部分　基 础 实 训

## 实训 1　铂电阻测温电路的制作实训

### （一）实训原理

本实训为一个铂电阻测温电路。它以铂电阻传感器作为测温元件，加上测量电桥、恒流源电路以及差动运算放大器等电路，将温度信号转换为电压信号输出，并推动显示仪表显示温度数值。实训电路如图 8.2.1 所示。

#### 1. 铂电阻传感器及测量电桥

图中，Pt100 是一个铂电阻传感器，它实质上是一个铂热电阻，其电阻值在一定温度

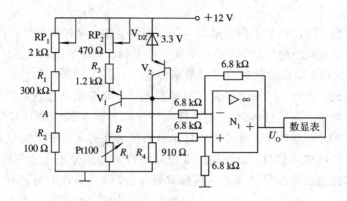

图 8.2.1　铂电阻测温电路

范围内随温度作线性变化。比如，Pt100 在 0℃时电阻值为 100 Ω，－50℃时为 80.31 Ω，＋50℃时为 119.40 Ω，100℃时为 138.50 Ω，150℃时为 157.31 Ω。因此，将铂电阻作为一臂接入电桥电路中，就可将温度的变化经铂电阻转换为电桥的不平衡电压。温度变化越大，铂电阻值变动也越大，因而电桥输出的不平衡电压就越大。测量电桥的不平衡电压就可定量地测出温度(变化)值。

**2. 恒流源电路**

图 8.2.1 中，$V_1$、$V_2$、稳压管 $V_{DZ}$、$R_3$(1.2 kΩ)、$RP_2$(470 Ω)、$R_4$(910 Ω)组成恒流源，作为桥臂之一，向铂电阻 $R_t$ 提供恒定的电流 $I_C$。这样，当铂电阻阻值随温度作线性变化时，由于其通过的电流恒定，电压便随温度作线性变化，从而使电桥输出的不平衡电压($A$、$B$ 两点之间电压)亦随温度作线性变化，保证了测量的线性度与准确性。

在恒流源电路中，三极管 $V_2$ 接成二极管使用，具有温度补偿作用，可以提高 $V_1$ 基极电位的温度稳定性。

**3. 零点调节与满刻度校准**

调节电位器 $RP_1$(2 kΩ)可以改变 $A$ 点的电位，起到调节零点的作用。比如，0℃时，调节 $RP_1$ 使 $U_A = U_B$，这样，整机输出 $U_O = 0$ V，从而将数显表指示的 0 点选在了 0℃的温度上。

调节电位器 $RP_2$(470 Ω)可以改变恒流源的电流 $I_C$。比如，减小 $RP_2$，则 $I_C$ 增大。这样，对应同样的温度变化量(即对应同样的铂电阻值变化量)，$B$ 点电位(即铂电阻 $R_t$ 上的电压降)变化量就大，输出不平衡电压值就大。因此，电位器 $RP_2$ 的作用是调节温度转换倍率，调节 $RP_2$ 可以对数显表满度进行校准。

**4. 运放的作用**

图中的运算放大器是一个减法运算电路，其输出电压为两个输入端的电位之差(即电桥输出的不平衡电压)。在数显表与测温电桥之间插入这一减法电路的目的是，利用运算放大器输入电阻高的特性来减少对测温电桥的影响。此外，运算放大器又具有一定的带负载能力，因而可以推动显示仪表正常工作。

## (二) 实训内容

(1) 按照图 8.2.1 在多功能实验板上焊好电路(在运放的位置先焊插座，测试时再插运放片子)。

(2) 将运放调零(参看第 4 章实训中的有关内容)。

(3) 将铂电阻传感器置于冰水混合物中,使其温度为 0℃(用标准温度计检测温度)。调节电位器 $RP_1$,使运放的输出电压 $U_O$ 为 0 mV。(此步为对测温电路调零。)

(4) 将铂电阻传感器置于 100℃开水中(用标准温度计检测温度)。调节电位器 $RP_2$,使运放的输出电压 $U_O$ 为 +100 mV。(此步为对测温电路满刻度校准。)

(5) 反复进行(3)、(4)两步,直到传感器处于 0℃时,$U_O = 0$ mV,处于 100℃时,$U_O = 100$ mV。这样,测温电路的零点调节与满刻度校准便进行完毕。这时,可以将毫伏表作为被测温度的显示仪表,且以输出电压的毫伏数作为被测的摄氏温度数。

(6) 写出实训报告,内容包括:画出实训电路图,说明电路各部分的原理;回答下列问题,并写明分析计算的过程。

① 上述电路能否调节到 20℃时对应输出电压 $U_O = 0$ mV、100℃时对应输出电压 $U_O = 100$ mV?

② 若要 0℃对应 $U_O = 0$ mV、50℃对应 $U_O = 100$ mV,电路应如何改动?

③ 若要 0℃对应 $U_O = 0$ mV,150℃对应 $U_O = 100$ mV,电路应如何改动?

④ 欲提高测量灵敏度,可采取什么办法?

## 实训 2  集成运放构成波形发生器的制作实训

### (一) 实训原理

由第 4、6 章的学习可知,集成运放可以构成方波、三角波、锯齿波、正弦波等波形发生器。实际上,只要将这些波形发生器组合在一起,就构成了多功能的波形发生器。本实训是用一个四运放构成能产生上述四种波形的波形发生器,其电路图如图 8.2.2 所示。

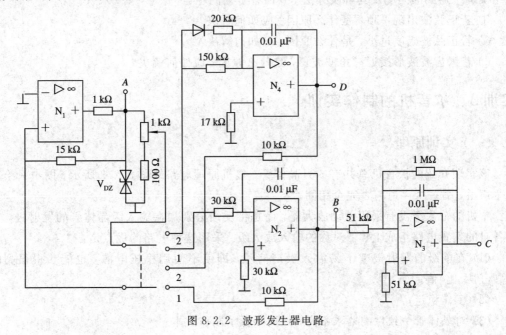

图 8.2.2  波形发生器电路

图中，$N_1$、$N_2$ 组成方波—三角波发生器，$N_1$、$N_4$ 组成方波—锯齿波发生器。这样，在 $N_1$ 的输出端 $A$ 点可输出方波信号；当波段开关拨至 1 时，$N_2$ 的输出端 $B$ 点可输出三角波信号；当波段开关拨至 2 时，$N_4$ 的输出端 $D$ 点可输出锯齿波信号。

在 $N_2$ 的输出端再接一个反相积分器 $N_3$，可在其输出端 $C$ 点产生正弦波输出。其原理如下：

一个二阶微分方程

$$\frac{d^2 u_o}{dt^2} + \omega_o^2 u_o = 0$$

的解为正弦函数

$$u_o = U_{om} \sin(\omega t + \varphi)$$

式中，相位 $\varphi$ 由初始条件决定。可见，凡能模拟求解上列二阶微分方程的电路都能产生正弦信号。最简易的方法就是模拟积分，用两次积分来实现。对前面的微分方程两次积分，得

$$u_o = -\omega_o^2 \int \left( \int u_o \, dt \right) dt$$

可见，连续两次积分便可得到 $u_o = U_{om} \sin \omega t$。在图 8.2.2 中由 $N_1$ 输出的方波经 $N_2$、$N_3$ 两次积分，在 $N_3$ 的输出端 $C$ 便可得到正弦波，其频率由方波振荡器决定。

### （二）实训内容

（1）按实训电路选择元件。

（2）先在面包板上逐级搭建、调试电路，并观测输出信号的波形。

（3）在模拟实验板上焊好全部电路，并进行整机联调。

（4）写出实训报告，内容包括：画出实训电路图及测量的波形图，列出元器件明细表；总结实训中遇到的问题及其解决办法。并回答下列问题：

① 若正弦波出现平顶，是什么原因？应如何解决？

② 若正弦波幅度过小，是什么原因？应如何解决？

③ 若锯齿波波形接近三角波波形，是什么原因？应如何解决？

## 实训 3　扩音机的制作实训

### （一）实训原理

该实训介绍的扩音机总共有 6 只晶体管，整机原理电路如图 8.2.3 所示。图中只绘出一个声道，另一个声道与之完全相同。

本机的输入级没有采用差动放大器，而是将反馈分别加在输入级晶体管的发射极，并与各自的偏置电路组成上、下对称的输入放大级。采用这种电路的优点是：

（1）在前级的发射极上不易混入噪声信号，即使不使用稳压电源，也能获得很高的 $S/N$（信噪比）值；

（2）工作稳定；

（3）对晶体管一致性的要求不高，因而降低了制作成本。

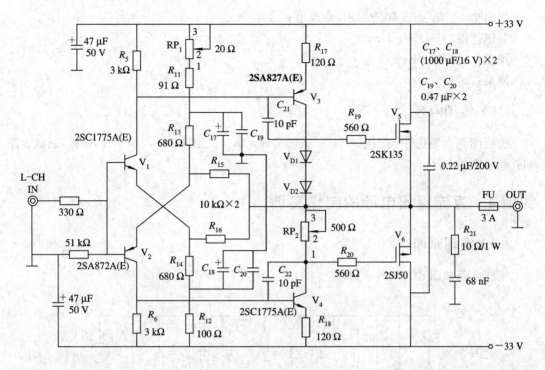

图 8.2.3　扩音机原理图

负反馈是从输出端（OUT），经 $R_{15}$、$R_{16}$ 分别（上下交叉）反馈到前级晶体管 $V_1$、$V_2$ 的发射极。在 $V_2$（PNP）晶体管的发射极与地之间接有 $R_{13}$ 和电容器 $C_{17}$、$C_{19}$，作用是对上部的反馈量加以限制。$V_2$ 的偏置是由 RP$_1$、$R_{11}$ 从 +33 V 电源取得。$V_1$（NPN）晶体管的反馈由 $R_{14}$ 和电容器 $C_{18}$、$C_{20}$ 取得，偏置由 −33 V 经 $R_{12}$ 供给。$R_{13}$、$R_{14}$ 起电流负反馈作用，目的是控制前级增益，使电路能稳定工作。RP$_1$、$R_{11}$ 和 $C_{17}$、$C_{19}$ 以及 $R_{12}$ 和 $C_{18}$、$C_{20}$ 构成脉冲滤波器，目的是降低脉动噪声。由图 8.2.3 给出的前级放大器的总放大倍数 $A_{U1}$ 可以用下式表示：

$$A_{U1} = \frac{R_{13} + R_{15}}{R_{13}} = \frac{R_{14} + R_{16}}{R_{14}}$$

该放大器的第一级 $V_1$、$V_2$ 和第二级 $V_3$、$V_4$ 选用相同型号的晶体管。此时，负反馈量不能做得太深，否则会降低放大器的稳定性。为了提高稳定性，本机第一级的放大倍数 $A_{U1}$（见上式）可通过 $R_{13} \sim R_{16}$ 的合理取值，使 $A_{U1} \leqslant 5$；第二级 $V_3$、$V_4$ 引入中和电容 $C_{21}$、$C_{22}$，使该级的放大倍数 $A_{U2} = 1$。所以图示的放大器变得十分稳定。

末级功放 $V_5$、$V_6$ 的栅极限流电阻 $R_{19}$、$R_{20}$ 取值较大（560 Ω），以便增强输出级的电容负载能力。$R_{19}$、$R_{20}$ 和 $V_5$、$V_6$ 的输入电容对功放的截止频率有直接影响，当 $V_5$ 选用 2SK135、$R_{19}$ 取 560 Ω（$V_6$ 取 2SJ50，$R_{20}$ 取 560 Ω）时，末级功放的截止频率 $f_{\mathrm{Tmax}} = 1.3$ MHz。由于前级加入的负反馈回路，所以整机放大器的截止频率略低于 1.3 MHz（约为 1.2 MHz），这对音域是足够了。

本机的调节十分简单，首先调整 RP$_1$，使中点电压为 0 V，然后再调节 RP$_2$，使末级功放的静态电流为 150 mA（可通过在电源支路串入电流表予以监测）。该放大器的主要性能指标如下：

输出功率：$P_o \geqslant 35$ W(RMS)/单声道；

频率范围：$0 \sim 350$ kHz；

增益：$A_u \geqslant 23$ dB；

阻尼：100。

## （二）实训内容

按照图 8.2.3 选件、焊接、调试。通过实训，学会识别元件、判断元件好坏、调试电路和查找故障的方法。

## 实训 4　直流稳压电源的制作实训

### （一）实训原理

实训电路如图 8.2.4 所示。

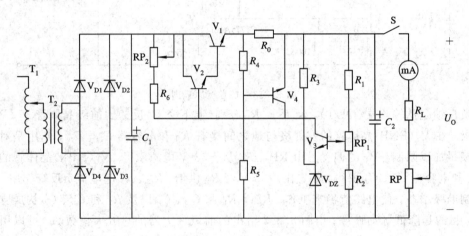

图 8.2.4　直流串联型稳压电源试验电路

元件参考数值：

$R_1 = 330$ Ω，$R_2 = 2$ kΩ，$R_3 = 360$ Ω，$R_4 = 51$ kΩ，$R_5 = 1$ kΩ，$R_6 = 1$ kΩ

$R_0 = 5.1$ Ω，$R_{P1} = R_{P2} = 1$ kΩ，$R_L = 30$ Ω/2 W，$R_P = 470$ Ω/2 W

$C_1 = C_2 = 200$ μF/25 V；$V_1$：3DD50B，$\beta > 30$（橙点）；$V_2$，$V_3$：3DG6

$\beta$：$60 \sim 80$；$V_4$：3BX31C；$V_{DZ}$：2CW52；$V_{D1} \sim V_{D4}$：2CP21

$T_1$：调压变压器（0.5 kV·A）；$T_2$：电源变压器 220 V/12 V（>5 V·A）

电路由电源变压器、整流滤波、采样电路、比较放大器、调整管、限流型保护和负载等环节组成。

### （二）实训内容

为培养学生结合理论的实训能力，提高测试技能，本实训要求在预习稳压电源的理论知识的基础上，能独立订出实训内容与实训步骤。在实验板上按照图 8.2.4 焊接电路，注意元器件布局要合理，连线要整齐，焊点要光滑。实训之后，能整理出一份实训电路的稳压电源性能说明书，内容要求包括：

（1）直流稳压电源原理线路图。

（2）电路结构方框图。

（3）说明直流稳压电源的简明工作原理。

（4）主要特性指标和质量指标。

① 特性指标：包括输入电压范围、输出电压和输出电流的额定值、输出电压调节范围、保护电路动作值等。

② 质量指标：包括电压稳定度、输出电阻、纹波电压、外特性曲线。

（5）电路改进方案及其改进性能的研究与测试。

调整测试中有关注意问题：

① 安全问题。仔细检查实训线路，确认无误后方可通电。通电前，应将调压变压器的输出置于零位，通电后再缓慢调节到所需电压值。实训结束后，将调压变压器仍调回零位并切断电源。另外，要求外部接线要安全可靠，测试时要注意安全。

② 系统正常工作性能检查。通电后应立即检查稳压电源各部分是否处于正常工作状态，可检查下列电路的电压情况：

a. 整流滤波后直流电压值是否正常。

b. 输出在空载下，调节 $RP_1$，观察输出电压是否有线性变化。能变化则说明工作基本正常，否则说明线路可能有故障，或 $V_1$、$V_2$、$V_3$ 管子工作点不正常，没有处于线性放大区，或 $V_4$ 未能处于正常截止状态。

③ 本实训电路的输出电压额定值 $U_O = 6$ V，输出电流额定值 $I_O = 100$ mA。要求 $I_O = 120$ mA 时，限流保护电路应起作用。若比 120 mA 大或小时才起作用，则可调节限流保护取样电阻 $R_O$ 的阻值。

④ 为提高测量精度，对输出电压可用直流数字电压表或数字式万用表测之。如无此设备，也可采用差值法进行测量，其测量线路如图 8.2.5 所示。在电路输出端接一标准电源 $U_{CC}$（用直流稳压电源代之），并与直流毫伏表（或万用表）相串，因此直流毫伏表读数是被测稳压电源电压 $U_O$ 与标准电源电压 $U_{CC}$ 的差值 $\Delta U_O$。故输出电压为 $U_O = U_{CC} \pm \Delta U_O$。在测试电压稳定度、电源内阻和外特性时，均可采用此法。

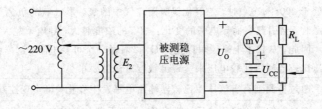

图 8.2.5　稳压电源测试线路

⑤ 对纹波电压的测试，可采用示波器交流耦合输入挡来观察纹波电压波形的峰—峰值。由于纹波电压不是正弦波，故不能用电子毫伏表测其有效值，然而可借此表测得的数值对各种情况下的纹波电压大小作相对比较。

⑥ 对各项性能指标测试，应根据指标定义订出实训方法。有关提高电压稳定度的研究，可分别在 $R_{P2}$ 调到最大和最小情况下进行或采取其它改进措施。

## 第2部分 职业技能训练

# 技能训练1 有害气体报警器电路

## (一) 设计要求(见表8.2.1)

表8.2.1 设计要求

| 序 号 | 要 求 |
|---|---|
| 1 | 能检测到一定浓度的有害气体(如天然气、甲烷、丁烷、丙烷、液化气、人工煤气、氢气、烟雾等) |
| 2 | 有害气体检测的灵敏度可调 |
| 3 | 检测到一定浓度的有害气体会发出报警声 |
| 4 | 报警时,发出"110声"报警声;报警声要很大,以方便提醒、排除安全隐患 |
| 5 | 采用集成运算放大器作核心控制器件 |
| 6 | 整个产品采用220 V交流变成5 V直流电源供电 |
| 7 | 带电源指示,且上电后延时一段时间后指示 |
| 8 | 价格低廉,性能稳定 |

## (二) 设计思路(见表8.2.2)

表8.2.2 设计思路

| 序 号 | 思 路 |
|---|---|
| 对要求1 | 经过功能和价格比较后,选用MQ-2气体(烟雾)传感器。该传感器能完全满足上述有害气体(烟雾)检测要求,价格在同类产品中最低,且灵敏度很高(100~10 000 ppm),重复性和长期稳定性好,抗干扰能力强,气体选择性好 |
| 对要求2 | MQ-2型烟雾传感器属于二氧化锡半导体气敏材料(表面离子式N型半导体),处于200~300℃时,二氧化锡吸附空气中的氧,形成氧的负离子吸附,当与烟雾接触时,会引起表面导电率的变化:烟雾的浓度越大,导电率越大,输出电阻越小。<br><br>因此,从根本上来说可以把MQ-2看做一个可变电阻,这样就可以很方便地用电压比较器通过比较电压来实现灵敏度可调的要求 |
| 对要求3 | 通过检测到有害气体使比较器输出电平发生变化,可实现控制报警电路发声 |
| 对要求4 | 经过功能和价格比较后,选用C002音乐芯片。C002音乐芯片上电就由2脚输出音频信号(一般有"110声"、"119声"、"120声"),其3脚悬空则发"110"音频信号。<br><br>由于整个产品采用220 V交流变成5 V直流电源供电,使用蜂鸣器发声(报警)很小,而采用扬声器需要功率放大电路,电路复杂,造价高。<br><br>综合考虑,采用电感升压与蜂鸣片结合的方式,这种电路简单,成本低,报警声很大 |
| 对要求5 | 集成运算放大器的种类很多,设计中会用到2个以上运放,选用LM324运放,能满足要求,且价格低廉 |

| 序　号 | 思　路 |
|---|---|
| 对要求 6 | 由于整个电路的功率较小，因此对工频电源变压器的功率要求低(4 W)，采用小功率电源变压器变压，再整流、滤波后，再用 7805 稳压块稳压得到 5 V 直流电。电路简单，价格低廉 |
| 对要求 7 | MQ‐2 型烟雾传感器的加热丝加热到 200～300℃需要一段时间，同时考虑加热丝预热和电源指示问题，可设计一个 $RC$(充电)延时电路，使得延时与加热丝预热时间统一，通过电压比较器控制实现延时电源指示功能 |
| 对要求 8 | 通过以上电路和元件选择可满足价格低廉、性能稳定的要求 |

整体思路框图如图 8.2.6 所示。

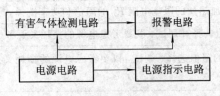

图 8.2.6　整体思路框图

## （三）电路设计

该有害气体报警器电路主要由电源指示电路、有害气体检测电路和报警电路组成，用在家庭、宾馆、公寓等存在可燃气体的场所，当检测到一定浓度的可燃气体(煤炭烟雾、沼气等)时就会报警，以排除安全隐患。电路设计如图 8.2.7 所示。

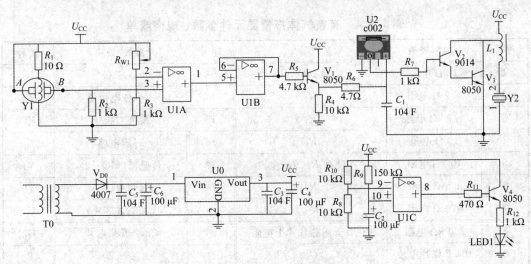

图 8.2.7　有害气体报警器实际电路

## （四）原理分析

当电路通电后，电源 $U_{CC}$ 通过 $R_9$ 给电解电容 $C_2$ 充电，当 $C_2$ 的正极(U1C 的 10 脚)电位高于 U1C 的 9 脚电位后，U1C 的 8 脚输出高电平，使三极管 V₄ 导通，电源指示灯 LED1 点亮，指示有害气体报警器电路可以正常工作了，MQ‐2 型烟雾传感器 Y1 的加热丝预热到要求温度，就可检测有害气体了。

当传感器 Y1 检测到有害气体后，U1A 的 3 脚电压升高，若 3 脚电压高于 2 脚电压，则 U1A 的 1 脚输出高电平，经过 U1B 跟随器，使 $V_1$ 导通，并使语音芯片 U2 得电，其 2 脚输出信号，该信号经 $V_2$、$V_3$ 组成的达林顿管放大及三脚电感 $L_1$ 提升电压，使蜂鸣片 Y2 发出报警声。电位器 $R_{W1}$ 可以调节电路检测的灵敏度。

## （五）调试和维修要点（见表 8.2.3）

表 8.2.3　调试和维修要点

| 序　号 | 调试和维修要点 |
|---|---|
| 1 | 烟雾传感器的加热丝的限流电阻 $R_1$ 的阻值和功率选择 |
| 2 | 电阻 $R_2$ 的阻值选择和调试，既要考虑电源的损耗又要考虑 MQ‐2 的电阻变化范围 |
| 3 | 电阻 $R_3$、$R_{W1}$ 的阻值选择、调试，既要考虑电源的损耗又要考虑灵敏度的调节范围及调节变化率 |
| 4 | 电阻 $R_5$ 的阻值选择和调试，要保证 $V_1$ 工作在饱和状态 |
| 5 | 电阻 $R_8$、$R_{10}$ 的阻值选择和调试，既要考虑电源的损耗又要考虑分压的大小 |
| 6 | 电阻 $R_9$、电容 $C_2$ 值的选择和调试，要考虑延时与烟雾传感器的加热丝的预热时间统一 |
| 7 | 电感 $L_1$ 值的选择和调试，要考虑升压大小，以免损坏蜂鸣片或变声 |

## （六）元件参数、规格清单（见表 8.2.4）

表 8.2.4　有害气体报警器元件参数、规格清单

| 序号 | 参数/规格 | 代号 | 序号 | 参数/规格 | 代号 |
|---|---|---|---|---|---|
| 1 | 1 kΩ 电阻 | $R_2$、$R_3$、$R_7$、$R_{12}$ | 13 | 9014 三极管 | $V_2$ |
| 2 | 4.7 Ω 电阻 | $R_6$ | 14 | 20 kΩ 电位器 | $R_{W1}$ |
| 3 | 4.7 kΩ 电阻 | $R_5$ | 15 | 发光二极管 | LED1 |
| 4 | 10 Ω 电阻 | $R_1$ | 16 | 三脚电感 | $L_1$ |
| 5 | 10 kΩ 电阻 | $R_4$、$R_8$、$R_{10}$ | 17 | 传感器（MQ‐2） | Y1 |
| 6 | 1 MΩ 电阻 | $R_9$ | 18 | 蜂鸣片（大） | Y2 |
| 7 | 470 Ω 电阻 | $R_{11}$ | 19 | LM324（芯片） | U1 |
| 8 | 220 kΩ 电阻 | C002 音乐芯片片上电阻 | 20 | C002 音乐芯片 | U2 |
| 9 | 104 F 瓷片电容 | $C_1$、$C_3$、$C_5$ | 21 | 变压器 | $T_0$ |
| 10 | 100 μF 电解电容 | $C_2$、$C_4$、$C_6$ | 22 | 1N4007 二极管 | $V_{D0}$ |
| 11 | 稳压块 7805 | U0 | 23 | 自制电路板或万能板 | |
| 12 | 8050 三极管 | $V_1$、$V_3$、$V_4$ | 24 | | |

## 技能训练 2　声光控开关电路

### （一）设计要求（见表 8.2.5）

**表 8.2.5　设 计 要 求**

| 序　号 | 要　　求 |
|---|---|
| 1 | 采用全分立元件，不得使用集成电路 |
| 2 | 能检测到光线的明暗，且光线检测可调；能检测到声音信号，且声音检测可调。当检测到声音足够大、光线足够暗时，继电器才动作 |
| 3 | 用多谐振荡电路实现（继电器动作）延时，且继电器动作时有指示 |
| 4 | 价格低廉，性能稳定 |

### （二）设计思路（见表 8.2.6）

**表 8.2.6　设 计 思 路**

| 序　号 | 思　　路 |
|---|---|
| 对要求 1 | 综合考虑要求、功能和价格，声音和光线用普通的放大电路，延时用带波形矫正的多谐振荡电路，继电器用三极管驱动 |
| 对要求 2 | 要求检测到声音足够大、光线足够暗，继电器才动作。要同时满足两个条件，从成本和电路复杂度角度考虑，用共发射极的单管放大电路最合适。由于光敏电阻无光时阻值很大，有光时阻值很小，所以可以考虑用光敏电阻变化来控制三极管导通或截止，用放大的声音信号（峰值）"控制"多谐振荡电路 |
| 对要求 3 | 多谐振荡电路种类很多，采用带波形矫正的多谐振荡电路效果更好，同时用多谐振荡电路输出信号控制 LED 的指示状态 |
| 对要求 4 | 通过以上电路和元件选择可满足价格低廉、性能稳定的要求 |

整体思路框图如图 8.2.8 所示。

图 8.2.8　整体思路框图

### （三）电路设计

该声光控开关电路主要由光控电路、声控电路、振荡（延时）电路、继电器电路和指示电路组成，用在工厂、宾馆、家庭等需要声光控的场所，当检测到声音足够大、光线足够暗时，继电器就会动作。电路设计如图 8.2.9 所示。

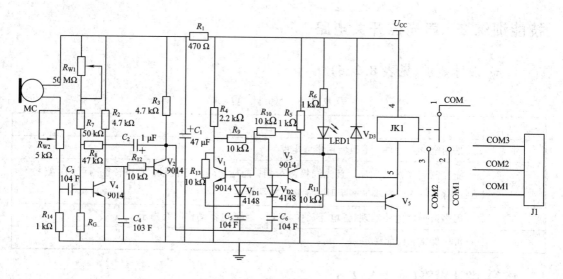

图 8.2.9 声光控开关实际电路

## (四) 原理分析

当电路通电后，话筒 MIC 拾取的声音信号后经过电位器 $R_{W2}$、$C_3$ 到三极管 $V_4$ 的基极，$R_{W2}$ 用于调节声音检测灵敏度，电容 $C_3$ 起耦合作用。

光敏电阻 $R_G$ 无光时阻值很大，有光时阻值很小，$R_G$、电位器 $R_{W1}$、$R_7$ 为三极管 $V_4$ 提供偏置。三极管 $V_1$、$V_3$ 及周边元件组成多谐振荡电路，产生延时波，$R_{W1}$ 用于调节光线检测灵敏度。

当有光时，$R_G$ 电阻很小→三极管 $V_4$ 截止→$V_4$ 的 C 极为高电平→三极管 $V_2$ 饱和导通→$V_2$ 的 C 极为低电平→多谐振荡输出高电平→三极管 $V_5$ 截止→继电器 JK1 不动作。

当无光有声时，$R_G$ 电阻很大→三极管 $V_4$ 处于放大状态→$V_4$ 的 C 极为低电平→三极管 $V_2$ 截止→$V_2$ 的 C 极为高电平→多谐振荡输出某宽度的低电平→三极管 $V_5$ 导通→继电器 JK1 动作。

这样，在"无光有声"的情况下，能实现继电器 JK1 动作(延时)。

电路中，电阻 $R_1$ 起降压作用，电容 $C_1$ 起电源滤波作用，$C_2$、$R_8$ 起反馈作用，$V_{D1}$、$V_{D2}$ 起波形矫正作用。

## (五) 调试和维修要点(见表 8.2.7)

### 表 8.2.7 调试和维修要点

| 序号 | 调试和维修要点 |
| --- | --- |
| 1 | 电阻 $R_{10}$ 的阻值选择和调试，电容 $C_5$ 的容值选择和调试，电阻 $R_9$ 的阻值选择和调试，以及电容 $C_6$ 的容值选择和调试，主要要考虑延时时间的长短 |
| 2 | 电位器 $R_{W1}$ 的阻值变化范围主要要考虑光线检测灵敏度的调节范围；电位器 $R_{W2}$ 的阻值变化范围主要要考虑声音检测灵敏度的调节范围 |
| 3 | 电阻 $R_1$、$R_7$、$R_{14}$ 的阻值选择和调试，要考虑光控电路、声控电路工作的可靠性 |

| 序号 | 调试和维修要点 |
|---|---|
| 4 | 电阻 $R_{12}$ 的阻值选择和调试，要考虑 $V_2$ 工作的可靠性 |
| 5 | 二极管 $V_{D3}$ 的选择，主要要考虑电流强度和耐压($V_5$ 由导通到截止时，JK1 产生的感生电动势及电源 $U_{CC}$ 一起作用到 $V_{D3}$ 上) |
| 6 | $V_5$ 的选择主要考虑电流强度，要根据驱动继电器 JK1 可靠动作(吸合)的电流大小决定 |

## (六) 元件参数、规格清单(见表8.2.8)

### 表8.2.8 声光控开关元件参数、规格清单

| 序号 | 参数/规格 | 代 号 | 序号 | 参数/规格 | 代 号 |
|---|---|---|---|---|---|
| 1 | 话筒 | MIC | 12 | 光敏电阻 | $R_G$ |
| 2 | 1 kΩ 电阻 | $R_5$、$R_6$、$R_{14}$ | 13 | 104 F 瓷片电容 | $C_3$、$C_5$、$C_6$ |
| 3 | 1 μF 电解电容 | $C_2$ | 14 | 470 Ω 电阻 | $R_1$ |
| 4 | 2.2 kΩ 电阻 | $R_4$ | 15 | 4148 二极管 | $V_{D1}$、$V_{D2}$ |
| 5 | 4.7 kΩ 电阻 | $R_2$、$R_3$ | 16 | 4007 二极管 | $V_{D3}$ |
| 6 | 10 kΩ 电阻 | $R_9$、$R_{10}$、$R_{11}$、$R_{12}$、$R_{13}$ | 17 | 8550 三极管 | $V_5$ |
| 7 | 47 kΩ 电阻 | $R_8$ | 18 | 9014 三极管 | $V_1$、$V_2$、$V_3$、$V_4$ |
| 8 | 47 μF 电解电容 | $C_1$ | 19 | 单排3针 | J1 |
| 9 | 50 kΩ 电阻 | $R_7$ | 20 | 继电器 | JK1 |
| 10 | 50 MΩ 电位器 | $R_{W1}$ | 21 | 5 kΩ 电位器 | $R_{W2}$ |
| 11 | 103 F 瓷片电容 | $C_4$ | 22 | 自制电路板或万能板 | |

# 技能训练3 迎宾机电路

## (一) 设计要求(见表8.2.9)

### 表8.2.9 设 计 要 求

| 序号 | 要 求 |
|---|---|
| 1 | 能检测到人的"出入(或靠近)"，检测的灵敏度高，性能稳定 |
| 2 | 检测到人的"出入(或靠近)"时会发出礼仪性的问候语声 |
| 3 | 采用集成运算放大器作核心控制器件 |
| 4 | 整个产品采用9 V 直流电源供电 |
| 5 | 价格低廉，性能稳定 |

## （二）设计思路（见表 8.2.10）

#### 表 8.2.10 设 计 思 路

| 序号 | 思 路 |
|---|---|
| 对要求 1 | 通常对"人体"检测可以用光敏电阻对光的阻值变化进行检测，用光敏电阻检测价格低，但可靠性很差，检测灵敏度低；也可以用热释电传感器，它是一种检测人体发射红外线而输出电信号的传感器，工作电压宽（2.2～15 V），工作电流小（8.5～24 μA），是低功耗器件。给热释电传感器带上菲涅尔透镜后，红外滤波性能会大大改善，能减小各种热源、光源的干扰，检测灵敏度高，性能更稳定。<br>综合考虑"要求 1"后，选用热释电传感器作为"人体"检测器件 |
| 对要求 2 | 检测到"人体"，对信号进行处理使输出电平变化，用电平"触发"语音芯片发声，再将语音信号进行简易功率放大，用小功率扬声器就可实现发出"礼仪性的问候语声"的要求 |
| 对要求 3 | 先将热释电传感器检测到的信号进行放大，再进行比较，可以方便实现灵敏度调节，基于此思路，设计中会用到 3 个以上运放，因此选用价格低廉的 LM324 四运放，能完全满足设计要求 |
| 对要求 5 | 通过以上电路和元件选择可满足价格低廉、性能稳定的要求 |

整体思路框图如图 8.2.10 所示。

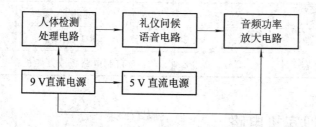

图 8.2.10　整体思路框图

## （三）电路设计

该迎宾机电路主要由电源电路、人体检测电路、礼仪问候语音电路和音频功率放大电路组成，主要用在商场、门店、旅馆、饭店等的门口，当检测到有宾客来时，便发出诸如"您好，欢迎光临"的礼仪迎接语，帮助"主人"迎接宾客。电路设计如图 8.2.11 所示。

## （四）原理分析

该电路采用热释电传感器检测（"感应"）人体，灵敏度较高、可靠性较好。具体工作原理是：当热释电传感器（Y1）检测到人体后，检测信号经过 U2A、U2B 及周边电路进行放大，再经过 U2C、U2D 及周边电路比较后输出电平信号。当语音芯片 U1 的 7 脚（触发端）感受到电压变化时，U1 工作，音频信号经过 $R_{13}$～$R_{16}$、$V_2$～$V_7$ 组成的功率放大电路放大

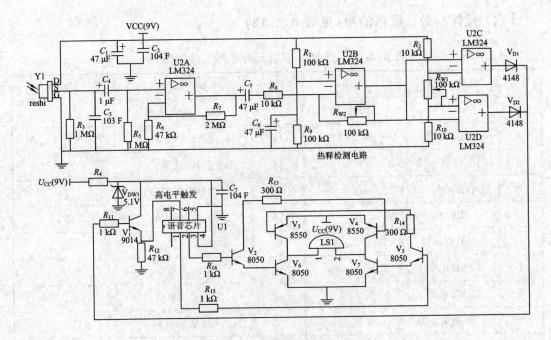

图 8.2.11 热释迎宾机实际电路

后,扬声器发出"您好,欢迎光临"的礼仪迎接声。

## (五) 调试和维修要点(见表8.2.11)

表 8.2.11 调试和维修要点

| 序号 | 调试和维修要点 |
|------|----------------|
| 1 | 降压限流电阻 $R_4$ 的阻值和功率选择 |
| 2 | 稳压管 $V_{DW1}$ 选择主要要考虑礼仪问候语音电路的功率 |
| 3 | 电阻 $R_{13} \sim R_{16}$ 的阻值选择和调试,主要要考虑尽可能提高扬声器的输出功率 |
| 4 | $V_2 \sim V_7$ 的选择和调试,要保证输出足够大的功率,如要求功率比较大,可考虑采用功率三极管 |
| 5 | 扬声器 LS1 功率的选择和调试,要兼顾考虑输出功率大小(以免损坏扬声器或变声)与扬声器的成本 |
| 6 | 电容 $C_4$、$C_5$ 的容值选择和调试,主要要考虑实际耦合效果 |
| 7 | 电容 $C_7$ 的容值选择和调试,主要要考虑对电源滤波性能的优劣 |
| 8 | 电位器 $R_{W2}$ 的阻值范围选择和调试,主要要考虑放大效果(灵敏性) |
| 9 | 二极管 $V_{D1}$、$V_{D2}$ 的选择和调试,主要要考虑压降小、价格低廉 |

## （六）元件参数、规格清单（见表8.2.12）

表8.2.12 热释迎宾机元件参数、规格清单

| 序号 | 参数/规格 | 代号 | 序号 | 参数/规格 | 代号 |
|---|---|---|---|---|---|
| 1 | 1 kΩ 电阻 | $R_{11}$、$R_{15}$、$R_{16}$ | 12 | 103 F 瓷片电容 | $C_3$ |
| 2 | 1 MΩ 电阻 | $R_3$、$R_5$ | 13 | 8050 三极管 | $V_2$、$V_5$、$V_6$、$V_7$ |
| 3 | 1 μF 电解电容 | $C_4$ | 14 | 语音芯片（欢迎光临） | U1 |
| 4 | 自选电阻 | $R_4$ | 15 | 热释电传感器 | Y1 |
| 5 | 2 MΩ 电阻 | $R_7$ | 16 | LM324 运放 | U2 |
| 6 | 5.1 V 稳压管 | $V_{DW1}$ | 17 | 9014 三极管 | $V_1$ |
| 7 | 10 kΩ 电阻 | $R_2$、$R_8$、$R_{10}$ | 18 | 8550 三极管 | $V_3$、$V_4$ |
| 8 | 47 kΩ 电阻 | $R_6$、$R_{12}$ | 19 | 4148 二极管 | $V_{D1}$、$V_{D2}$ |
| 9 | 47 μF 电解电容 | $C_1$、$C_5$、$C_6$ | 20 | 104 瓷片电容 | $C_2$、$C_7$ |
| 10 | 100 kΩ 电阻 | $R_1$、$R_9$ | 21 | 300 Ω 电阻 | $R_{13}$、$R_{14}$ |
| 11 | 100 kΩ 电位器 | $R_{W1}$、$R_{W2}$ | 22 | 自制电路板或万能板 | |

# 技能训练4 电子驱虫器电路

## （一）设计要求（见表8.2.13）

表8.2.13 设 计 要 求

| 序号 | 要　　求 |
|---|---|
| 1 | 能间歇（间歇时间自选）产生极低频（0.8～8 Hz）电磁波。电磁波频率能在一定范围变化，具备"扫频"功能；电磁波振荡器的幅度能在一定范围变化，具备"扫幅"功能 |
| 2 | 能间歇（间歇时间自选）产生 20～55 kHz 超声波。超声波频率能在一定范围变化，具备"扫频"功能；超声波的幅度能在一定范围变化，具备"扫幅"功能 |
| 3 | 能间歇（间歇时间要可调）发出比较大的吓阻声（用集成功率放大电路放大音频信号） |
| 4 | 整个产品采用 220 V 交流电源供电，不得使用变压器 |
| 5 | 兼顾电源和"间歇振荡"指示 |
| 6 | 价格低廉，性能稳定 |

## (二) 设计思路(见表 8.2.14)

**表 8.2.14　设 计 思 路**

| 序号 | 思　路 |
|------|--------|
| 对要求 1 | 用分立元件能产生低频(0.8～8 Hz)电磁波(振荡信号),并且能实现要求的"扫频"、"扫幅"功能,但电路复杂,成本高。所以综合考虑,采用价格低廉的集成电路如 555、556 比较合适 |
| 对要求 2 | 用分立元件能产生 20～55 kHz 的振荡信号,并且能实现要求的"扫频"、"扫幅"功能,但电路复杂,成本高。所以综合考虑,采用价格低廉的集成电路如 555、556 比较合适。<br><br>发射超声波可以用专用的超声波传感器,但价格高,用廉价的蜂鸣片的压电效应也可以发射出所要求的超声波,故选用蜂鸣片作超声发射器件 |
| 对要求 3 | 要间歇(间歇时间要可调)发出比较大的吓阻声,首先要产生"延时"波(信号),并且"延时"时间可调,再用该信号去触发语音芯片发声,再将语音信号进行简易功率放大,用小扬声器发出吓阻声。<br><br>用集成电路如 555、556 可以很低廉地产生可调"延时"波;用价格低廉的集成功率放大芯片 LM386 放大语音信号,可以实现发出比较大的吓阻声 |
| 对要求 4 | 由于采用 220 V 交流供电,不得使用变压器,整机功率较小,因此考虑用电容降压电源来供电,兼顾考虑"要求 1"、"要求 2"的"扫幅"功能,所以对电容降压电源输出的 $U_{CC}$ 不进行稳压,$U_{CC}$ 随电网电压变化而变化效果更好 |
| 对要求 5 | 用输出的振荡信号控制三极管的通断,就能兼顾实现电源指示和"间歇振荡"指示 |
| 对要求 6 | 通过以上电路和元件选择可满足价格低廉、性能稳定的要求 |

整体思路框图如图 8.2.12 所示。

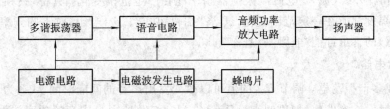

图 8.2.12　整体思路框图

## (三) 电路设计

该"电子驱虫器(带声音)"主要由电磁波发生电路与发声电路组成,安全环保,无任何异味,耗电量极低,主要用在家庭、办公室等场合,是传统化学驱虫产品的绝好替代品。该产品可以驱赶老鼠、蚊子、蟑螂、跳蚤、苍蝇、蟋蟀、蚂蚁、臭虫、白蚁等害虫,并能间隔一段时间发出一声猫叫,更加增强了驱鼠效果。电路设计如图 8.2.13 所示。

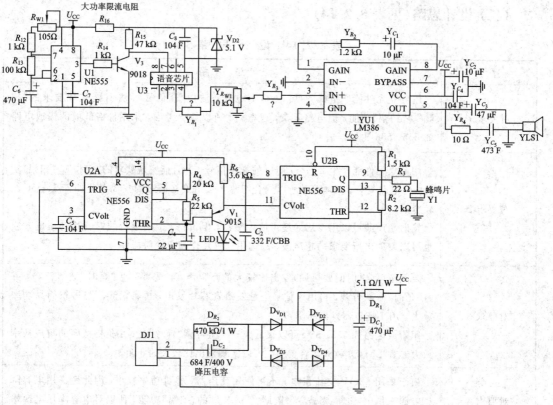

图 8.2.13　电子驱虫器实际电路

## （四）原理分析

### 1. 电磁波发生电路

U2(NE556，内含 2 个 555)与外围电路组成"间歇式电磁波"振荡器，产生极低频电磁波、超声波和红外线(波)。电磁波振荡器频率能在一定范围变化，具备"扫频"功能；电磁波振荡器的幅度都能在一定范围变化，具备"扫幅"功能。这样产品对不同频率(敏感)和电磁强度(敏感)的害虫都能"兼顾"驱赶。

### 2. 发声电路

U1 构成多谐振荡器，调节 $R_{W1}$ 的值可以改变发出声音的间隔时间。U3 为语音芯片，7 脚电压变化触发一次发声(如猫叫声)，YC1(LM386)及外围组成音频功率放大电路，音频(如猫叫声)经功率放大后，由扬声器 YLS1 发出较大声的吓阻声，以更加增强对抗电磁刺激能力强的害虫(如老鼠)的驱赶效果。

## （五）调试和维修要点（见表 8.2.15）

表 8.2.15　调试和维修要点

| 序号 | 调试和维修要点 |
| --- | --- |
| 1 | 限流电阻 $R_{16}$ 的阻值和功率选择，主要要考虑语音芯片的工作电流和电压 |

| 序号 | 调试和维修要点 |
|---|---|
| 2 | 电阻 $R_{12}$、$R_{13}$ 的阻值选择和调试，主要要考虑间歇时间的大小；电位器 $R_{W1}$ 的阻值变化范围主要要考虑间歇时间的调节范围 |
| 3 | 电容 $C_6$ 的容值选择和调试，主要要考虑间歇时间的大小 |
| 4 | 电阻 $R_{14}$ 的阻值选择和调试，要保证三极管 $V_3$ 工作在饱和状态或截止状态 |
| 5 | 电阻 $Y_{R_1}$、$Y_{R_3}$ 的阻值选择和调试，主要要考虑输入到 LM386 信号的大小；电位器 $Y_{W1}$ 的阻值变化范围主要要考虑输入到 LM386 的 3 脚信号大小的调节范围 |
| 6 | 电阻 $R_4$、$R_5$ 的阻值选择及电容 $C_6$ 的容值选择和调试，主要要考虑产生低频电磁波（振荡信号）间歇时间的大小及频率高低 |
| 7 | 电阻 $R_1$、$R_2$ 的阻值选择及电容 $C_2$ 的容值选择和调试，主要要考虑产生超声波间歇时间的大小及频率高低。为增加稳定性，$C_2$ 采用 CBB 电容效果更好 |
| 8 | 电阻 $R_4$、$R_5$ 和 $R_6$ 的阻值选择要保证三极管 $V_1$ 工作在饱和状态或截止状态 |

## （六）元件参数、规格清单（见表 8.2.16）

### 表 8.2.16　电子驱虫器元件参数、规格清单

| 序号 | 参数/规格 | 代号 | 序号 | 参数/规格 | 代号 |
|---|---|---|---|---|---|
| 1 | 1.2 kΩ 电阻 | $Y_{R_2}$ | 19 | 22 $\mu$F 电解电容 | $C_4$ |
| 2 | 自选电阻 | $R_1$ | 20 | 47 kΩ 电阻 | $R_{15}$ |
| 3 | 自选电阻 | $R_{14}$ | 21 | 47 $\mu$F 电解电容 | $Y_{C_3}$ |
| 4 | 自选电阻 | $R_6$ | 22 | 自选电阻 | $R_{13}$ |
| 5 | 5.1 V 稳压管 | $V_{D2}$ | | 104 F 瓷片电容 | $C_5$、$C_7$、$C_8$、$Y_{C_4}$ |
| 6 | 自选电阻 | $R_2$ | 23 | 1 M 电位器 | $R_{W1}$ |
| 7 | 10 Ω 电阻 | $Y_{R_4}$ | 24 | 自选（CBB 电容） | $C_2$ |
| 8 | 10 kΩ 电位器 | $Y_{R_{W1}}$ | 25 | 自选电容 | $C_6$ |
| 9 | 10 $\mu$F 电解电容 | $Y_{C_1}$、$Y_{C_2}$ | 26 | 473F 瓷片电容 | $Y_{C_5}$ |
| 10 | 自选电阻 | $R_4$ | 27 | NE555 芯片 | U1 |
| | 22 Ω 电阻 | $R_3$ | 28 | NE556 芯片 | U2 |
| 11 | 自选电阻 | $R_5$ | 29 | LM386 芯片 | $Y_{U1}$ |
| 12 | 9015 三极管 | $V_1$ | 30 | 自选电阻 | $Y_{R_1}$ |
| 13 | 9018 三极管 | $V_3$ | 31 | 自选电阻 | $Y_{R_3}$ |
| 14 | 0.5 W 8 Ω 扬声器 | YLS1 | 32 | 语音芯片（吓阻声都可） | U3 |
| 15 | 自选（功率电阻） | $R_{16}$ | 33 | 5.1 Ω/1 W 电阻 | $D_{R_1}$ |
| 16 | 4007 二极管 | $D_{V_{D1}}$、$D_{V_{D2}}$、$D_{V_{D3}}$、$D_{V_{D4}}$ | 34 | 470 kΩ/1 W 电阻 | $D_{R_2}$ |
| 17 | 470 $\mu$F | $D_{C_1}$ | 35 | 自选电阻 | $R_{12}$ |
| 18 | CBB 电容 684 F/400 V | $D_{C_2}$ | | 自制电路板或万能板 | |

# 技能训练5 小型太阳能发电系统电路

## (一) 设计要求(见表8.2.17)

表8.2.17 设 计 要 求

| 序 号 | 要 求 |
|---|---|
| 1 | 蓄电池(存储电能)电压≤12 V |
| 2 | 太阳能板电压≤15 V |
| 3 | 额定充电电流≤12 A,12 输出端口额定放电电流≤5 A,且带充放电保护 |
| 4 | 采用集成运算放大器作核心控制器件 |
| 5 | 要有充、放电(带负载)指示,"负载"指示灯不亮说明蓄电池电压过低,不能对外供电,以免损坏蓄电池 |
| 6 | 带4路输出口,额定工作电压(P1、P2、P3、P4 输出电压)为 12 V |
| 7 | 具有蓄电池实时电压指示功能 |
| 8 | 带 USB 输出端口,额定电流≤500 mA |
| 9 | 价格低廉,性能稳定 |

## (二) 设计思路(见表8.2.18)

表8.2.18 设 计 思 路

| 序 号 | 思 路 |
|---|---|
| 对要求 1 | 蓄电池(J2)容量主要考虑使用地的太阳的日照时间,电压选择通用的 12 V 蓄电池,价格相对要低些 |
| 对要求 2 | 太阳能板的电压种类很多,由于选择 12 V 的蓄电池,所以选择 12 V(实际输出电压可达到 14 V)的太阳能板既能匹配蓄电池,价格也相对低廉 |
| 对要求 3 | 由于要求额定充电电流最大达 12 A,是大电流充电,并且要留有一定余量,充电控制管选用普通的大电流三极管不太合适(价格高),而选择大电流的场效应管最合适(价格低,电流容量大,耐压性能好)。<br>由于要求额定放电电流最大达 5 A,是大电流放电,并且要留有一定余量,所以放电调节管(实现稳压输出)选用普通的大电流三极管不太合适(价格高),所以选择大电流的场效应管最合适。<br>充放电保护最佳选择自恢复保险($F_1$),普通保险烧断后替换不方便 |
| 对要求 4 | 集成运算放大器的种类很多,设计中充电及控制电路用到 1 个运放,放电及控制电路用到 1 个运放,同时考虑控制要求较准确,选用 LM358 双运放,能满足要求,且价格低廉 |

| 序　号 | 思　路 |
|---|---|
| 对要求 5 | 　　在充电控制回路上加一个受控的发光二极管可很简单实现充电指示；在放电控制回路上加一个受控的发光二极管可很简单实现放电指示。打开"电源"开关，如果充电指示灯 LED1 变亮，说明太阳能电池板正对电池进行充电；若"负载"指示灯 LED2 亮，则可对外供电 |
| 对要求 6 | 　　通过放电控制电路控制调节管很容易实现带 4 路输出口，额定工作电压($P_1$、$P_2$、$P_3$、$P_4$ 输出电压)为 12 V |
| 对要求 7 | 　　在蓄电池两端并联一个电压表就能实时指示蓄电池电压，因是 12 V 的蓄电池，选用量程 15 V 的机械小电压表比较合适。机械小电压表比数字电压表价格低，且比数字电压表节能 |
| 对要求 8 | 　　带 USB 输出电压为 5 V，将 12 V 的直流电变成 5 V 的直流电，可以先降压，再进行 5 V 稳压来实现；也可通过 DC - DC 变换来实现。考虑额定电流最大达 500 mA，并要留有余量，采用廉价的 DC - DC 芯片 MC34063 性能会更好 |
| 对要求 9 | 　　通过以上电路和元件选择可满足价格低廉、性能稳定的要求 |

整体思路框图如图 8.2.14 所示。

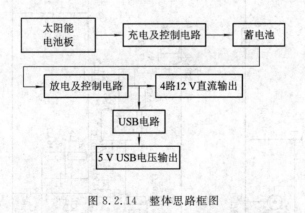

图 8.2.14　整体思路框图

## (三) 电路设计

小型太阳能发电系统主要由太阳能电池板、蓄电池和控制器组成，主要用于照明及给手机充电，适用家庭、旅游、夜市、野外作业与值守等。电路设计如图 8.2.15 所示。

## (四) 原理分析

### 1. 充电及控制电路分析

U2 的 3 脚检测蓄电池电压→与 U2 的 2 脚比较→输出控制电压→控制太阳能电池板通过 $V_1$ 回路对蓄电池的充电电流的大小及 LED1 的显示状态。

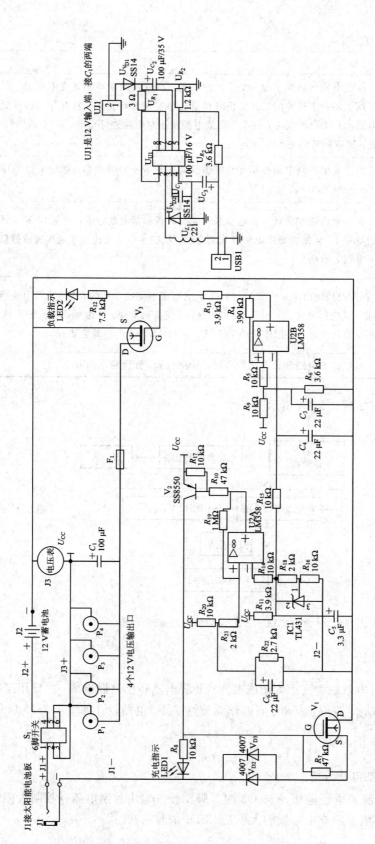

图8.2.15 小型太阳能发电系统实际电路

U2A 与外围元件组成迟滞电压比较器电路，LM358 的 3 脚（同相端）的电压随 LM358 的 1 脚输出的电压而变化。

在充电及控制电路中，三极管 $V_2$ 主要起控制充电电流的作用。电路中并联两个 4007（$V_{D2}$、$V_{D3}$）是为了达到扩流的目的。

**2. 放电（带负载）及控制电路分析**

U2 的 5 脚检测蓄电池电压→与 U2 的 6 脚比较→输出控制电压→控制 $V_3$ 的分压大小，稳定输出电压及控制 LED2 的显示状态。在放电及控制电路中，场效应管 $V_3$ 主要起调节电压的作用。蓄电池低于约 10.6 V，二极管 LED2 会熄灭，提示电池电量不够。

**3. USB 电路分析**

UJ1 输入的 12 V 直流电压，经过 UU1 及外围组成的 DC - DC 变换电路变成满足电流要求的符合 USB 输出的 5 V 电压。

在 DC - DC 变换电路中：$U_{R_1}$ 取 3 Ω 时，USB 口输出电压最接近 5 V；若 $U_{R_2}$ 阻值增大，则 USB 口的输出电压值会减小；若 $U_{C_1}$ 容值越大，则 USB 口的输出电压值会增大；电感 $U_{L_1}$ 起贮能作用。

## （五）调试和维修要点（见表 8.2.19）

表 8.2.19　调试和维修要点

| 序　号 | 调试和维修要点 |
|---|---|
| 1 | 蓄电池（J2）容量主要考虑使用地的太阳的日照时间 |
| 2 | $V_{D2}$、$V_{D3}$ 的选择和调试，主要要考虑充电时的电流大小，要留出较大余量 |
| 3 | 电压表 J3 选择主要考虑电压范围和价格因素 |
| 4 | 场效应管 $V_1$ 的参数选择，主要要考虑充电时的电流大小，要留出较大余量 |
| 5 | 场效应管 $V_3$ 的参数选择，主要要考虑放电时的电流大小，要留出较大余量 |
| 6 | 电阻 $R_1$ 的阻值与功率选择，既要考虑 USB 口输出电压的大小，又要考虑长时间工作不发热的问题 |
| 7 | 电阻 $U_{R_2}$ 的阻值选择和调试，主要要考虑 USB 口输出电压的大小 |
| 8 | 电容 $U_{C_1}$ 的容值选择和调试，主要要考虑 USB 口输出电压的大小 |
| 9 | 电感 $U_{L_1}$ 值的功率选择，要考虑长时间工作不发热的问题 |
| 10 | 太阳能电池板要放在阳光好、能长时间阳光照射的地方 |
| 11 | 首次使用先连续充电 2～3 天，再带负载 |
| 12 | 打开电源开关：若"负载"指示灯亮，才可对外供电；若"负载"指示灯不亮（蓄电池电压过低），应连续充电 10 小时以上再使用。蓄电池处于低电压状态会缩短电池寿命，要避免出现此情况 |
| 13 | 最好每 2 月对蓄电池进行"饱和"充电（电压 13 V 左右）一次 |

## (六) 元件参数、规格清单(见表 8.2.20)

### 表 8.2.20  小型太阳能发电系统元件参数、规格清单

| 序号 | 参数/规格 | 代 号 | 序号 | 参数/规格 | 代 号 |
|---|---|---|---|---|---|
| 1 | 10 kΩ 电阻 | $R_{17}$、$R_8$、$R_{20}$、$R_{18}$、$R_{14}$、$R_{15}$、$R_5$、$R_9$ | 18 | 发光二极管 | LED1、LED2 |
| 2 | 47 kΩ 电阻 | $R_{10}$、$R_7$ | 19 | 过流保护 | $F_1$ |
| 3 | 7.5 kΩ 电阻 | $R_{12}$ | 20 | DC 输出电源座 | $P_1$、$P_2$、$P_3$、$P_4$ |
| 4 | 1 MΩ 电阻 | $R_{19}$ | 21 | 船形开关 | $S_1$ |
| 5 | 3.9 kΩ 电阻 | $R_{13}$、$R_{11}$ | 22 | USB 头 | USB1 |
| 6 | 2 kΩ 电阻 | $R_{21}$、$R_{18}$ | 23 | 电压表 | J3 |
| 7 | 2.7 kΩ 电阻 | $R_{22}$ | 24 | 1.2 kΩ 电阻 | $U_{R_2}$ |
| 8 | 390 kΩ 电阻 | $R_4$ | 25 | 3.6 kΩ 电阻 | $U_{R_3}$ |
| 9 | 3.6 kΩ 电阻 | $R_6$ | 26 | 3 Ω 电阻 | $U_{R_1}$ |
| 10 | 8550 三极管 | $V_2$ | 27 | 100 μF/16 V 电解电容 | $U_{C_3}$ |
| 11 | 电压基准(TL431) | IC1 | 28 | 100 μF/35 V 电解电容 | $U_{C_2}$ |
| 12 | SS14 肖特基二极管 | $V_{D2}$、$V_{D3}$ | 29 | 221 电感 | $U_{L_1}$ |
| 13 | 7030BL 场效应管 | $V_1$、$V_3$ | 30 | SS14 肖特基二极管 | $U_{V_{D1}}$、$U_{V_{D2}}$ |
| 14 | LM358 双运放 | U2 | 31 | 471 F 瓷片电容 | $U_{C_1}$ |
| 15 | 22 μF 电解电容 | $C_3$、$C_4$、$C_6$ | 32 | MC34063 DC-DC 芯片 | $U_{U_1}$ |
| 16 | 3.3 μF 电解电容 | $C_5$ | 33 | 自制电路板或万能板 | |
| 17 | 100 μF 电解电容 | $C_1$ | 34 | | |

注：元件表中 U 开头的是 USB 电路的元件。

# 附　录

## 附录 A　半导体器件型号命名方法（国家标准 GB249—1974）

本标准适用于无线电电子设备所用半导体器件的型号命名。

### 1. 半导体器件型号的组成①

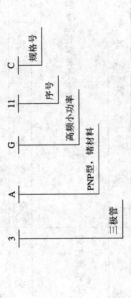

示例：锗 PNP 型高频小功率三极管。

---

① 场效应器件、半导体特殊器件、复合管、PIN 型管、激光器件的型号命名只有第三、四、五部分。

**2. 型号组成部分的符号及其意义**

| 第一部分 | | 第二部分 | | | 第三部分 | | | | 第四部分 | 第五部分 |
|---|---|---|---|---|---|---|---|---|---|---|
| 用阿拉伯数字表示器件的电极数目 | | 用汉语拼音字母表示器件的材料和极性 | | | 用汉语拼音字母表示器件的类型 | | | | 用阿拉伯数字表示序号 | 用汉语拼音字母表示规格号 |
| 符号 | 意义 | 符号 | 意义 | | 符号 | 意义 | 符号 | 意义 | | |
| 2 | 二极管 | A | N型，锗材料 | | P | 普通管 | D | 低频大功率管 ($f_a<3$ MHz, $P_c\geqslant1$ W) | | |
| | | B | P型，锗材料 | | V | 微波管 | A | 高频大功率管 ($f_a\geqslant3$ MHz, $P_c\geqslant1$ W) | | |
| | | C | N型，硅材料 | | W | 稳压管 | T | 半导体闸流管 （可控整流器） | | |
| 3 | 三极管 | D | P型，硅材料 | | C | 参量管 | Y | 体效应器件 | | |
| | | A | PNP型，锗材料 | | Z | 整流器 | B | 雪崩管 | | |
| | | B | NPN型，锗材料 | | L | 整流堆 | J | 阶跃恢复管 | | |
| | | C | PNP型，硅材料 | | S | 隧道管 | CS | 场效应器件 | | |
| | | D | NPN型，硅材料 | | N | 阻尼管 | BT | 半导体特殊器件 | | |
| | | E | 化合物材料 | | U | 光电器件 | FH | 复合管 | | |
| | | | | | K | 开关管 | PIN | PIN型管 | | |
| | | | | | X | 低频小功率管 ($f_a<3$ MHz, $P_c<1$ W) | JG | 激光器件 | | |
| | | | | | G | 高频小功率管 ($f_a\geqslant3$ MHz, $P_c<1$ W) | | | | |

# 附录 B　常用半导体器件的参数

## 1. 国产某些半导体二极管参数

1) 2AP 型检波二极管选录

(1) 主要用途：2AP1～10 系点接触型锗管，在电子设备中作检波和小电流整流用。

(2) 电参数，如下表所示：

| 参数名称 型号 | 最大整流电流（平均值）/mA | 最高反向工作电压（峰值）/V | 反向击穿电压/V 反向电流为 400 μA | 正向电流/mA 正向电压为 1 V | 反向电流（25℃）/μA 反向电压分别为 10、25、F、25、50、75、100、100 V | 截止频率/MHz | 结电容/pF |
|---|---|---|---|---|---|---|---|
| 2AP1 | 16 | 20 | ≥40 | ≥2.5 | ≤250 | 150 | ≤1 |
| 2AP2 | 16 | 30 | ≥45 | ≥1.0 | ≤250 | 150 | ≤1 |
| 2AP3 | 25 | 30 | ≥45 | ≥7.5 | ≤250 | 150 | ≤1 |
| 2AP4 | 16 | 50 | ≥75 | ≥5.0 | ≤250 | 150 | ≤1 |
| 2AP5 | 16 | 75 | ≥110 | ≥2.5 | ≤250 | 150 | ≤1 |
| 2AP6 | 12 | 100 | ≥150 | ≥1.0 | ≤250 | 150 | ≤1 |
| 2AP7 | 12 | 100 | ≥150 | ≥5.0 | ≤250 | 150 | ≤1 |
| 2AP8A | ≥5 | 15 | ≥20 | ≥4.0 | ≤200 | 150 | ≤1 |
| 2AP8B | ≥8 | | | ≥6.0 | | | |
| 2AP9 | | 10 | ≥65 | 8.0 | ≤200 | 100 | ≤1 |
| 2AP10 | 5 | 20 | | | | | |
| 2AP10B | | 20 | | | | | |

2）硅半导体整流二极管选录①

| 部标型号 | 旧型号 | 额定正向整流电流 $I_F$/A | 正向压降（平均值）$U_F$/V | 反向电流 $I_R$/μA 125℃ | 140℃ | 150℃ | 不重复正向浪涌电流 $I_{SUR}$/A | 工作频率 $f$/kHz | 最高结温 $T_{JM}$/℃ | 散热器规格或面积 |
|---|---|---|---|---|---|---|---|---|---|---|
| 2CZ50 | | 0.03 | ≤1.2 | 80 | | | 0.6 | | | |
| 2CZ51 | | 0.05 | | | | | 1 | | | |
| 2CZ52A~H | 2CP10~20 | 0.10 | ≤1.0 | 100 | | 5 | 2 | | | |
| 2CZ53C~K | 2CP21~28 | 0.30 | | | | | 6 | | 150 | |
| 2CZ54B~G | 2CP33A~I | 0.50 | | | | 10 | 10 | | | |
| 2CZ55C~M | 2CZ11A~J | 1 | | | | | 20 | | | 60×60×1.5 mm³ 铝板 |
| 2CZ56C~K | 2CZ12A~H | 3 | ≤0.8 | | 1000 | 20 | 65 | | | 80×80×1.5 mm³ 铝板 |
| 2CZ57C~M | 2CZ13B~K | 5 | | | | | 105 | 3 | | 100 cm² |
| 2CZ58 | 2CZ10 | 10 | | | 1500 | 30 | 210 | | 140 | 200 cm² |
| 2CZ59 | 2CZ20 | 20 | | | 2000 | 40 | 420 | | | 400 cm² |
| 2CZ60 | 2CZ50 | 50 | | | 4000 | 50 | 900 | | | 600 cm² |

① 部标半导体整流二极管最高反向工作电压 $U_{RM}$ 规定：

| 分挡标志 | A | B | C | D | E | F | G | H | I | J | K | L | M | N | O | P | Q | R | S | T | U | V |
|---|---|---|---|---|---|---|---|---|---|---|---|---|---|---|---|---|---|---|---|---|---|---|
| $U_{RM}$/V | 25 | 50 | 100 | 200 | 300 | 400 | 500 | 600 | 700 | 800 | 900 | 1000 | 1200 | 1400 | 1600 | 1800 | 2000 | 2200 | 2400 | 2600 | 2800 | 3000 |

3）硅高压整流堆（硅堆）主要参数②

| 参数<br>型号 | 反向工作峰值电压 $U_R$/kV | 额定整流电流 $I_F$/mA | 反向漏电流 $I_R$/μA | 正向压降 $U_F$/V | 反向恢复时间 $t_{rr}$/μs | 外形尺寸 $L$/mm | 外形尺寸 $\phi$/mm |
|---|---|---|---|---|---|---|---|
| 2CLG5H | 15 | 5 | ≤5 | ≤30 | ≤1 | 40 | 6 |
| 2CLG5I | 20 | | | | | | |
| 2CLG5J | 25 | | | ≤40 | | 80 | 6 |
| 2CLG5K | 30 | | | | | | |

② 硅堆系多个 PN 结串联的整体结构，主要用于高压整流。

## 2. 国产某些硅稳压管的主要参数

| 部标型号 | 旧型号 | 最大耗散功率 $P_{ZM}$/mW | 最大工作电流 $I_{ZM}$/mA | 最高结温 $T_M$/℃ | 稳定电压 $U_Z$/V | 电压温度系数 $C_{TU}$/($10^{-4}$/℃) | 动态电阻 $r_{Z1}$/Ω | $I_{Z1}$/mA | $r_{Z2}$/Ω | $I_{Z2}$/mA |
|---|---|---|---|---|---|---|---|---|---|---|
| 2CW50 | 2CW9 | 250 | 83 | 150 | 1.0~2.8 | ≥-9 | 300 | 1 | 50 | 10 |
| 51 | 2CW7，2CW10 | | 71 | | 2.5~3.5 | ≥-8 | 400 | | 60 | |
| 52 | WCW7A，2CW11 | | 55 | | 3.2~4.5 | -6~4 | 550 | | 70 | |
| 53 | 2CW7B，2CW12 | | 41 | | 4.0~5.8 | | | | 50 | |
| 54 | 2CW7C，2CW13 | | 38 | | 5.5~6.5 | -3~5 | 500 | | 30 | |
| 55 | 2CW7D，2CW14 | | 33 | | 6.2~7.5 | ≤6 | 400 | | 15 | |
| 56 | 2CW7E，2CW15 | | 27 | 150 | 7.0~8.8 | ≤7 | | | 15 | 5 |
| 57 | 2CW6A；2CW6B，WCW7F | | 26 | | 8.5~9.5 | | | | 20 | |
| 58 | 2CW16；2CW7G，2CW17；2CW6C | 250 | 23 | 150 | 9.2~10.5 | ≤8 | 400 | 1 | 25 | |
| 59 | 2CW6B | | 20 | | 10.0~11.8 | ≤9 | | | 30 | |
| 60 | 2CW6E，2CW19 | | 19 | | 11.5~12.5 | | | | 40 | |
| 2CW72 | 2CW1 | 250 | 29 | 150 | 7.0~8.8 | ≤7 | 12 | 1 | 6 | 5 |
| 73 | 2CW2 | | 25 | | 8.5~9.5 | ≤8 | 18 | | 10 | |
| 74 | 2CW3 | | 23 | | 9.2~10.5 | | 25 | | 12 | |
| 75 | 2CW4 | | 21 | | 10~11.8 | ≤9 | 30 | 1 | 15 | |
| 76 | 2CW5 | | 20 | | 11.5~12.5 | | 35 | | 18 | |
| 77 | 2CW5 | | 18 | | 12.2~14 | ≤9.5 | | | 18 | |
| 78 | 2CW6 | | 14 | | 13.5~17 | | 45 | | 21 | |

| 部标型号 | 旧型号 | 最大耗散功率 $P_{ZM}$/mW | 最大工作电流 $I_{ZM}$/mA | 最高结温 $T_{jM}$/℃ | 稳定电压 $U_Z$/V | 电压温度系数 $C_{TU}$/$(10^{-4}/℃)$ | 动态电阻 $r_{z1}$/Ω | $I_{z1}$/mA | $r_{z2}$/Ω | $I_{z2}$/mA |
|---|---|---|---|---|---|---|---|---|---|---|
| 2DW230 | 2DW7A | 200 | 30 | 150 | | | | | | |
| 231 | 2DW7B | | | | 5.8~6.6 | \|5\| | | | ≤25 | |
| 232 | 2DW7C(红) | | | | | | | | ≤15 | |
| 233 | 2DW7C(黄) | | | | | | | | ≤10 | 10 |
| 234 | 2DW7C(无色) | | | | 6.0~6.5 | \|5\| | | | | |
| 235 | 2DW7C(绿) | | | | | | | | | |
| 236 | 2DW7C(灰) | | | | | | | | | |

## 3. 国产某些半导体三极管的主要参数

### 1) 锗合金型低频小功率三极管管选录

| 部标型号 | 旧型号 | $P_{CM}$/mW | $I_{CM}$/mA | $T_{jM}$/℃ | $U_{(BR)CBO}$/V | $U_{(BR)CEO}$/V | $I_{CBO}$/μA | $U_{CES}$/V | $h_{FE}$ | $f_{hfe}(f_\beta)$/kHz | $F_n(N_F)$/dB | 色标分档 $h_{FE}$ | 电极排列图 |
|---|---|---|---|---|---|---|---|---|---|---|---|---|---|
| 3AX31M | | 125 | 125 | 75 | | | | | 80~400 | | | 30~40(橙) | |
| A | 3AX31A | | | | ≥15 | ≥6 | ≤25 | | | | ≤15 | 40~50(黄) | |
| B | 3AX31B | | | | ≥20 | ≥12 | ≤20 | | 40~180 | | | 55~80(绿) | 1 |
| C | 3AX31C | | | | ≥30 | ≥18 | ≤12 | ≤0.65 | $h_{ie}$ | ≥8 | ≤8 | 80~120(蓝) | |
| D | 3AX31D | | | | ≥40 | ≥24 | ≤6 | | 40~180 | | | 120~180(紫) | |
| E | 3AX31E | | | | ≥20 | ≥12 | ≤12 | | | | ≤4 | 180~270(灰) | |
| F | | | | | | | | | | | | 270~400(白) | |
| 3BX31M | | 125 | 125 | 75 | | | | | 80~400 | | | 30~40(橙) | |
| A | 3BX3A | | | | ≥15 | ≥6 | ≤25 | | | | | 40~50(黄) | |
| B | 3BX3B | | | | ≥20 | ≥12 | ≤20 | | | ≥8 | | 55~80(绿) | 1 |
| C | | | | | ≥30 | ≥18 | ≤12 | ≤0.65 | 40~180 | | | 80~120(蓝) | |
| | | | | | ≥40 | ≥24 | ≤6 | | | | | 120~180(紫) | |
| | | | | | | | | | | | | 180~270(灰) | |
| | | | | | | | | | | | | 270~400(白) | |

| 部标型号 | 旧 型 号 | $P_{CM}$ /mW | $I_{CM}$ /mA | $T_{JM}$ /℃ | $U_{(BR)CBO}$ /V | $U_{(BR)CEO}$ /V | $I_{CBO}$ /μA | $U_{CES}$ /V | $h_{FE}$ | $f_{hfe}(f_\beta)$ $f_{hfb}(f_a)$ /kHz | $F_n(N_F)$ /dB | $h_{FE}$ 色标分挡 | 电极排列图 |
|---|---|---|---|---|---|---|---|---|---|---|---|---|---|
| 3AX52A | | 150 | 150 | 75 | ≥30 | ≥12 | ≤12 | | 40~150 | $f_{hfb}(f_a)$ ≥500 | ≤8 | 25~60（红） | 1 |
| B | 3AX1~5 | | | | | ≥18 | | | 30~100 | | | 50~100（绿） | |
| C | | | | | | ≥24 | | | 25~70 | | | 90~150（蓝） | |
| D | | | | | | | | | | | | | |
| 3AX81A | 3AX81A,C | 200 | 200 | 75 | ≥20 | ≥10 | ≤30 | ≤0.65 | 40~270 | ≥6 | | | 1 或 2 |
| B | 3AX81B | | | | ≥30 | ≥15 | ≤15 | | | ≥8 | | | |
| 3BX81A | | 200 | 200 | 75 | ≥20 | ≥10 | ≤30 | ≤0.65 | 40~270 | ≥6 | | | 1 或 2 |
| B | | | | | ≥30 | ≥15 | ≤15 | | | ≥8 | | | |

## 2) 锗合金扩散型高频小功率三极管选录

| 部标型号 | 旧型号 | $P_{CM}$ /mW | $I_{CM}$ /mA | $T_{JM}$ /℃ | $U_{(BR)EBO}$ /V | $U_{(BR)CEO}$ /V | $I_{CBO}$ /μA | $r_{bb'}$ /Ω | $h_{fe}$ | $f_T$ /MHz | $F_n(N_F)$ /dB | $h_{fe}$ 色标分挡 | 电极排列图 |
|---|---|---|---|---|---|---|---|---|---|---|---|---|---|
| 3AG56A | 3AG1A | 50 | 10 | 75 | ≥0.8 | ≥10 | ≤7 | ≤200 | 40~270 | ≥25 | | 40~50（黄） | 1 |
| 3AG56B | 3AG1B | | | | | | | ≤100 | | ≥50 | ≤6 | 55~80（绿） | |
| 3AG56C | 3AG1C,D | | | | | | | ≤70 | | ≥65 | ≤5 | 80~120（蓝） | |
| 3AG56D | 3AG1E | | | | | | ≤5 | ≤60 | 40~180 | ≥80 | ≤4 | 120~180（紫） | |
| 3AG56E₁ | | | | | | | | ≤45 | | ≥100 | ≤4 | 180~270（灰） | |
| 3AG56E₂ | | | | | | | | ≤50 | | ≥120 | ≤3 | | |
| 3AG56F | | | | | | | | ≤35 | | | | | |

## 3) 硅平面型高频小功率三极管选录

| 部标型号 | 旧型号 | $P_{CM}$ /mW | $I_{CM}$ /mA | $T_{JM}$ /℃ | $U_{(BR)CBO}$ /V | $U_{(BR)CEO}$ /V | $I_{CBO}$ /μA | $C_{ob}$ /pF | $h_{fe}$ | $f_T$ /MHz | $F_n(N_e)$ /dB | $h_{fe}$ 色标分挡 | 电极排列图 |
|---|---|---|---|---|---|---|---|---|---|---|---|---|---|
| 3DG100A | | 100 | 20 | 150 | ≥4 | 20 | ≤0.01 | ≤4 | ≥30 | ≥150 | | 30~60（红） | 3 |
| B | 3DG6B,D | | | | | 30 | | | | | | 50~110（绿） | 4 |
| C | 3DG6C | | | | | 20 | | | | ≥300 | | 90~160（蓝） | 5 |
| D | | | | | | 30 | | | | | | >150（白） | 6 |

| 部标型号 | 旧型号 | $P_{CM}$/mW | $I_{CM}$/mA | $T_{jM}$/℃ | $U_{(BR)CBO}$/V | $U_{(BR)CEO}$/V | $I_{CBO}$/μA | $C_{ob}$/pF | $h_{fe}$ | $f_T$/MHz | $F_n(N_e)$/dB | $h_{fe}$色标分档 | 电极排列图 |
|---|---|---|---|---|---|---|---|---|---|---|---|---|---|
| 3DG102A | 3DG6A | 100 | 20 | 150 | ≥4 | 20 | ≤0.1 | ≤4 | ≥30 | ≥150 | | 30~60(红) | 3 |
| B | | | | | | 30 | | | | | | 50~110(绿) | |
| C | | | | | | 20 | | | | ≥300 | | 90~160(蓝) | |
| D | | | | | | 30 | | | | | | >150(白) | |
| 3DG110A | 3DG4B,F | 300 | 50 | 150 | ≥4 | 15 | ≤0.1 | ≤5 | ≥30 | ≥150 | | 30~60(红) | 3 |
| B | 3DG4A,C | | | | | 30 | | | | | | 50~110(绿) | |
| C | 3DG4D | | | | | 45 | | | | | | 90~160(蓝) | |
| D | | | | | | 15 | | | | ≥300 | | >150(白) | |
| E | 3DG4E | | | | | 30 | | | | | | | |
| F | | | | | | 45 | | | | | | | |
| 3DG121A | 3DG7A,B | 500 | 100 | 175 | ≥4 | 30 | ≤0.2 | ≤8 | ≥30 | ≥150 | | 30~60(红) | 3 |
| B | 3DG7C | | | | | 45 | | | | | | 50~110(绿) | |
| C | 3DG7D | | | | | 30 | | | | ≥300 | | 90~160(蓝) | |
| D | | | | | | 45 | | | | | | >150(白) | |
| 3DG130A | 3DG12A | 700 | 300 | 175 | ≥4 | ≥30 | ≤1 | ≤10 | ≥30 | ≥150 | | 30~60(红) | 3 |
| B | 3DG12B | | | | | ≥45 | | | | | | 50~110(绿) | |
| C | 3DG12C | | | | | ≥30 | | | | ≥300 | | 90~160(蓝) | |
| D | 3DG12D | | | | | ≥45 | | | | | | >150(白) | |
| 30G141A | 2G910A | 100 | 15 | | ≥4 | ≥10 | ≤0.1 | ≤2 | ≥20 | ≥600 | ≤6 | 30~60(红) | 3 |
| B | 2G910B,C | | | | | | | | | | ≤4 | 50~110(绿) | |
| C | | | | | | | | | | | ≤2.5 | 90~160(蓝) | |
| | | | | | | | | | | | | >150(白) | |
| 3DG182A | 3DG27A | 700 | 300 | 175 | ≥5 | ≥60 | ≤2 | | ≥20 | ≥50 | | 10~15(棕) | 4 |
| B | 3DG27B | | | | | ≥100 | | | | | | 15~25(红) | |
| C | 3DG27C | | | | | ≥140 | | | | | | 25~40(橙) | |
| D | 3DG27D,E | | | | | ≥180 | | | | | | 40~55(黄) | |
| E | | | | | | ≥220 | | | | | | 55~80(绿) | |
| F | | | | | | ≥60 | | | | ≥100 | | 80~120(蓝) | |
| G | | | | | | ≥100 | | | | | | 120~180(紫) | |
| H | | | | | | ≥140 | | | | | | | |
| I | | | | | | ≥180 | | | | | | | |
| J | | | | | | ≥220 | | | | | | | |

| 部标型号 | 旧型号 | $P_{CM}$/mW | $I_{CM}$/mA | $T_{JM}$/°C | $V_{(BR)CBO}$/V | $U_{(BR)CEO}$/V | $I_{CBO}$/μA | $C_{ob}$/pF | $h_{ie}$ | $f_T$/MHz | $F_n(N_e)$/dB | $h_{fe}$ 色标分挡 | 电极排列图 |
|---|---|---|---|---|---|---|---|---|---|---|---|---|---|
| 3DG100 | 3DG1 | 100 | 30 | | | 15~35 | | | ≥25 | ≥100 | | | 3 |
| | 3DG14 | | | | | | | | | ≥200 | | | |
| 3DG111 | 3DG2,3 | 300 | 50 | | | 15~45 | | | ≥25 | ≥200 | | | 4 |
| 3DG130 | 3DG4,9 | 700 | 300 | | | 15~45 | | | ≥25 | ≥80 | | | |

## 4) 锗合金低频大功率三极管选录

| 部标型号 | 旧型号 | $P_{CM}$/W | $I_{CM}$/A | $T_{JM}$/°C | $U_{(BR)CBO}$/V | $U_{(BR)CEO}$/V | $U_{(BR)EBO}$/V | $I_{CEO}$/mA | $U_{CE(S)}$/V | $h_{FE}$ | $f_{hie}(f_\beta)$/kHz | $h_{ie}$ 色标分挡 | 电极排列图 |
|---|---|---|---|---|---|---|---|---|---|---|---|---|---|
| 3AD50A | 3AD6A | 10① | 3 | 90 | 50 | 18 | 20 | 2.5 | 0.6 | 20~140 | 4 | | 7 |
| B | 3AD6B | | | | 60 | 24 | | | 0.8 | | | | |
| C | 3AD6C | | | | 70 | 30 | | | | | | | |
| 3AD51A | 3AD1,2,3 | 10② | 2 | 90 | 50 | 18 | 20 | 2.5 | 0.35 | 20~140 | 4 | 20~30(棕) | 8 |
| B | 3AD4 | | | | 60 | 24 | | | 0.5 | | | 30~40(红) | |
| C | 3AD5 | | | | 70 | 30 | | | | | | 40~60(橙) | |
| 3AD53A | 3AD30A | 20③ | 6 | 90 | 50 | 12 | 20 | 12 | 1.0 | 20~140 | 2 | 60~90(黄) | 7 |
| B | 3AD30B | | | | 60 | 18 | | | | | | 90~140(绿) | |
| C | 3AD30C | | | | 70 | 24 | | 10 | | | | | |
| 3AD56A | 3AD18B | 50④ | 15 | 90 | 60 | 30 | 20 | 15 | 1.2 | 20~140 | 3 | | 9 |
| B | 3AD18A,C | | | | 80 | 45 | | | | | | | |
| C | 3AD18D,E | | | | 100 | 60 | | | | | | | |

注：① 加120×120×4 mm³ 散热板；
② 加120×120×3 mm³ 散热板；
③ 加200×200×4 mm³ 散热板；
④ 加散热装置。

5）场效应管主要参数（环境温度 25℃）

| 参数名称 | 饱和漏极电流 | 夹断电压或启开电压 | 栅源直流输入电阻 | 共源小信号低频互导 | 极间电容 | | 低频噪声 | 最高振荡频率 | 最大漏源电压 | 最大栅源电压 | 最大耗散功率 | 储藏温度 | 最大漏源电流 | 备注 |
|---|---|---|---|---|---|---|---|---|---|---|---|---|---|---|
| 参数符号 | $I_{DSS}$ | $|U_P|$ 或 $U_T$ | $R_{gs}$ | $g_m$ | $C_{GS}$ | $C_{GD}$ | $F_{NL}$ | $f_M$ | $U_{(BR)DS}$ | $U_{(BR)GS}$ | $P_{DM}$ | $T_S$ | $I_{DM}$ | |
| 单位 | mA | V | Ω | μS | pF | pF | dB | MHz | V | V | mW | ℃ | mA | |
| 测试条件 | $U_{DS}=10$ V | $U_{DS}=10$ V $U_{GS}=0$ V $I_D=50$ μA | $U_{DS}=0$ V $U_{GS}=10$ V | $U_{DS}=10$ V $I_D=3$ mA $f=1$ kHz | $U_{DS}=10$ V $f=500$ kHz | $U_{DS}=10$ V $f=500$ kHz | $U_{DS}=10$ V $I_D=0.5$ mA $R_g=10$ MΩ $f=1$ kHz | $U_{DS}=10$ V | | | | | | |
| 3DJ2 | 0.3~10 | <|−9| | ≥$10^7$ | >2000 | ≤3 | ≤1 | ≤5 | ≥300 | >20 | >20 | 100 | −55~+125 | 15 | |
| 3DJ4 | 15 | |−9| | $10^7$ | 2000 | 3 | 1 | 1.5 | 300 | 20 | 20 | 100 | | | 低噪声管 |
| 3DJ8F | 15 | |−9| | $10^7$ | 6000 | 5 | 3 | 5 | 90 | 20 | 20 | 100 | | | 高互导管 |
| 3DO1 | 0.3~10 | <|−9| | ≥$10^9$ | 1000 | <5 | ≤1.5 | ≤5 | ≥90 | 20 | 40 | 100 | −55~+125 | 15 | N沟道耗尽型 MOS管 |
| 3DO6 | | 2.5~5 | ≥$10^9$ | >2000 | | | | | 20 | 20 | 100 | −55~+125 | | N沟道增强型开关管 |
| CS1 | 0.5~1.5 | <9 | $10^8$ | >1000 | | | <5 | >60 | 20 | 20 | 100 | | | CS1 系列为P沟道耗尽型管 |

## 6）硅高低频大功率三极管选录

| 部标型号 | 旧型号 | $P_{CM}$ /W | $I_{CM}$ /A | $T_{JM}$ /℃ | $U_{(BR)CBO}$ /V | $U_{(BR)CEO}$ /V | $U_{(BR)EBO}$ /V | $I_{CEO}$ /mA | $U_{CE(S)}$ /V | $h_{FE}$ | $f_T$ /MHz | $h_{fe}$ 色标分挡 | 电极排列图 |
|---|---|---|---|---|---|---|---|---|---|---|---|---|---|
| 3DD101A | 3DD15B,12A | 50 | 5 | 175 | ≥150 | ≥100 | ≥4 | | ≤0.8 | ≥20 | ≥1 | 20~40（棕） | 7 |
| B | 3DD15C | | | | ≥200 | ≥150 | | | | | | 40~80（红） | |
| 3DA101A | 3DA1A | 7.5 | 1 | 175 | ≥40 | ≥30 | ≥4 | ≤1 | ≤1 | ≥10 | ≥50 | 80~120（橙） | |
| B | 3DA1B | | | | ≥55 | ≥45 | | ≤0.5 | | ≥15 | ≥70 | >120（黄） | |
| C | 3DA1C | | | | ≥70 | ≥60 | | ≤0.2 | | ≥15 | ≥100 | | |

## 7）常用晶体三极管电极排列图

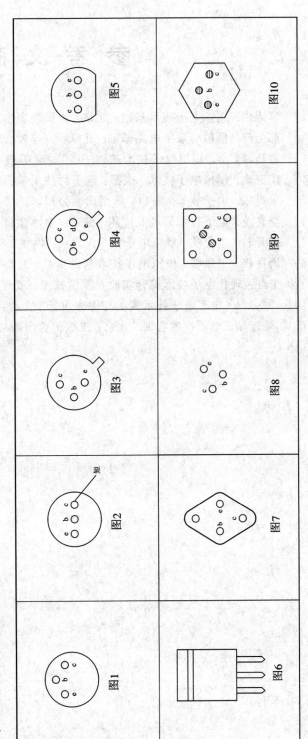

图1　图2　图3　图4　图5
图6　图7　图8　图9　图10

# 参 考 文 献

［1］ 童诗白. 模拟电子技术基础. 北京：人民教育出版社，1980
［2］ 郝会新. 模拟与数字电路基础. 北京：高等教育出版社，1992
［3］ 应巧琴，等. 模拟电子技术基础. 北京：高等教育出版社，1985
［4］ 庄玉欢. 模拟电子技术. 成都：电子科技大学出版社，1991
［5］ 宋光乐. 电子技术. 海口：海南出版公司，1995
［6］ 李春茂. 电子技术原理及应用. 北京：中国建材工业出版社，1999
［7］ 许开君，李忠波. 模拟电子技术. 北京：机械工业出版社，1994
［8］ 周良权，王凤岐. 模拟电子技术基础实验. 北京：高等教育出版社，1986
［9］ 朱红. 现代电子技术综合实验及测试技术. 成都：电子科技大学出版社，1998
［10］ 罗会昌. 电工电子技术实验与课程设计. 合肥：中国科学技术大学出版社，1996
［11］ 陈梓城. 电子技术实训. 北京：机械工业出版社，2002